9급 공무원 토목직

응용역학개론

기출문제 정복하기

9급 공무원 토목직
응용역학개론 기출문제 정복하기

초판 인쇄　2022년 1월 5일
초판 발행　2022년 1월 7일

편 저 자 | 주한종
발 행 처 | ㈜서원각
등록번호 | 1999-1A-107호
주　　소 | 경기도 고양시 일산서구 덕산로 88-45(가좌동)
교재주문 | 031-923-2051
팩　　스 | 031-923-3815
교재문의 | 카카오톡 플러스 친구[서원각]
영상문의 | 070-4233-2505
홈페이지 | www.goseowon.com
책임편집 | 김원갑
디 자 인 | 이규희

시험의 성패를 결정하는 데 있어 가장 중요한 요소 중 하나는 충분한 학습이라고 할 수 있다. 하지만 무작정 많은 양을 학습하는 것은 바람직하지 않다. 시험에 출제되는 모든 과목이 그렇듯, 전통적으로 중요하게 여겨지는 이론이나 내용들이 존재한다. 그리고 이러한 이론이나 내용들은 회를 걸쳐 반복적으로 시험에 출제되는 경향이 나타날 수밖에 없다. 따라서 모든 시험에 앞서 필수적으로 짚고 넘어가야 하는 것이 기출문제에 대한 파악이다.

공무원 시험에서 '응용역학개론' 과목은 7급 · 9급 토목직 공무원 수험생들에게 필수적인 과목이다. 응용역학개론은 출제경향에 따라 출제 가능성이 높은 문제의 범위가 매년 달라지므로 광범위한 이론을 숙지해야 한다. 그러므로 단순 암기보다는 근본적인 이해와 이를 통한 문제해결능력을 키우는데 중점을 두어 학습하여야 한다.

공무원 기출문제 시리즈는 기출문제 완벽분석을 책임진다. 그동안 시행된 지방직 및 서울시 기출문제를 연도별로 수록하여 매년 빠지지 않고 출제되는 내용을 파악하고, 다양하게 변화하는 출제경향에 적응하여 단기간에 최대의 학습효과를 거둘 수 있도록 하였다. 또한 상세하고 꼼꼼한 해설로 기본서 없이도 효율적인 학습이 가능하도록 하였다.

공무원 시험의 경쟁률이 해마다 점점 더 치열해지고 있다. 이럴 때일수록 기본적인 내용에 대한 탄탄한 학습이 빛을 발한다. 수험생 모두가 자신을 믿고 본서와 함께 끝까지 노력하여 합격의 결실을 맺기를 희망한다.

Structure

● 기출문제 학습비법

step 01
실제 출제된 기출문제를 풀어보며 시험 유형과 출제 패턴을 파악해 보자! 스톱워치를 활용하여 풀이시간을 체크해 보는 것도 좋다.

step 02
정답을 맞힌 문제라도 꼼꼼한 해설을 통해 기초부터 심화 단계까지 다시 한 번 학습 내용을 확인해 보자!

step 03
오답분석을 통해 내가 취약한 부분을 파악하자. 직접 작성한 오답노트는 시험 전 큰 자산이 될 것이다.

step 04
합격의 비결은 반복학습에 있다. 집중하여 반복하다보면 어느 순간 모든 문제들이 내 것이 되어 있을 것이다.

● 본서의 특징 및 구성

기출문제분석
최신 기출문제를 비롯하여 그동안 시행된 기출문제를 수록하여 출제경향을 파악할 수 있도록 하였습니다. 기출문제를 풀어봄으로써 실전에 보다 철저하게 대비할 수 있습니다.

상세한 해설
매 문제 상세한 해설을 달아 문제풀이만으로도 학습이 가능하도록 하였습니다. 문제풀이와 함께 이론정리를 함으로써 완벽하게 학습할 수 있습니다.

Contents

기출문제

Success is the ability to go from one failure
to another with no loss of enthusiasm.

Sir Winston Churchill

공무원 시험
기출문제

응용역학
개론

1 다음 용어들의 짝 중에서 상호 연관성이 없는 것은?

① 전단응력 – 단면 1차 모멘트
② 곡률 – 단면 상승 모멘트
③ 휨응력 – 단면계수
④ 처짐 – 단면 2차 모멘트

2 그림과 같은 구조물의 B지점에서 반력 R_B의 값[kN]은? (단, DE는 강성부재이고, 보의 자중은 무시한다)

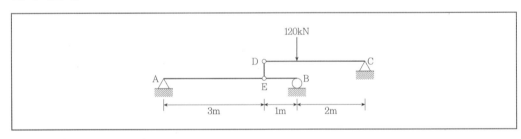

① 120
② 90
③ 80
④ 60

3 그림과 같이 받침대 위에 블록이 놓여있다. 이 블록 중심에 $F=20\text{kN}$이 작용할 때 블록에서 생기는 평균전단응력[N/mm²]은?

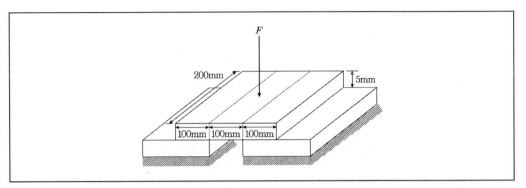

① 1

② 2

③ 10

④ 20

---

1 곡률과 단면 상승 모멘트는 전혀 관련이 없다. 곡률은 곡률반지름의 역수이다.

$$곡률 = \frac{1}{곡률반경} = \frac{M}{EI}$$

곡률은 단면 2차 모멘트를 이용하여 산정한다.

2 D에 걸리는 반력은 80kN이며 이 반력은 AB부재 위의 E점에 수직으로 작용하는 하중이 된다. 즉, E에 작용하는 하중이 80kN이므로 B점에 발생하는 반력은 60kN이 된다.

$$R_B = \frac{80 \times 3}{4} = 60[\text{kN}]$$

3 2면 전단이므로 하중 F를 $2 \times 200 \times 5\text{mm}^2$로 나눈 값이 각 면에 작용하는 평균전단응력이 되며

이 값은 $\tau = \dfrac{S}{2A} = \dfrac{20\text{kN}}{2 \times 200 \times 5\text{mm}^2} = 10\text{N/mm}^2$ 이 된다.

정답 및 해설 1.② 2.④ 3.③

4 그림과 같은 하중 Q가 작용하는 구조물에서 C점은 마찰연결로 되어 있다. 두 개의 구조물을 분리시키기 위해 필요한 최소 수평력 H는? (단, 구조물의 자중은 무시하고, 정지마찰계수 $\mu = 0.2$이다)

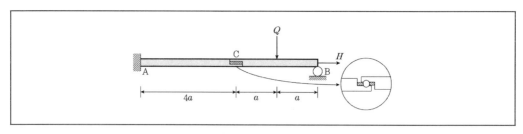

① $\dfrac{Q}{10}$

② $\dfrac{Q}{5}$

③ $\dfrac{3Q}{10}$

④ $\dfrac{2Q}{5}$

5 그림은 단면적 A_s인 강재(탄성계수 E_s)와 단면적 A_c인 콘크리트(탄성계수 E_c)를 결합한 길이 L인 기둥 단면이다. 연직하중 P가 기둥 중심축과 일치하게 작용할 때 강재의 응력은?

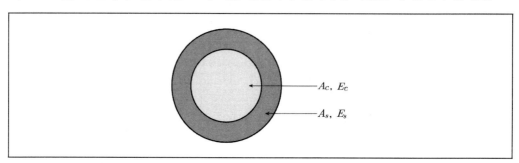

① $\dfrac{E_s}{E_c + E_s} P$

② $\dfrac{E_s}{E_c A_c + E_s A_s} P$

③ $\dfrac{E_c A_c}{E_c A_c + E_s A_s} P$

④ $\dfrac{E_s A_s}{E_c A_c + E_s A_s} P$

6 벽면에 수평으로 연결된 와이어가 있다. 중심각이 2θ인 원호형태로 처짐이 발생된다면 이때 생기는 와이어의 변형률은? (단, θ의 단위는 radian이다)

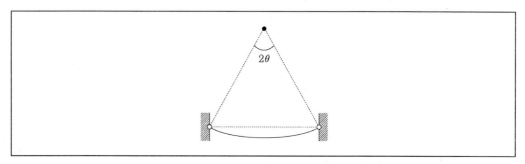

① $\dfrac{\theta - \sin\theta}{\sin\theta}$

② $1 - \dfrac{\sin\theta}{\theta}$

③ $\dfrac{\sin\theta}{\theta - \sin\theta}$

④ $\dfrac{\theta}{\cos\theta} - 1$

---

4 C점에 작용하는 연직력은 $Q/2$이며 이 연직력과 정지마찰계수 0.2를 곱한 값 $Q/10$이 마찰력이 된다. 두 개의 구조물을 분리시키기 위해 필요한 최소 수평력은 마찰력의 값과 같다. 즉, 수평력은 최소한 $Q/10$이 필요하다.

$$H \geq F_{\max} = R_c \times \mu = \frac{Q}{2}(0.2) = \frac{Q}{10}$$

5 강재에 가해지는 하중을 P_S, 콘크리트에 가해지는 하중을 P_C라고 하면, 이 하중들에 의한 강재의 변형률과 콘크리트의 변형률이 같아야 하는 적합조건으로부터 강재의 응력을 구할 수 있다.

$P_S + P_C = P$이며, $\dfrac{P_S}{A_s} = E_s \varepsilon_s$, $\dfrac{P_C}{A_c} = E_c \varepsilon_c$의 관계가 성립한다.

$P = P_C + P_S = \sigma_c A_c + \sigma_s A_s = \varepsilon_c E_c A_c + \varepsilon_s E_s A_s$이며,

강재와 콘크리트의 변형률이 같으므로 $\varepsilon_1 = \varepsilon_2$이어야 하며 이 조건을 이용하여 연립방정식을 풀면 강재의 응력

은 $\sigma_s = \varepsilon_s E_s = \dfrac{E_s}{E_c A_c + E_s A_s} P$가 된다.

6 호의 길이는 원의 반지름(R)과 중심각(2θ)의 곱이므로 $2R\theta$이 된다. 와이어의 원래 길이는 $2R\sin\theta$가 된다. 와이어가 변형이 발생하여 구부러져서 호처럼 된 후의 길이는 $2R\theta$이며 이 값에 부재의 원래길이 $2R\sin\theta$을 뺀 값을 부재의 원래길이 $2R\sin\theta$로 나눈 값이 변형률이 된다.

와이어의 변형률은 $\dfrac{2R\theta - 2R\sin\theta}{2R\sin\theta} = \dfrac{\theta - \sin\theta}{\sin\theta}$가 된다.

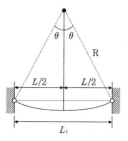

정답 및 해설 4.① 5.② 6.①

7 그림에서 캔틸레버보의 B점 처짐이 단순보의 B점 처짐과 같게 되기 위한 단면 2차 모멘트의 비 $\left(\dfrac{I_c}{I_s}\right)$는? (단, 보의 자중은 무시한다)

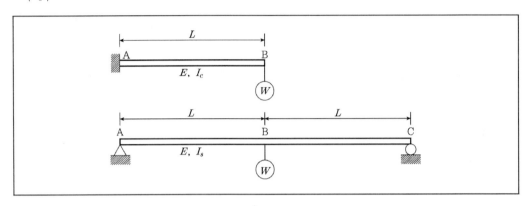

① 1.0   ② 1.5

③ 2.0   ④ 2.5

8 그림과 같은 포물선 케이블에 수평방향을 따라 전 구간에 걸쳐 연직방향으로 8N/m의 등분포 하중이 작용하고 있다. 케이블의 최소 인장력의 크기[N]는? (단, 케이블의 자중은 무시하며, 최대 새그량은 2m이다)

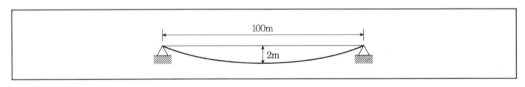

① 2,000   ② 3,000

③ 4,000   ④ 5,000

9 지름이 990mm인 원통드럼 위로 지름이 10mm인 강봉이 탄성적으로 휘어져 있을 때 강봉 내에 발생되는 최대 휨응력[MPa]은? (단, 탄성계수는 2.0×10^5MPa이다)

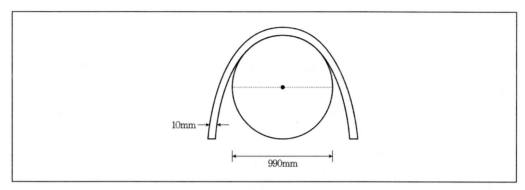

① 495

② 990

③ 1,000

④ 2,000

---

7 그림에 제시된 캔틸레버보의 최대처짐은 $\dfrac{WL^3}{3EI}$이며

단순보의 최대처짐은 $\dfrac{W(2L)^3}{48EI}$이다.

$\dfrac{WL^3}{3EI} = \dfrac{W(2L)^3}{48EI}$이며 $\dfrac{WL^3}{3I_c} = \dfrac{WL^3}{6I_s}$이므로 $I_c = 2I_s$ 여야 한다.

8 케이블에서 최소 수평력은 케이블의 중앙에서 발생하며 이 값이 케이블의 수평력이다.

이 수평력의 값은 $\dfrac{wL^2}{8h}$이며 주어진 조건을 대입하면 5,000N이 산출된다.

또한 PS콘크리트의 문제풀이와 유사하므로 $\dfrac{wl^2}{8} = Pe$로 놓고 풀어도 $\dfrac{8(100)^2}{8} = 2P$이고, P=5,000N과 같은 결과를 얻을 수 있다.

9 D=990(r=495), d=10이므로 최대 휨모멘트는

$\sigma_{\max} = \dfrac{Ey}{\rho} = \dfrac{E}{\left(r + \dfrac{d}{2}\right)}\left(\dfrac{d}{2}\right) = \dfrac{Ed}{2r+d} = \dfrac{2 \times 10^5 \times 10}{990+10} = 2{,}000$MPa이 된다.

(y는 중립축으로부터의 수직거리이다.)

정답 및 해설 7.③ 8.④ 9.④

10 그림과 같은 두 기둥의 탄성좌굴하중의 크기가 같다면, 단면 2차 모멘트 I의 비 $\left(\dfrac{I_2}{I_1} \right)$는? (단, 두 기둥의 탄성계수 E, 기둥의 길이 L은 같다)

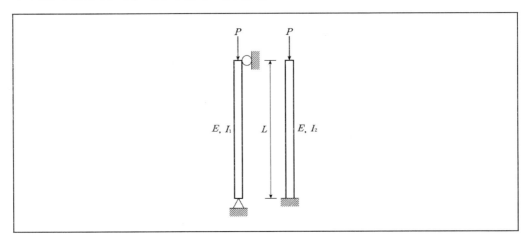

① $\dfrac{1}{4}$

② $\dfrac{1}{2}$

③ 2

④ 4

11 그림과 같은 등분포 하중 q를 받는 1차 부정정보의 고정단 모멘트 M_A와 반력 R_B는? (단, 보의 자중은 무시한다)

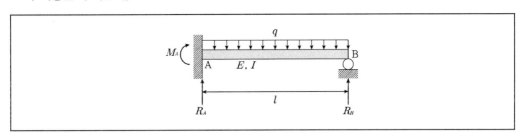

	$\underline{M_A}$	$\underline{R_B}$			$\underline{M_A}$	$\underline{R_B}$
①	$-\dfrac{ql^2}{8}$	$\dfrac{3ql}{8}$		②	$-\dfrac{ql^2}{4}$	$\dfrac{ql}{4}$
③	$-\dfrac{ql^2}{3}$	$\dfrac{ql}{3}$		④	$-\dfrac{ql^2}{3}$	$\dfrac{ql}{4}$

10 다른 조건이 동일한 경우 1단 고정 1단 자유단인 기둥부재의 좌굴하중은 양단힌지인 기둥부재의 유효좌굴길이의 2배이다. 좌굴하중은 $P_{cr} = \dfrac{\pi^2 EI}{(kl)^2}$ 이며 유효좌굴길이는 kl이고 좌굴하중이 동일하므로 I_2는 I_1의 4배가 되어야 한다.

$P_{cr1} = P_{cr2}$, $\dfrac{\pi^2 EI_1}{L^2} = \dfrac{\pi^2 EI_2}{4L^2}$ 이므로 I_2는 I_1의 4배가 되어야 한다. $\left(\dfrac{I_2}{I_1} = 4 \right)$

	양단 힌지	1단 고정 1단 힌지	양단 고정	1단 고정 1단 자유
지지상태				
좌굴길이	$kL = L$	$kL = 0.7L$	$kL = 0.5L$	$kL = 2L$
좌굴강도	$n = 1$	$n = 2$	$n = 4$	$n = 1/4$

11 다음의 그림은 가장 기본적으로 암기해야 하는 사항들이다.

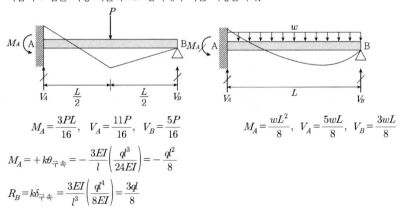

$$M_A = \frac{3PL}{16}, \quad V_A = \frac{11P}{16}, \quad V_B = \frac{5P}{16}$$

$$M_A = \frac{wL^2}{8}, \quad V_A = \frac{5wL}{8}, \quad V_B = \frac{3wL}{8}$$

$$M_A = + k\theta_{\text{구속}} = -\frac{3EI}{l} \left(\frac{ql^3}{24EI} \right) = -\frac{ql^2}{8}$$

$$R_B = k\delta_{\text{구속}} = \frac{3EI}{l^3} \left(\frac{ql^4}{8EI} \right) = \frac{3ql}{8}$$

정답 및 해설   10.④   11.①

12 그림과 같은 구조물의 전체 부정정 차수는?

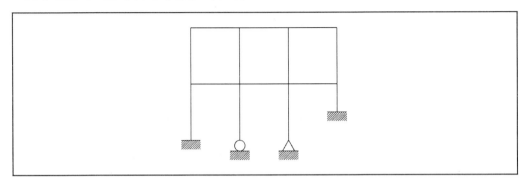

① 15
② 17
③ 19
④ 21

13 그림과 같이 하중 50kN인 차륜이 20cm 높이의 고정된 장애물을 넘어가는 데 필요한 최소한의 힘 P의 크기[kN]는? (단, 힘 P는 지면과 나란하게 작용하며, 계산값은 소수점 둘째자리에서 반올림 한다)

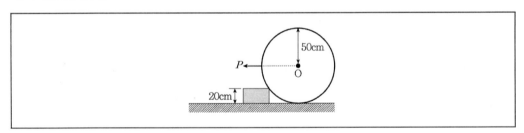

① 33.3
② 37.5
③ 66.7
④ 75.0

12 부재수 $m = 14$, 반력수 $r = 9$, 강절점수 $s = 16$, 절점수 $k = 12$이므로

구조물의 부정정차수 $= m + r + s - 2k = 15$

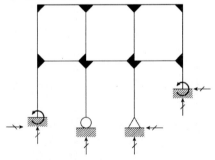

13

C점이 회전축이 되므로 이 C점을 중심으로 반시계방향의 모멘트가 0 이상이어야 한다.

$50 \times 40 = P \times 30$

$P = 66.7$

정답 및 해설 12.① 13.③

14 그림과 같이 균일 캔틸레버보에 하중이 작용할 때 B점의 처짐각은? (단, 보의 자중은 무시한다)

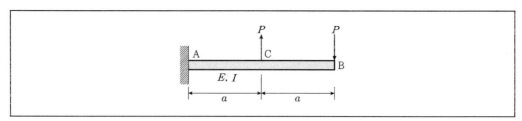

① $\dfrac{3Pa^2}{2EI}$

② $\dfrac{11Pa^3}{6EI}$

③ $\dfrac{5Pa^2}{2EI}$

④ $\dfrac{10Pa^3}{6EI}$

15 그림과 같이 균일한 직사각형 단면에 전단력 V가 작용하고 있다. a-a 위치에 발생하는 전단 응력의 크기를 계산할 때 필요한 단면 1차 모멘트의 크기는?

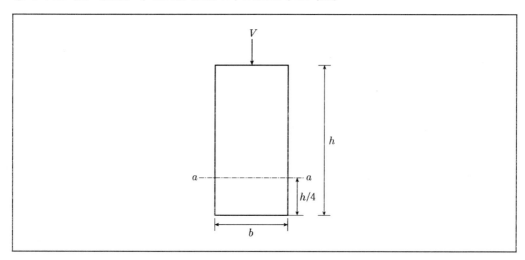

① $\dfrac{1}{32}bh^2$

② $\dfrac{2}{32}bh^2$

③ $\dfrac{3}{32}bh^2$

④ $\dfrac{8}{32}bh^2$

14 중첩의 원리를 적용해서 풀어야 한다. C에 작용하는 P에 의한 처짐각과 B에 작용하는 P에 의한 처짐각의 합이 B점의 처짐각이 된다. 길이 a인 캔틸레버보의 자유단에 하중 P가 작용하는 경우의 자유단부의 처짐각은 $\dfrac{Pa^2}{2EI}$이다.

그림의 캔틸레버보에 하중 P가 C에만 작용하고 있다고 가정하면 이 때 B점의 처짐각은 C점의 처짐각과 같으므로 B점의 처짐각은 $\dfrac{Pa^2}{2EI}$이다. 한편, B에만 하중 P가 작용하는 경우 B점의 처짐각은 $\dfrac{4Pa^2}{2EI}$이다. 이 두 처짐각을 중첩시켜서 구하면 된다.

최종 처짐각은 아래 방향의 각을 (+)로 둘 경우 $\dfrac{4Pa^2}{2EI} - \dfrac{Pa^2}{2EI} = \dfrac{3Pa^2}{2EI}$ 이 된다.

15

전단응력의 크기를 계산하려면 a–a단면으로부터 하단부까지의 면적(A)에 중립축으로부터 이 A면의 도심까지의 연직거리를 곱한 값인 단면 1차 모멘트를 구해야 하며 이 값은 $\dfrac{bh}{4} \times \dfrac{3h}{8} = \dfrac{3}{32}bh^2$가 된다.

정답 및 해설 **14.① 15.③**

16 다음 트러스 구조물의 상현재 U와 하현재 L의 부재력[kN]은? (단, 모든 부재의 탄성계수와 단면적은 같고, 자중은 무시한다)

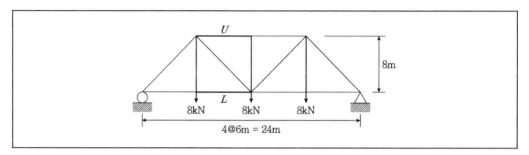

	U부재력	L부재력
①	12(압축)	9(인장)
②	12(인장)	6(압축)
③	9(압축)	18(인장)
④	9(인장)	9(압축)

17 단순보의 전단력선도가 그림과 같을 경우에 CE구간에 작용하는 등분포하중의 크기[kN/m]는?

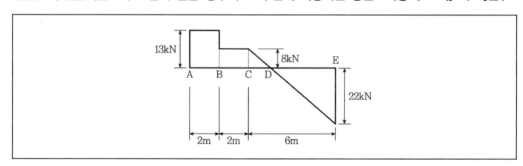

① 3 　　　　　　　　　　② 5

③ 7 　　　　　　　　　　④ 14

18 그림과 같이 하중이 작용하는 보의 B지점에서 수직반력의 크기[kN]는? (단, 보의 자중은 무시한다)

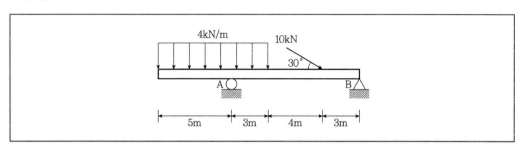

① 0.2

② 0.3

③ 3.8

④ 6.7

---

16 아래 그림과 같이 부재를 절단한 후 D점을 기준으로 한 모멘트의 합이 0이어야 하는 조건을 통해서 하현재(L)는 9kN이 발생함을 알 수 있다. 그리고 C점을 기준으로 한 모멘트의 합이 0이어야 하는 조건을 통해서 상현재(U)는 12kN이 발생함을 알 수 있다. 즉, 하현재는 9(인장), 상현재는 12(압축)이 발생함을 알 수 있다.

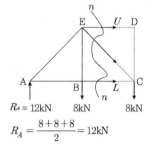

$$R_A = \frac{8+8+8}{2} = 12kN$$

$$\sum M_C = 0, \ 12 \times 12 - 8 \times 6 + U \times 8 = 0 \text{이므로} \ U = -12kN(\text{압축})$$

$$\sum M_D = 0, \ 12 \times 6 - L \times 8 = 0 \text{이므로} \ U = 9kN(\text{인장})$$

17 보부재의 등분포하중이 작용하는 부분은 전단력선도에서 일정한 기울기의 직선으로 나타나며 이 때의 기울기값이 등분포하중의 크기를 의미한다. 그림의 경우 C-E구간의 전단력선도의 기울기는 5이므로 CE구간에 작용하는 등분포하중의 크기는 5이다.

$$w = \frac{8+22}{6} = 5kN$$

18 등분포하중을 집중하중으로 변환한 후 B점을 기준으로 모멘트의 합이 0이어야 하는 조건을 통해서 A점의 수직반력은 36.7kN이 도출되며 힘의 평형조건으로부터 수직하중값의 합은 0이어야 하므로 B점에서의 수직반력은 0.3kN이다.

$$R_B = \frac{10\sin 30° \times 7 - 4 \times 8}{10} = 0.3kN$$

정답 및 해설 16.① 17.② 18.②

19 안쪽 반지름(r)이 300mm이고, 두께(t)가 10mm인 얇은 원통형 용기에 내압(q) 1.2MPa이 작용할 때 안쪽 표면에 발생하는 원주방향응력(σ_y) 또는 축방향응력(σ_x)으로 옳은 것(단위는 MPa)은? (단, 원통형 용기의 안쪽 표면에 발생하는 인장응력을 구할 때는 안쪽 반지름(r)을 사용한다)

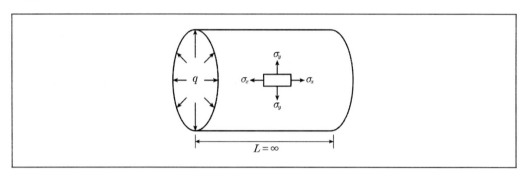

① $\sigma_y = 24$ ② $\sigma_y = 48$

③ $\sigma_x = 18$ ④ $\sigma_x = 36$

20 그림 (a)와 같은 단순보 위를 그림 (b)와 같은 이동분포하중이 통과할 때 C점의 최대휨모멘트[kN·m]는? (단, 보의 자중은 무시한다)

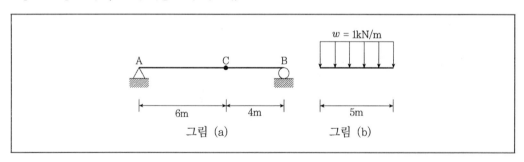

① 8   ② 9

③ 10   ④ 11

19 내압을 받는 원형관의 응력

원환응력 = 원주방향응력 = 횡방향응력 : $\sigma_y = \dfrac{Pr}{t} = \dfrac{Pd}{2t}$

(P : 내압, t : 관의 두께, r : 관의 반경($=d/2$))

종방향응력 = 축방향응력 : $\sigma_x = \dfrac{Pr}{2t} = \dfrac{Pd}{4t}$

$r = 300$, $t = 10$, $P = 1.2$MPa를 위의 식에 대입하면 원주방향응력은 36MPa, 축방향응력은 18MPa

20

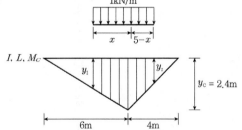

우선 C점의 휨모멘트 영향선을 그려보면 C점에서의 종거가 2.4로 최대가 된다. 이후 이 휨모멘트 영향선에서 등분포하중이 작용하는 영역의 면적이 C점에 작용하는 최대휨모멘트의 값이다.

$x = \dfrac{a}{l} \cdot d = \dfrac{6}{10} \cdot 5 = 3$m

$\left[\dfrac{1}{2} \times (1.2 + 2.4) \times 3 + \dfrac{1}{2} \times (2.4 + 1.2) \times 2 \right] = \dfrac{1}{2} \times 3.6 \times 5 = 9$

정답 및 해설   19.③   20.②

1 그림과 같이 단순보 위에 이동하중이 통과할 때 절대최대전단력 값은?

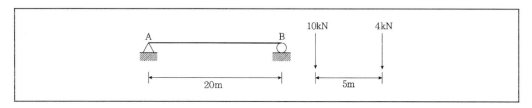

① 10kN

② 13kN

③ 14kN

④ 15kN

⑤ 16kN

2 그림과 같이 3개의 힘이 평형상태라면 C점에 작용하는 힘 P의 크기와 AB 사이의 거리 x는?

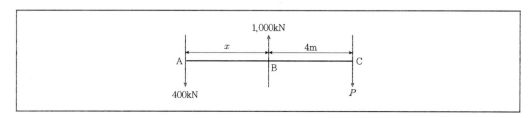

① $P = 500$kN, $x = 6.0$m

② $P = 500$kN, $x = 7.0$m

③ $P = 600$kN, $x = 6.0$m

④ $P = 600$kN, $x = 7.0$m

⑤ $P = 700$kN, $x = 9.0$m

3 그림과 같은 부정정보의 B점에서의 반력은 얼마인가? (단, EI는 일정하다)

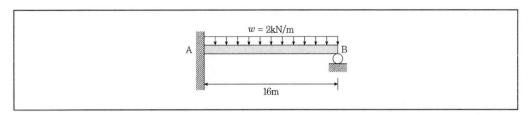

① 9kN

② 10kN

③ 11kN

④ 12kN

⑤ 18kN

---

1 최대전단력은 A지점에서 발생하기 때문에 A지점의 전단력의 영향선도를 그리면 다음과 같다.

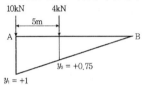

$S_{max} = 10 \times 1 + 4 \times 0.75 = 13\text{kN}$

2 $\sum V = 0,\ 400 - 1,000 + P = 0,\ \therefore P = 600\text{kN}(\downarrow)$

$\sum M_B = 0,\ -400 \times x + 600 \times 4 = 0,\ x = 6\text{m}$

3 $R_B = \dfrac{3wL}{8} = \dfrac{3 \times 2 \times 16}{8} = 12\text{kN}$

※ 부정정구조물과 하중, 지점반력

부정정구조물과 하중	지점반력	부정정구조물과 하중	지점반력
w A△ B○ C○ l　l	$M_B = -\dfrac{wl^2}{8}$ $R_{By} = \dfrac{5wl}{4}$	P A B $l/2$　$l/2$	$M_B = -\dfrac{Pl}{8}$ $M_B = M_A$
a　P　b A B l	$M_A = -\dfrac{Pab(l+b)}{2l^2}$ $R_{By} = \dfrac{Pa^2(3l-a)}{2l^3}$	w A B l	$M_B = -\dfrac{wl^2}{12}$ $M_B = M_A$
P A B $l/2$　$l/2$	$M_A = -\dfrac{3Pl}{16}$ $R_{By} = \dfrac{5P}{16}$	w A B l	$M_A = -\dfrac{wl^2}{30}$ $M_B = -\dfrac{wl^2}{20}$
w A B l	$M_B = -\dfrac{wl^2}{8}$ $R_{By} = \dfrac{3wl}{8}$	w A B l	$H_{AB} = -\dfrac{7wL^2}{120}$

정답 및 해설 1.② 2.③ 3.④

4 직사각형 단면의 전단응력도를 그렸더니 그림과 같이 나타났다. 최대 전단응력이 $\tau_{\max} = 90\text{kN}/\text{m}^2$
일 때, 이 단면에 가해진 전단력의 크기는?

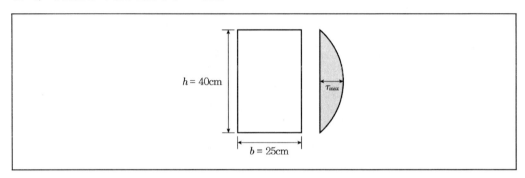

① 2kN   ② 4kN

③ 6kN   ④ 7kN

⑤ 8kN

5 그림과 같은 단순보에서 중앙점의 처짐은 얼마인가?

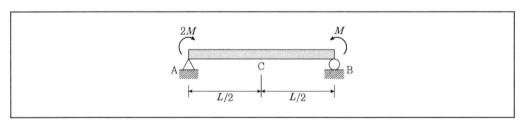

① $\delta_C = \dfrac{9ML^2}{48EI}$ ② $\delta_C = \dfrac{10ML^2}{48EI}$

③ $\delta_C = \dfrac{11ML^2}{48EI}$ ④ $\delta_C = \dfrac{12ML^2}{48EI}$

⑤ $\delta_C = \dfrac{13ML^2}{48EI}$

6 다음과 같은 라멘 구조의 부정정 차수가 맞는 것은?

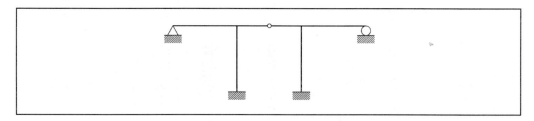

① 3차 부정정   ② 4차 부정정

③ 5차 부정정   ④ 6차 부정정

⑤ 7차 부정정

---

4 $\tau_{\max} = \dfrac{3S}{2A}$ 이므로 $S = \dfrac{2A}{3}\tau_{\max} = \dfrac{2}{3} \times 90 \times 0.4 \times 0.25 = 6\text{kN}$

5 단순보의 일단에 모멘트하중 M이 작용하는 경우의 지간 중앙점의 처짐은 일반식을 중첩시켜 다음과 같이 구한다.

$$\delta_C = \frac{(M_A + M_B)L^2}{16EI} = \frac{(2M + M)L^2}{16EI} = \frac{3ML^2}{16EI} = \frac{9ML^2}{48EI}$$

A $\triangle$ $\xrightarrow{M}$ B $\triangle$ $\overset{L}{\longleftrightarrow}$	$\theta_A = \dfrac{ML}{6EI}, \ \theta_B = -\dfrac{ML}{3EI}$	$\delta_{\max} = \dfrac{ML^2}{9\sqrt{3}\,EI}$
A $\curvearrowleft$ M_A $\ \ M_B$ $\curvearrowright$ B $\overset{L}{\longleftrightarrow}$	$\theta_A = \dfrac{L}{6EI}(2M_A + M_B)$ $\theta_B = -\dfrac{L}{6EI}(M_A + 2M_B)$	$\delta_C = \dfrac{L^2}{16EI}(M_A + M_B)$

6 $N = r + m + S - 2k = 9 + 6 + 4 - 2 \times 7 = 5$

(N은 부정정차수, r은 반력의 수, m은 부재의 수, S는 강철점의 수, k는 자유단을 포함한 절점의 수)

정답 및 해설   4.③   5.①   6.③

7 동일 단면, 동일 재료, 동일 길이(l)를 갖는 장주(長柱)에서 좌굴하중(P_b)에 대한 (a):(b):(c):(d) 크기의 비는?

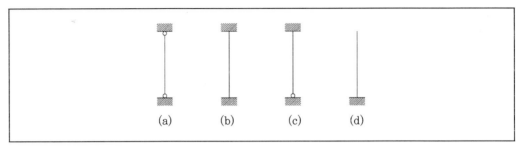

① $1:4:\dfrac{1}{4}:2$

② $1:3:2:\dfrac{1}{4}$

③ $1:4:2:\dfrac{1}{4}$

④ $1:2:2:\dfrac{1}{4}$

⑤ $1:2:\dfrac{1}{4}:2$

8 주어진 구조물에서 B점과 C점간의 처짐비와 처짐각비는?

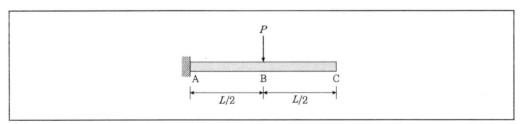

① 처짐비(δ_B/δ_C) : 0.125 / 처짐각비(θ_B/θ_C) : 0.333

② 처짐비(δ_B/δ_C) : 0.5 / 처짐각비(θ_B/θ_C) : 0.5

③ 처짐비(δ_B/δ_C) : 0.4 / 처짐각비(θ_B/θ_C) : 1.0

④ 처짐비(δ_B/δ_C) : 1.0 / 처짐각비(θ_B/θ_C) : 1.5

⑤ 처짐비(δ_B/δ_C) : 1.5 / 처짐각비(θ_B/θ_C) : 1.333

7 $P_{cr} = \dfrac{\pi^2 EI}{(kl)^2}$ 에서 동일 단면이므로 단면 2차 모멘트 I가 같으며, 동일 재료이므로 탄성계수가 같으며, 동일 길이이므로 좌굴하중은 $P_b \propto \dfrac{1}{k^2} = n$의 관계에 있다.

그러므로 $1 : 4 : 2 : \dfrac{1}{4}$의 비가 성립한다.

8 하중점 이후의 처짐각은 일정하므로 처짐각의 비는 1.0이 된다.
B점의 처짐은 C점의 처짐의 0.4배가 되므로 처짐비는 0.4가 된다.

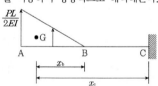

$$\theta_B = \frac{PL^2}{8EI}, \ \theta_C = \frac{PL^2}{8EI} \qquad \delta_B = \frac{PL^3}{24EI}, \ \delta_C = \frac{5PL^3}{48EI}$$

※ **공액보법을 이용한 풀이**

주어진 문제는 처짐곡선의 형상만 알아도 정답은 맞출 수 있는 문제이다. 즉, BC구간에는 휨모멘트가 영이므로 처짐곡선이 직선이 됨으로 B점과 C점의 처짐각이 같으므로 두 점의 처짐각의 비는 1이 된다. 공액보법을 이용하여 정량적으로 해석해본다.

공액보법에 임의 점의 처짐은 그 점에 대한 휨모멘트의 크기와 같다. 그런데 B점과 C점에 대한 휨모멘트에서 탄성하중의 크기 즉, 단면적이 동일하므로 결국 처짐비는 B점과 C점으로부터 모멘트 팔의 거리에 비례한다.

$$\frac{\delta_B}{\delta_C} = \frac{M_{B공액보}}{M_{C공액보}} = \frac{x_b}{x_c} = \frac{\dfrac{2}{3} \times \dfrac{L}{2}}{\dfrac{L}{2} + \dfrac{2}{3} \times \dfrac{L}{2}} = 0.4$$

$$\frac{\theta_B}{\theta_C} = \frac{S_{B공액보}}{S_{C공액보}} = 1$$

즉, 공액보법에서 처짐각은 임의점에서 전단력을 의미함으로 주어진 공액보에서 B점의 전단력과 C점의 전단력이 같다.
공액보법을 적용해서 풀 경우 상당한 시간이 걸리므로 공식 자체를 암기할 것을 권한다.

정답 및 해설 7.③ 8.③

9 길이가 1m이고 한 변의 길이가 10cm인 정사각형 단면 부재의 양끝이 고정되어 있다. 온도가 10℃ 상승했을 때 부재 단면에 발생하는 힘은? (단, 탄성계수 $E=2\times10^5$MPa, 선팽창계수 $\alpha=10^{-5}$/℃이다)

① 150kN   ② 200kN

③ 250kN   ④ 300kN

⑤ 350kN

10 주어진 전단력도(S.F.D)를 기준으로 가장 가까운 물체의 형상은?

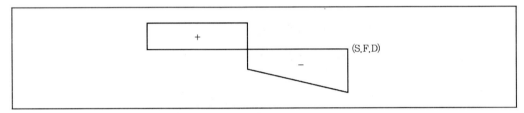

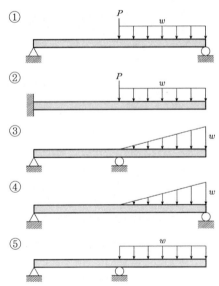

11 다음 그림과 같이 작용하는 힘에 대하여 점 O에 대한 모멘트는 얼마인가?

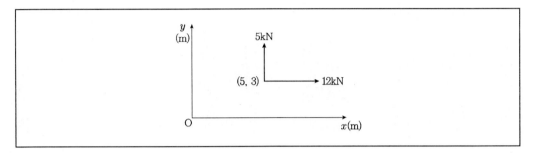

① 8kN · m

② 9kN · m

③ 10kN · m

④ 11kN · m

⑤ 12kN · m

---

9 양단고정부재의 온도반력 $R_t = \alpha \times \Delta T \times EA = 10^{-5} \times 10 \times 2 \times 10^5 \times (100 \times 100) = 200\text{kN}$

10 전단력도로부터 하중분포도를 그리는 문제이다.

    ㉠ 전단력도에서 수평선 구간은 하중이 작용하지 않는 구간이다.

    ㉡ 전단력이 급격히 변하는 부분은 집중하중이 작용하는 점이며 좌에서 우로 가면서 (+)에서 (−)으로 변하기 때문에 하향의 집중하중이 작용한다. 따라서 ①, ②가 해당된다.

    ㉢ 전단력에서 직선으로 경사진 부분은 등분포하중이 작용하는 구간이다. 따라서 ①, ②가 해당된다.

    ㉣ 그런데 전단력의 맨우측에서 급격한 수직선이 그려져 있다는 것은 집중하중이 작용하는 의미이므로 자유단으로 되어 있는 ②는 해당되지 않는다. 따라서 정답은 ①이 된다.

11 $M_o = 12 \times 3 - 5 \times 5 = 11\text{kN} \cdot \text{m}$

정답 및 해설   9.②   10.①   11.④

12 용수철이 그림과 같이 연결된 경우 연결된 전체의 용수철 계수 k값은?

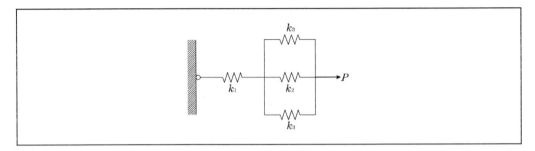

① $\dfrac{k_1(k_2+2k_3)}{k_1+k_2+2k_3}$

② $k_1+\dfrac{k_1(k_2+2k_3)}{k_1+k_2+2k_3}$

③ $k_1+\dfrac{k_2k_3k_3}{2k_2k_3+k_3k_3}$

④ $k_1+\dfrac{k_2k_3k_3}{k_2k_3+2k_3k_3}$

⑤ $k_1+\dfrac{2k_2k_3k_3}{2k_2k_3+k_3k_3}$

13 그림과 같은 3힌지 아치에서 A점에 작용하는 수평반력 H_A는?

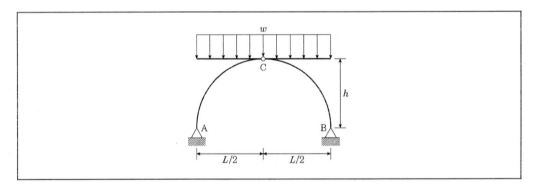

① $H_A=\dfrac{wL^2}{6h}(\rightarrow)$

② $H_A=\dfrac{wL^2}{8h}(\leftarrow)$

③ $H_A=\dfrac{wL^2}{8h}(\rightarrow)$

④ $H_A=\dfrac{wL^2}{6h}(\leftarrow)$

⑤ $H_A=\dfrac{wL^2}{10h}(\rightarrow)$

14 다음 그림과 같은 보에서 휨모멘트에 의한 탄성변형에너지는? (단, EI는 일정하다)

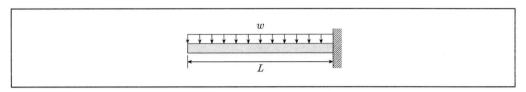

① $\dfrac{w^2L^5}{48EI}$

② $\dfrac{w^2L^5}{40EI}$

③ $\dfrac{w^2L^5}{24EI}$

④ $\dfrac{w^2L^5}{8EI}$

⑤ $\dfrac{w^2L^5}{6EI}$

---

12 용수철이 병렬연결과 직렬연결로 조합되어 있다. k_2와 k_3는 병렬연결되어 있다. 그리고 이들과 k_1은 직렬연결되어 있다. 따라서 등가용수철계수는

$$\frac{1}{k} = \frac{1}{k_1} + \frac{1}{k_2 + 2k_3} = \frac{k_2 + 2k_3 + k_1}{k_1(k_2 + 2k_3)}$$

$$k = \frac{k_1(k_2 + 2k_3)}{k_2 + 2k_3 + k_1}$$

13 반력의 방향은 하중에 의해 벌어지는 것을 막기 위해 모이는 방향이므로 A점은 우향(→)이어야 하며 힌지점 C에서는 휨에 대한 저항성이 없으므로 케이블의 일반정리를 적용하면 $H_A = \dfrac{M_{유사}}{h} = \dfrac{wL^2}{8h}(\rightarrow)$

14

등분포하중을 받는 캔틸레버보의 변형에너지 $U = \displaystyle\int_0^L \frac{\left(-\dfrac{wx^2}{2}\right)^2}{2EI} dx = \dfrac{w^2L^5}{40EI}$

정답 및 해설　12.① 13.③ 14.②

15 다음 그림에서 지점 C의 반력이 0이 되기 위하여 B점에 작용시킬 집중하중 P의 크기는?

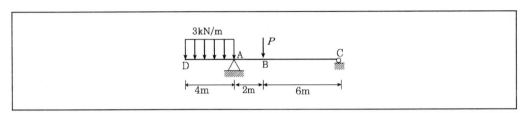

① 4kN

② 6kN

③ 8kN

④ 10kN

⑤ 12kN

16 다음 그림에서 원점으로부터 (a, a) 떨어진 C점 위치에 $-P$가 작용할 때 A점에 발생하는 응력은?

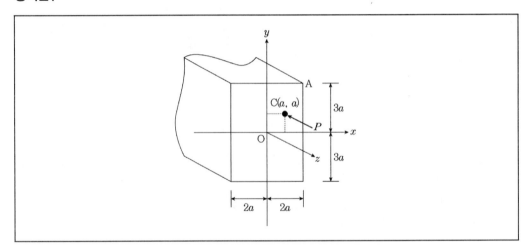

① $\dfrac{4P}{48a^2}$

② $\dfrac{5P}{48a^2}$

③ $\dfrac{6P}{48a^2}$

④ $\dfrac{7P}{48a^2}$

⑤ $\dfrac{8P}{48a^2}$

17 다음과 같은 강체 보에서 지점 A와 B의 상대처짐이 영(Zero)이 되기 위한 AC와 BD 구간을 연결하는 케이블의 면적비(A_{AC}/A_{BD})는? (단, 케이블은 같은 재료로 만들어져 있고, 보와 케이블의 자중은 무시한다)

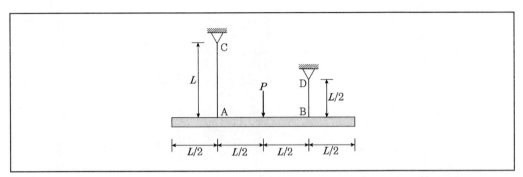

① 0.5

② 1

③ 1.5

④ 2

⑤ 3

---

15 C점의 수직반력이 0이므로 A점에 대한 $\sum M_A = 0$의 평형조건식을 적용한다.

$\sum M_A = 0, -(3 \times 4 \times 2) + P \times 2 - R_C \times 8 = 0$에서

$R_C = 0$이어야 하므로 $P = 12[\text{kN}]$

16 직사각형 단면에 2축 편심하중이 작용할 경우 A점의 응력

$\sigma_A = \dfrac{P}{A}\left(1 + \dfrac{6e_y}{h} + \dfrac{6e_x}{b}\right) = \dfrac{P}{24a^2}\left(1 + \dfrac{6}{6} + \dfrac{6}{4}\right) = \dfrac{7P}{48a^2}$

17 강체 보의 상대처짐이 영이라고 하는 것은 강체 보가 수평 하향으로 처진다는 의미가 된다. 케이블의 변형량 $\delta = \dfrac{Fh}{EA}$에서 처짐량이 일정하고, 같은 재료이므로 탄성계수 E가 일정하고, 또한 C점의 반력과 D점의 반력이 동일하므로 케이블의 축력 $F = P/2$로 동일하다. 따라서 $A \propto h$이다. 즉, 케이블의 단면적은 케이블의 길이에 비례한다.

$\dfrac{A_{AC}}{A_{BD}} = \dfrac{L}{\dfrac{L}{2}} = 2$

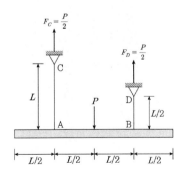

정답 및 해설 15.⑤ 16.④ 17.④

18 그림과 같은 트러스에서 부재 AD가 받는 힘은?

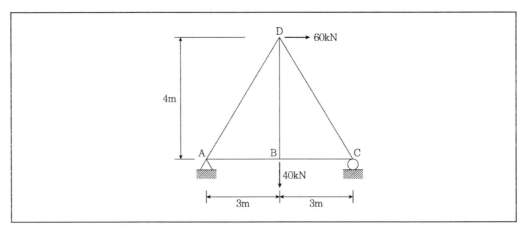

① 75.0kN(압축)
③ 0
⑤ 25.0kN(인장)

② 12.5kN(압축)
④ 12.5kN(인장)

19 그림과 같은 부재에 하중이 작용하고 있다. 부재 전체의 변형량(δ)은? (단, 단면적 A와 탄성계수 E는 일정하다)

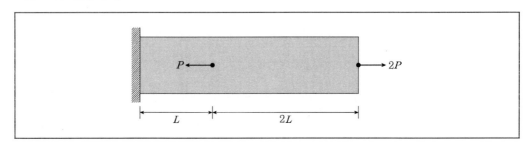

① $\dfrac{PL}{EA}$

② $\dfrac{2PL}{EA}$

③ $\dfrac{3PL}{EA}$

④ $\dfrac{4PL}{EA}$

⑤ $\dfrac{5PL}{EA}$

20 그림과 같은 부정정 구조물에서 OC부재의 분배율은? (단, EI는 일정하다)

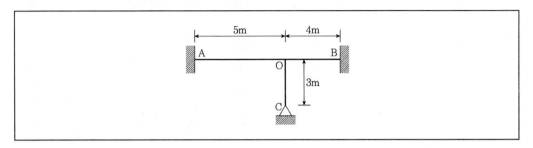

① 5/14

② 5/15

③ 4/15

④ 4/16

⑤ 5/13

---

18 A지점에서 수직 및 수평반력을 구하여 폐합삼각형의 닮음비를 적용하여 구한다.

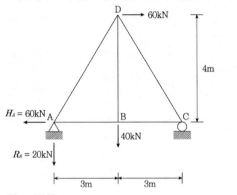

$$H_A = 60\text{kN}$$

$$R_A = -\frac{40}{2} + \frac{60 \times 4}{6} = 20\text{kN}(\downarrow)$$

$$AD = -\frac{5}{4} \times 20 + \frac{5}{3} \times 30 = 25(\text{인장})$$

19 중첩의 원리에 의해 축방향 변형량을 구한다.

$$\delta = \sum \frac{PL}{EA} = -\frac{PL}{EA} + \frac{(2P)(3L)}{EA} = \frac{5PL}{EA}$$

20 휨강성 EI가 일정하므로 OC부재의 O단의 분배율은 다음과 같다. 단, C단이 힌지단이므로 유효강비를 고려한다.(한쪽이 힌지단인 경우 강비는 양단고정인 경우의 0.75배가 된다)

$$\mu_{oc} = \frac{\dfrac{I}{3} \times \dfrac{3}{4}}{\dfrac{I}{5} + \dfrac{I}{4} + \dfrac{I}{3} \times \dfrac{3}{4}} = \frac{5}{4+5+5} = \frac{5}{14}$$

1　그림과 같은 트러스에서 지점 A의 반력 R_A 및 BC 부재의 부재력 F_{BC}는? (단, 트러스의 자중은 무시한다)

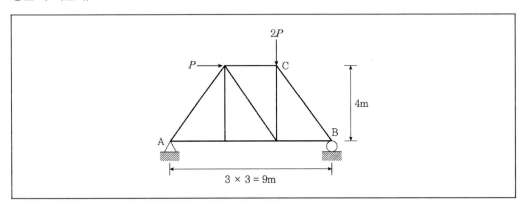

$\underline{R_A}$	$\underline{F_{BC}}$
① $\dfrac{2}{9}P$	$\dfrac{20}{9}P$(압축)
② $\dfrac{2}{9}P$	$\dfrac{25}{12}P$(압축)
③ $\dfrac{16}{9}P$	$\dfrac{20}{9}P$(압축)
④ $\dfrac{16}{9}P$	$\dfrac{25}{12}P$(압축)

2 그림과 같이 각 변의 길이가 10mm인 입방체에 전단력 V=10kN이 작용될 때, 이 전단력에 의해 입방체에 발생하는 전단 변형률 γ는? (단, 재료의 탄성계수 E= 130GPa, 포아송 비 ν =0.3이다. 또한 응력은 단면에 균일하게 분포하며, 입방체는 순수전단 상태이다)

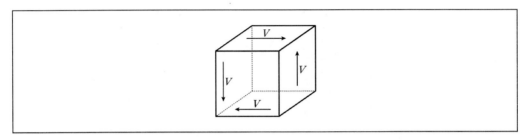

① 0.001
② 0.002
③ 0.003
④ 0.005

---

1 우선, 지점의 반력을 구하면

$$R_A = \frac{2P \times 3}{9} - \frac{P \times 4}{9} = \frac{2P}{9}(\uparrow), \ R_B = 2P - R_A = 2P - \frac{2P}{9} = \frac{16P}{9}(\uparrow)$$

BC부재의 부재력을 구하기 위해 BC부재를 거치는 절단선을 긋고 해석한다.

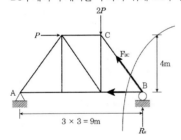

$\sum V = 0$이어야 하므로 $F_{BC} = \frac{5R_B}{4} = -\frac{5 \times \dfrac{16P}{9}}{4} = -\frac{20P}{9}$ (음의 값이므로 압축)

2 $\tau = \gamma G = \dfrac{V}{A} = \dfrac{10 \times 10^3}{10 \times 10} = 100\text{MPa}$

$G = \dfrac{E}{2(1+\nu)} = \dfrac{130 \times 10^3}{2(1+0.3)} = 50,000\text{MPa}$

$\gamma = \dfrac{\tau}{G} = \dfrac{100}{50,000} = 0.002$

정답 및 해설 1.① 2.②

3 그림과 같은 3힌지 아치에서 지점 B의 수평반력은? (단, 아치의 자중은 무시한다)

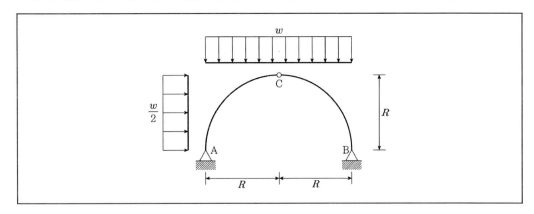

① $\dfrac{7}{8}wR(\leftarrow)$ ② $\dfrac{5}{8}wR(\leftarrow)$

③ $\dfrac{3}{8}wR(\rightarrow)$ ④ $\dfrac{1}{8}wR(\rightarrow)$

4 그림과 같은 캔틸레버보에서 발생되는 최대 휨모멘트 $M_{\max}$[kN·m] 및 최대 휨응력 $\sigma_{\max}$ [MPa]의 크기는? (단, 보의 자중은 무시한다)

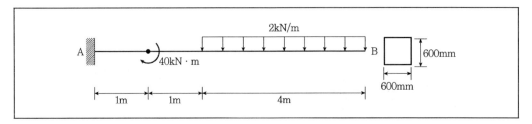

	$M_{\max}$	$\sigma_{\max}$
①	32	1
②	32	1.2
③	72	1.2
④	72	2

5 지름 10mm의 원형단면을 갖는 길이 1m의 봉이 인장하중 $P = 15\text{kN}$을 받을 때, 단면 지름의 변화량[mm]은? (단, 계산 시 π는 3으로 하고, 봉의 재질은 균일하며, 탄성계수 $E = 50\text{GPa}$, 포아송 비 $\nu = 0.3$이다. 또한 봉의 자중은 무시한다)

① 0.006   ② 0.009

③ 0.012   ④ 0.015

---

3 A지점을 기준으로 모멘트의 합이 0임을 이용하여 문제를 풀어나간다.

$$\sum M_A = (w \times 2R) \times R + \left(\frac{w}{2}R\right) \times \frac{R}{2} - 2R \times V_B = 0$$

$$= 2wR^2 + \frac{wR^2}{4} - 2R \times V_B = 0$$

$$= 2wR + \frac{wR}{4} - 2V_B = 0$$

$$\therefore V_B = \frac{9}{8}wR(\downarrow)$$

C힌지절점을 기준으로 우측의 모멘트의 합이 0임을 이용하여 문제를 풀어나간다.

$$\frac{wR^2}{2} + H_B R - \frac{9}{8}wR^2 = 0$$

$$\therefore H_B = \frac{w(2R)^2}{8R} + \frac{\left(\frac{w}{2}R\right)}{4} = \frac{5}{8}wR(\leftarrow)$$

4 최대 휨모멘트는 고정단에서 발생하며 최대 휨응력은 고정단의 상하연에서 발생한다.

$$M_{\max} = -(2 \times 4) \times 4 - 40 = -72\text{kN} \cdot \text{m}$$

$$\sigma_{\max} = \frac{M_{\max}}{Z} = \frac{6 \times 72 \times 10^6}{600^3} = 2\text{MPa}$$

5

$$\nu = -\frac{\dfrac{\triangle D}{D}}{\dfrac{\triangle L}{L}} = -\frac{\dfrac{\triangle D}{D}}{\dfrac{P}{EA}} \text{ 이므로 } 0.3 = -\frac{\dfrac{\triangle D}{10}}{\dfrac{15 \times 10^3}{50 \times 10^3 \times \dfrac{3 \times 10^2}{4}}}$$

$$\triangle D = -0.012\text{mm}$$

정답 및 해설   3.②   4.④   5.③

6 그림과 같이 구조물의 표면에 스트레인 로제트를 부착하여 각 게이지 방향의 수직 변형률을 측정한 결과, 게이지 A는 50, B는 60, C는 45로 측정되었을 때, 이 표면의 전단변형률 γ_{xy} 는?

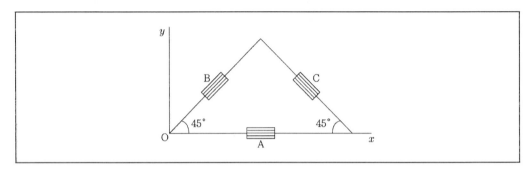

① 5

② 10

③ 15

④ 20

7 그림과 같은 보의 C점에 발생하는 수직응력(σ) 및 전단응력(τ)의 크기[MPa]는? (단, 작용하중 $P = 120$kN, 보의 전체 길이 $L = 27$m, 단면의 폭 $b = 30$mm, 높이 $h = 120$mm, 탄성계수 $E = 210$GPa이며, 보의 자중은 무시한다)

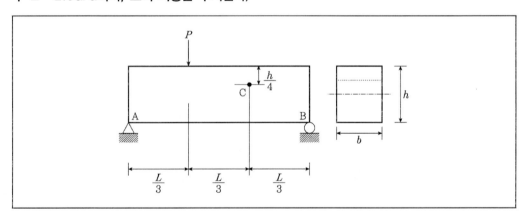

	σ	τ
①	2,500	12.5
②	2,500	25.0
③	5,000	12.5
④	5,000	25.0

6 $\varepsilon_x = \varepsilon_a = 50$이므로

$$\varepsilon_b = \frac{\varepsilon_x + \varepsilon_y}{2} + \frac{\varepsilon_x - \varepsilon_y}{2}\cos 2\theta_b + \frac{\gamma_{xy}}{2}\sin 2\theta_b$$

$$60 = \frac{50 + \varepsilon_y}{2} + \frac{50 - \varepsilon_y}{2}\cos 90° + \frac{\gamma_{xy}}{2}\sin 90°$$

$120 = 50 + \varepsilon_y + \gamma_{xy}$ 이므로 $\varepsilon_y + \gamma_{xy} = 70$

$$\varepsilon_c = \frac{\varepsilon_x + \varepsilon_y}{2} + \frac{50 - \varepsilon_y}{2}\cos 270° + \frac{\gamma_{xy}}{2}\sin 270°$$

$90 = 50 + \varepsilon_y - \gamma_{xy}$ 이므로 $2\gamma_{xy} = 30$이 되며 $\gamma_{xy} = 15$

7 C단면에서의 휨모멘트를 구한 후 이를 단면적으로 나누어 휨응력을 구해야 한다.

$$M_C = R_B \times \frac{L}{3} = \frac{P \times \frac{L}{3}}{L} \times \frac{L}{3} = \frac{PL}{9} = \frac{120 \times 27}{9} = 360 \text{kN} \cdot \text{m}$$

$$\sigma = -\frac{\sigma_{\max}}{2} = -\frac{1}{2} \times \frac{6M_C}{bh^2} = -2,500 \text{MPa(압축)}$$

C단면의 전단력은 $S_C = -R_B = -\frac{P}{3} = -\frac{120}{3} = -40 \text{kN}$

C단면은 중립축으로부터 $\frac{h}{4}$ 만큼 떨어져 있으므로 C단면에서 직사각형 단면의 전단응력은

$$\tau = \frac{9S}{8A} = \frac{9 \times 40 \times 10^3}{8 \times 30 \times 120} = 12.5 \text{MPa}$$

정답 및 해설 6.③ 7.①

8 그림과 같이 양단이 고정된 봉에 하중 P가 작용하고 있을 경우 옳지 않은 것은? (단, 각 부재는 동일한 재료로 이루어져 있고, 단면적은 각각 $3A$, $2A$, A이며, 봉의 자중은 무시한다. 또한 응력은 단면에 균일하게 분포한다고 가정한다)

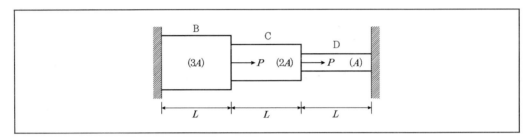

① B, C 부재의 축력 비는 15 : 4이다.

② D 부재에 발생하는 응력은 B 부재 응력의 $\dfrac{7}{5}$배이다.

③ D 부재의 길이 변화량이 가장 크다.

④ 양 지점의 반력은 크기가 같고 방향이 반대이다.

9 그림과 같이 강체인 봉과 스프링으로 이루어진 구조물의 좌굴하중 P_{cr}은? (단, 스프링은 선형탄성 거동을 하며, 상수는 k이다. 또한 B점은 힌지이며, 봉 및 스프링의 자중은 무시한다)

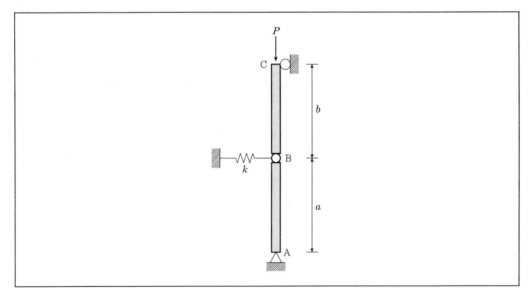

① $\dfrac{ka}{2}$

② $\dfrac{kb}{2}$

③ $\dfrac{ka^2}{a+b}$

④ $\dfrac{kab}{a+b}$

8

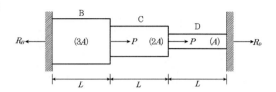

$$R_D = \frac{\dfrac{PL}{E(3A)} + \dfrac{PL}{E(3A)} + \dfrac{PL}{E(2A)}}{\dfrac{L}{E(3A)} + \dfrac{L}{E(2A)} + \dfrac{L}{EA}} = \frac{7P}{11}$$

$$R_B = 2P - \frac{7P}{11} = \frac{15P}{11}$$

B부재가 받는 축력은 $F_B = R_B = \dfrac{15P}{11}$

B부재가 받는 응력은 $\sigma_B = \dfrac{R_B}{3A} = \dfrac{\dfrac{15P}{11}}{3A} = \dfrac{5P}{11A}$

C부재가 받는 축력은 $F_C = P - \dfrac{15P}{11} = \dfrac{4P}{11}$(압축)

D부재가 받는 응력은 $\sigma_D = \dfrac{R_D}{A} = \dfrac{\dfrac{7P}{11}}{A} = \dfrac{7P}{11A} = \dfrac{7}{5}\sigma_B$

B부재의 변형량은 $\delta_B = \dfrac{\left(\dfrac{15P}{11}\right)L}{E(3A)} = \dfrac{5PL}{11EA}$

C부재의 변형량은 $\delta_C = \dfrac{\left(\dfrac{4P}{11}\right)L}{E(2A)} = \dfrac{2PL}{11EA}$

D부재의 변형량은 $\delta_D = \dfrac{\left(\dfrac{7P}{11}\right)L}{E(A)} = \dfrac{7PL}{11EA}$

9 이와 같은 유형의 문제는 다음 그림과 같은 상황을 가정하고 문제를 해석해 나가야 한다. 기둥부재의 중앙부가 힌지절점으로 구성된 불안정 구조물이므로 파괴모드로 가정하고 해석해 나간다.

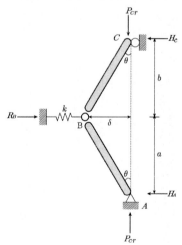

$$\sum M_B = 0, \ \ M_A \times a - P_{cr} \times \delta = 0$$

$$\frac{kb\delta}{a+b} \times a - P_{cr} \times \delta = 0$$

$$P_{cr} = \frac{kab}{a+b}$$

정답 및 해설 8.④ 9.④

10 그림과 같은 기둥 AC의 좌굴에 대한 안전율이 2.0인 경우, 보 AB에 작용하는 하중 P의 최대허용값은? (단, 기둥 AC의 좌굴축에 대한 휨강성은 EI이고, 보와 기둥의 연결부는 힌지로 연결되어 있으며, 보의 자중은 무시한다)

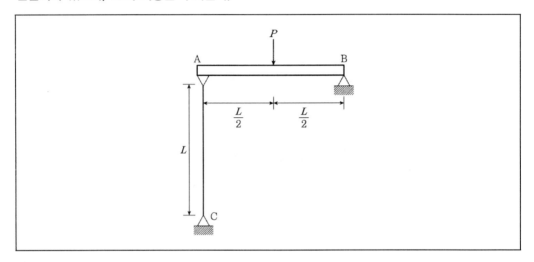

① $\dfrac{\pi^2 EI}{2L^2}$

② $\dfrac{\pi^2 EI}{L^2}$

③ $\dfrac{2\pi^2 EI}{L^2}$

④ $\dfrac{4\pi^2 EI}{L^2}$

11 그림과 같은 단순보에서 지점 B의 수직반력[kN]은? (단, 보의 자중은 무시한다)

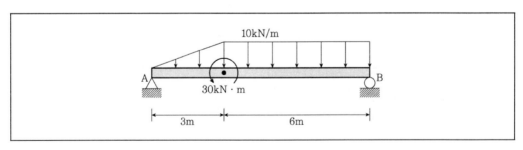

① 40

② 46

③ 52

④ 60

10 AC기둥 상단에는 $\dfrac{P}{2}$ 하중이 작용하게 되며 이 기둥은 양단힌지인 기둥($K = 1.0$)이다.

안전율을 2로 설정하였으므로 안전율$= \dfrac{P_{cr}}{P_a} = 2$이어야 하며, $\dfrac{P}{2} \leq P_a$이어야 하므로

$$P \leq \frac{2\pi^2 EI}{SL^2} = \frac{2\pi^2 EI}{2L^2} = \frac{\pi^2 EI}{L^2}$$

(안전율 S는 좌굴하중을 허용하중으로 나눈 값이다.)

11 중첩의 원리를 적용하여 해석한다.

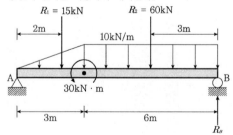

등변분포하중의 총 합력 $R_1 = \dfrac{1}{2} \times 3 \times 10 = 15\text{kN}$

등분포하중의 총 크기 $R_2 = 10 \times 6 = 60\text{kN}$

$$R_B = \frac{15 \times 2}{9} - \frac{30}{9} + \frac{60 \times 6}{9} = 40\text{kN}$$

정답 및 해설   10.②   11.①

12 그림 (a)와 같은 단순보 위를 그림 (b)의 연행하중이 통과할 때, C점의 최대 휨모멘트 [kN · m]는? (단, 보의 자중은 무시한다)

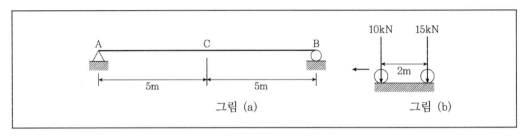

① 20

② 47.5

③ 50

④ 52.5

13 하중을 받는 보의 정성적인 휨모멘트도가 그림과 같을 때, 이 보의 정성적인 처짐 곡선으로 가장 유사한 것은?

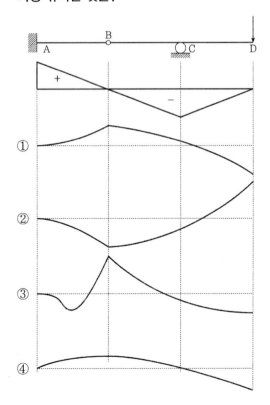

14 그림과 같은 프레임 구조물의 부정정 차수는?

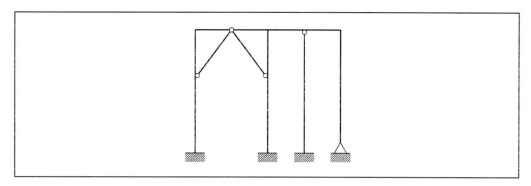

① 7차   ② 8차

③ 9차   ④ 10차

---

12 C점의 휨모멘트에 관한 영향선도를 그려서 최대휨모멘트값을 구해야 한다.

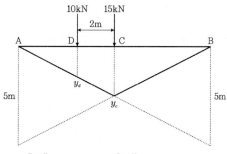

$$y_c = \frac{5 \times 5}{10} = 2.5\text{m}, \ y_d = \frac{3 \times 5}{10} = 1.5\text{m}$$

$$M_{c,\max} = 15 \times 2.5 + 10 \times 1.5 = 52.5\text{kN} \cdot \text{m}$$

13 AB 구간은 캔틸레버 구간, BCD 구간은 내민보 구간이다. 내민보 구간에서는 전구간이 (−)의 휨모멘트를 받게 되므로 위로 볼록한 모양의 처짐곡선이 형성된다. 또한 캔틸레버 구간인 AB 구간은 (+)의 휨모멘트를 받게 되므로 아래로 볼록한 모양의 처짐곡선이 형성되어야 하며 고정단에서는 처짐각이 0이 되어야 한다. 이러한 조건을 모두 만족하는 곡선은 ① 곡선이다.

14 그림에 제시된 부정정구조물의 차수
$$N = 3 \times 5 - 1 \times 7 = 8\text{차}$$

15 안쪽 반지름 r =200mm, 두께 t =10mm인 구형 압력용기의 허용 인장응력(σ_a)이 100MPa, 허용 전단응력(τ_a)이 30MPa인 경우, 이 용기의 최대 허용압력[MPa]은? (단, 구형 용기의 벽은 얇고 r/t의 비는 충분히 크다. 또한 구형 용기에 발생하는 응력 계산 시 안쪽 반지름을 사용한다)

① 6 ② 8
③ 10 ④ 12

16 그림과 같이 마찰이 없는 경사면에 보 AB가 수평으로 놓여 있다. 만약 7kN의 집중하중이 보에 수직으로 작용할 때, 보가 평형을 유지하기 위한 하중의 B점으로부터의 거리 x[m]는? (단, 보는 강체로 재질은 균일하며, 자중은 무시한다)

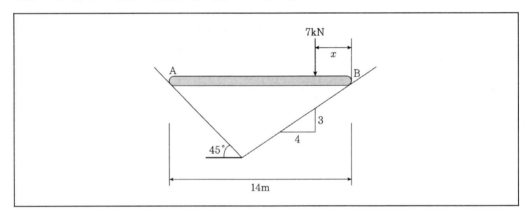

① 2 ② 4
③ 6 ④ 8

15 구형 압력용기에 발생하는 인장응력의 허용치는 $\sigma_1 = \dfrac{pr}{2t} = \dfrac{p \times 200}{2 \times 10} \leq \sigma_a = 100$이어야 하므로

$p \leq 10\text{MPa}$이어야 한다.

또한 구형 압력용기에 발생하는 전단응력의 허용치는 $r_{\max} = \dfrac{\sigma_1 - \sigma_2}{2} \leq \dfrac{pr}{4t} = \dfrac{p \times 200}{4 \times 10} = 30$이므로

$p \leq 6\text{MPa}$이어야 한다.

따라서 이 압력용기는 전단응력에 취약하며 6MPa 이하의 응력이 발생하도록 해야 한다.

16 A지점과 B지점에서 경사면에 수직한 반력을 구한 후 이를 수평분력과 수직분력으로 분해하여 힘의 평형조건식을 적용하여 해석을 해야 한다.

$\dfrac{1}{\sqrt{2}} R_A = \dfrac{7 \times x}{14} = \dfrac{x}{2}$, $R_A = \dfrac{\sqrt{2}\,x}{2}$

$\sum H = 0$, $\dfrac{1}{\sqrt{2}} R_A = \dfrac{3}{5} R_B$

$R_B = \dfrac{5}{3\sqrt{2}} R_A = \dfrac{5x}{6}$

$M_A = 0$, $7 \times (14 - x) - \dfrac{4}{5} R_B \times 14 = 0$

$x = 6\text{m}$

정답 및 해설 15.① 16.③

17 그림과 같이 3가지 재료로 구성된 합성단면의 하단으로부터의 중립축의 위치[mm]는? (단, 각 재료는 완전히 접착되어 있다)

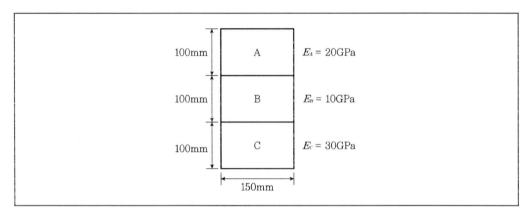

① $\dfrac{400}{3}$

② $\dfrac{380}{3}$

③ $\dfrac{365}{3}$

④ $\dfrac{350}{3}$

18 그림과 같이 하단부가 고정된 길이 10m의 기둥이 천장과 1mm의 간격을 두고 놓여 있다. 만약 온도가 기둥 전체에 대해 균일하게 20°C 상승하였을 경우, 이 기둥의 내부에 발생하는 압축응력[MPa]은? (단, 재료는 균일하며, 열팽창계수 $\alpha = 1 \times 10^{-5}/°C$, 탄성계수 $E = 200GPa$이다. 또한 기둥의 자중은 무시하며, 기둥의 길이는 간격에 비해 충분히 긴 것으로 가정한다)

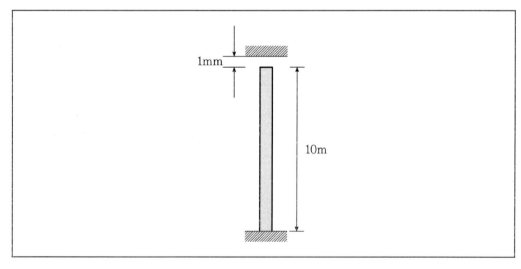

① 10

② 20

③ 30

④ 40

17 이 문제의 경우 각 단면은 환산단면의 원리를 적용하여 해석해야 한다. B를 기준으로 하여 A와 C의 탄성계수 비는 각각 2와 3이므로 환산단면의 형상 및 중립축의 위치는 다음과 같다.

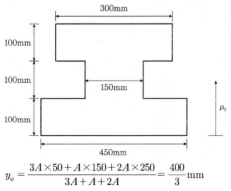

$$y_o = \frac{3A \times 50 + A \times 150 + 2A \times 250}{3A + A + 2A} = \frac{400}{3} \text{mm}$$

18 온도응력 $\sigma_t = E \cdot \left(\frac{\alpha \cdot \triangle T \cdot L - 1[\text{mm}]}{L} \right) = 200 \times 10^3 \times \left(\frac{1 \times 10^{-5} \times 20 \times (10 \times 10^3) - 1}{10 \times 10^3} \right) = 20[\text{MPa}]$

정답 및 해설   17.① 18.②

19 그림과 같이 B점과 D점에 힌지가 있는 보에서 B점의 처짐이 δ라 할 때, 하중 작용점 C의 처짐은? (단, 보 AB의 휨강성은 EI, 보 BD는 강체, 보 DE의 휨강성은 $2EI$이며, 보의 자중은 무시한다)

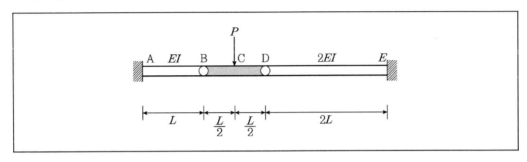

① 1.75δ

② 2.25δ

③ 2.5δ

④ 2.75δ

20 그림과 같은 케이블 구조물의 B점에 50kN의 하중이 작용할 때, B점의 수직 처짐[mm]은? (단, 케이블 BC와 BD의 길이는 각각 600mm, 단면적 A = 120mm², 탄성계수 E = 250GPa 이다. 또한 미소변위로 가정하며, 케이블의 자중은 무시한다)

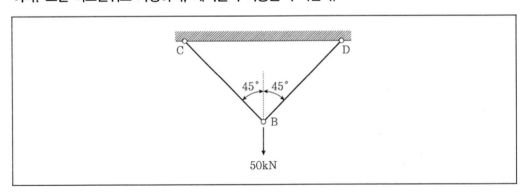

① 0.5

② $\dfrac{1}{\sqrt{2}}$

③ 1.0

④ $\sqrt{2}$

19 B와 D점에는 $\dfrac{P}{2}$의 동일한 크기의 힘이 작용하게 된다.

AB보와 DE보는 캔틸레버보이며 이러한 캔틸레버보의 자유단에 작용하는 동일한 크기의 하중에 대한 처짐량은 지간의 세제곱에 비례하며 휨강성에 반비례한다. 그러므로 D점의 처짐은 B점의 처짐의 4배가 되며 C점의 처짐은

$$\delta_C = \frac{\delta_B + \delta_D}{2} = \frac{\delta_B + 4\delta_B}{2} = 2.5\delta_B$$

20 Williot선도를 적용하여 해석하는 전형적인 문제이다.

$$\delta_B = \frac{PL}{2EA\cos^2\alpha} = \frac{50 \times 10^3 \times 600}{2 \times 250 \times 10^3 \times 120 \times \cos^2 45^o} = 1\text{mm}$$

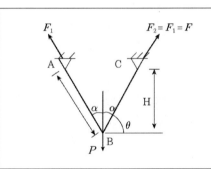

① 부재력 계산

구조대칭, 하중대칭이므로 두 부재력은 같다.

힘의 평형조건식, $\sum V = 0$이므로

$2F\cos\alpha - P = 0$이며 $P = 2F\cos\alpha$

② 두 부재의 늘음량(δ_1)

두 부재의 길이 $L = \dfrac{H}{\cos\alpha}$이다.

$$\delta_1 = \frac{F \cdot L}{EA} = \frac{P \cdot H}{2EA\cos^2\alpha} = \frac{P \cdot L}{2EA\cos\alpha}$$
$$= \frac{P \cdot L}{2EA\sin\theta}$$

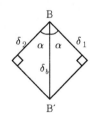

③ B점의 수직처짐(δ_b)

williot 선도(좌측하단)를 이용한다.

$$\delta_b = \frac{\delta_1}{\cos\alpha} = \frac{PH}{2EA\cos^3\alpha} = \frac{P \cdot L}{2EA\cos^2\alpha}$$
$$= \frac{P \cdot L}{2EA\sin^2\theta}$$

$(\cos\alpha = \cos(90^o - \theta) = \sin\theta)$

정답 및 해설 19.③ 20.③

1 아래 세 기둥의 좌굴 강도 크기 비교가 옳은 것은?

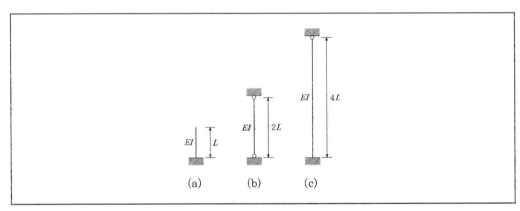

① $P_a = P_b < P_c$

② $P_a > P_b > P_c$

③ $P_a < P_b < P_c$

④ $P_a = P_b > P_c$

2 다음 중 단순보에 하중이 작용할 때의 전단력도를 옳게 나타낸 것은?

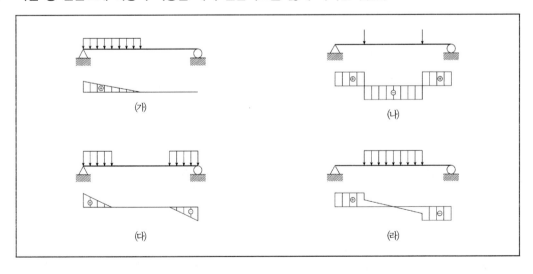

① (가)

② (나)

③ (다)

④ (라)

1

좌굴하중의 기본식 $P_{cr} = \dfrac{\pi^2 EI}{(kl)^2} = \dfrac{n\pi^2 EI}{l^2}$

	양단 힌지	1단 고정 1단 힌지	양단 고정	1단 고정 1단 자유
지지상태	P / l	P / $0.7l$ / l	P / $0.5l$ / l	P / l / $2l$
유효길이	$kL=L$	$kL=0.7L$	$kL=0.5L$	$kL=2L$
좌굴강도	$n=1$	$n=2$	$n=4$	$n=1/4$

$P_a = \dfrac{\pi^2 EI}{(2.0 \times L)^2}$, $P_b = \dfrac{\pi^2 EI}{(1.0 \times 2L)^2}$, $P_c = \dfrac{\pi^2 EI}{(0.7 \times 4L)^2}$

좌굴강도는 (a)와 (b)는 서로 동일하며 (c)가 가장 작다.

2

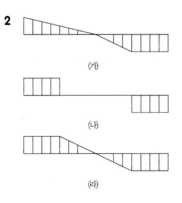

(가)

(나)

(라)

1.④ 2.③

3 다음의 캔틸레버 보(cantilever beam)에 하중이 아래와 같이 작용했을 때 전체 길이의 변화량(δ)은? (단, EA는 일정, 중력에 의한 처짐은 무시)

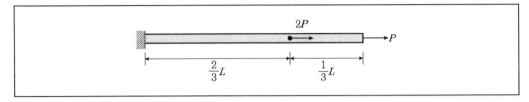

① $\dfrac{PL}{3EA}$

② $\dfrac{PL}{EA}$

③ $\dfrac{5PL}{3EA}$

④ $\dfrac{7PL}{3EA}$

4 다음 단순보의 중앙점에 작용하는 하중 P에 의해 중앙점이 $\dfrac{L}{20}$만큼 처질 때의 하중 P는? (단, EI는 일정)

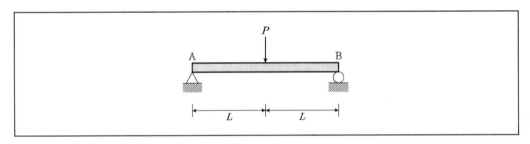

① $\dfrac{1.2EI}{L^2}$

② $\dfrac{2.4EI}{L^2}$

③ $\dfrac{3.6EI}{L^2}$

④ $\dfrac{4.8EI}{L^2}$

5 그림과 같은 직사각형 단면적을 갖는 캔틸레버 보(cantilever beam)에 등분포하중이 작용할 때 최대 휨응력과 최대 전단응력의 비($\sigma_{\max}/\tau_{\max}$)는?

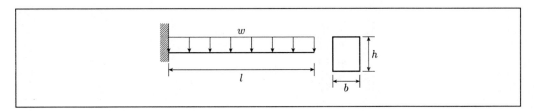

① $\dfrac{l}{b}$

② $\dfrac{2}{b}l$

③ $\dfrac{2}{h}l$

④ $\dfrac{l}{2h}$

3
$$\delta = \sum \frac{P_i L_i}{EA} = \frac{P\left(\frac{1}{3}L\right)}{EA} + \frac{(2P+P)\left(\frac{2}{3}L\right)}{EA} = \frac{7PL}{3EA}$$

4 단순보에 집중하중 P가 작용할 경우의 처짐은 $\delta = \dfrac{PL^3}{48EI}$ 이다. 그러므로 단순보의 중앙점에 작용하는 하중 P 에 의해 중앙점이 $\dfrac{L}{20}$ 만큼 처질 때의 하중 P는 $\dfrac{L}{20} = \dfrac{PL^3}{48EI}$ 이므로 $P = \dfrac{2.4EI}{L^2}$ 가 된다.

5 고정단에서 최대 휨모멘트가 발생되며 그 크기는
$$M_{\max} = wl \times \frac{l}{2} = \frac{wl^2}{2}$$
최대 전단력도는 고정단에서 발생되며 그 크기는
$$S_{\max} = wl$$
최대 휨응력은 $\sigma_{\max} = \dfrac{\dfrac{wl^2}{2}}{\dfrac{bh^3}{12}} \times \dfrac{h}{2} = \dfrac{3wl^2}{bh^2}$

최대 전단응력은 직사각형단면의 경우 $\tau_{\max} = \dfrac{3}{2} \times \dfrac{wl}{bh}$

최대 휨응력을 최대전단응력으로 나누면 $\dfrac{\dfrac{3wl^2}{bh^2}}{\dfrac{3wl}{2bh}} = \dfrac{2}{h}l$가 된다.

정답 및 해설 3.④ 4.② 5.③

6 어떤 재료의 탄성계수 E = 240GPa이고, 전단탄성계수 G = 100GPa인 물체가 인장력에 의하여 축방향으로 0.0001의 변형률이 발생할 때, 그 축에 직각 방향으로 발생하는 변형률의 값은?

① +0.00002 ② −0.00002

③ +0.00005 ④ −0.00005

7 다음 3활절 아치 구조에서 B지점의 수평반력은?

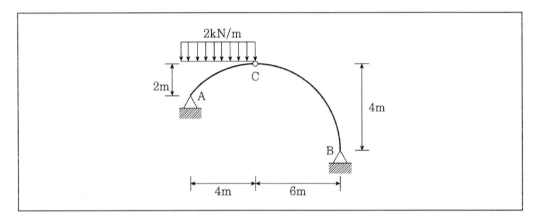

① $\dfrac{24}{7}$ kN ② $\dfrac{25}{7}$ kN

③ $\dfrac{26}{7}$ kN ④ $\dfrac{27}{7}$ kN

8 다음 그림과 같은 부재 A점에서의 처짐각 θ_A 는? (단, EI는 일정)

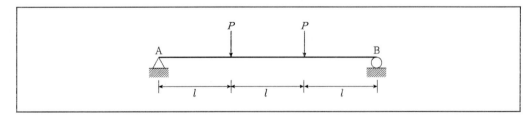

① $\dfrac{Pl^2}{4EI}$ ② $\dfrac{Pl^2}{3EI}$

③ $\dfrac{Pl^2}{2EI}$ ④ $\dfrac{Pl^2}{EI}$

6

$G = \dfrac{E}{2(1+v)}$ 이므로 $v = 0.2$가 된다. 축방향으로 0.0001의 변형률이 발생할 때 $v = 0.2$이므로 그 축에 직각 방향

으로 발생하는 변형률의 값은 -0.00002가 된다. (인장을 받게 되므로 재료의 폭이 줄어들게 된다.)

$\epsilon_y = v\epsilon_x = -0.2 \times 0.0001 = -0.00002$

7

$\sum M_A = 0, \ 2 \times 4 \times 2 + H_B \times 2 - V_B \times 10 = 0$

$\sum M_C = 0, \ H_B \times 4 - V_B \times 6 = 0$

두 식을 연결하여 계산하면

$V_B = \dfrac{16}{7}[\text{kN}], \ H_B = \dfrac{24}{7}[\text{kN}]$

8

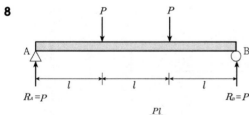

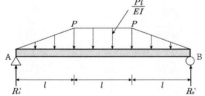

$\dfrac{M}{EI}$ 을 하중으로 작용시켜 발생하는 전단력이 처짐각, 휨모멘트가 처짐이 되는 원리를 묻는 문제이다.

단면력도를 그리면 $R_A{}' = R_B{}'$이며 $\sum F_y = 0(\uparrow \oplus)$이 된다.

또한 $2R_A{}' - 2 \times l \times \dfrac{Pl}{EI} = 0$이므로 $R_A{}' = \theta_A = \dfrac{Pl^2}{EI}$ 이 도출된다.

정답 및 해설 6.② 7.① 8.④

9 다음과 같이 내부힌지가 있는 보에서 C점의 전단력의 영향선은?

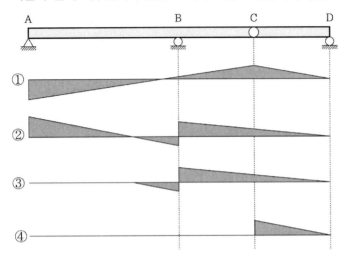

10 그림에 주어진 봉은 AB면을 따라 접착되어 있다. 접착면의 허용압축응력은 9MPa, 허용전단 응력은 $2\sqrt{3}$ MPa일 때 접착면이 안전하기 위한 봉의 최소면적은?

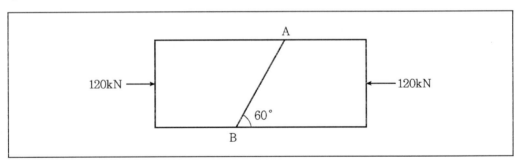

① $10,000\text{mm}^2$ ② $12,000\text{mm}^2$

③ $15,000\text{mm}^2$ ④ $16,000\text{mm}^2$

9 A지점과 D지점은 보부재의 회전을 구속하지 못하며 D지점은 수평력에 저항을 하지 못한다. 그러므로 AC구간 내에서 하중이 이동할 경우 C절점에서는 자유롭게 회전이 일어나며 D절점은 수평방향으로 자유롭게 이동이 일어나게 되어 C점의 전단력 영향선상에서는 AC구간은 어떤 응력선도 그려지지 않는다. CD구간에서는 C절점이 겔버보의 힌지절점과 같은 역할을 하게 된다.

10

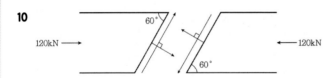

접착면의 응력이 허용응력 이하여야 함

㉠ 수직응력

$$\sigma_{60°} = \frac{P}{A}\cos^2\theta \le \sigma_a$$

$$A \ge \frac{P\cos^2\theta}{\sigma_a} = \frac{120 \times 10^3 \times (\cos 30°)^2}{9}$$

$$= 10,000\text{mm}^2$$

㉡ 전단응력

$$\tau_{60°} = \frac{P}{2A}sin2\theta \le \tau_a$$

$$A \ge \frac{P\sin^2\theta}{2\tau_a} = \frac{120 \times 10^3 \times \sin 60°}{2 \times 2\sqrt{3}}$$

$$= 15,000\text{mm}^2$$

∴ 둘 중 큰 값으로 한다.

정답 및 해설 9.④ 10.③

11 그림과 같은 단순보에 이동하중이 오른편(B)에서 왼편(A)으로 이동하는 경우, 절대최대휨모멘트가 생기는 위치로부터 A점까지의 거리는?

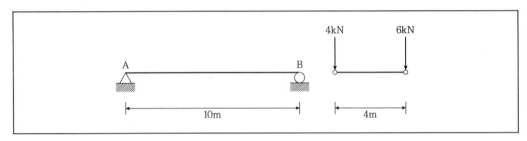

① 4.2m

② 5.6m

③ 5.8m

④ 6.0m

12 아래 연속보에서 B점이 $\triangle$ 만큼 침하한 경우 B점의 휨모멘트 M_B는? (단, EI는 일정하다.)

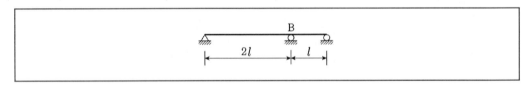

① $\dfrac{EI\triangle}{2l^2}$

② $\dfrac{EI\triangle}{l^2}$

③ $\dfrac{3EI\triangle}{2l^2}$

④ $\dfrac{2EI\triangle}{l^2}$

13 그림과 같은 캔틸레버 보(cantilever beam)에 등분포하중 w가 작용하고 있다. 이 보의 변위 함수 $v(x)$를 다항식으로 유도했을 때 x^4의 계수는? (단, 보의 단면은 일정하며 탄성계수 E 와 단면2차모멘트 I를 가진다. 이 때 부호는 고려하지 않는다.)

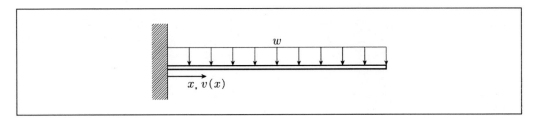

① $\dfrac{w}{24EI}$

② $\dfrac{w}{24}EI$

③ $\dfrac{w}{12EI}$

④ $\dfrac{w}{12}EI$

---

11 연행하중이 단순보 위를 지날 때의 절대 최대 휨모멘트는 보에 실리는 전 하중의 합력의 작용점과 그와 가장 가까운 하중(또는 큰 하중)과의 1/2이 되는 점이 보의 중앙에 위치할 때 큰 하중 바로 밑의 단면에서 생긴다. 이동하중의 합력의 위치는 4kN이 작용하는 지점에서부터 우측으로 2.4m만큼 떨어진 곳이다. 그러므로 절대최대휨모멘트가 발생하는 위치로부터 A점까지의 거리는 5.8m가 된다.

$$\frac{10+(4-2.4)}{2}=5.8\text{m}$$

12 3연모멘트 정리에서 경계조건 $M_A=M_C=0$, $\theta_A=\theta_C=0$

$$\beta_{21}=\frac{\triangle}{2l}\ ,\ \beta_{23}=-\frac{\triangle}{l}$$

$$0+2M_B\left(\frac{2l}{I}+\frac{l}{I}\right)+0=0+6E\left(\frac{\triangle}{2l}+\frac{\triangle}{l}\right)$$

$$2M_B\frac{3l}{I}=6E\frac{3\triangle}{2l}\text{ 이므로 } 2M_B=3E\times\frac{\triangle}{l}\times\frac{I}{l}\ ,\ M_B=\frac{3EI\triangle}{2l^2}$$

13 휨모멘트 산정식을 한 번 적분을 하면 처짐각이 산출되며 두 번 적분을 하면 처짐이 산출이 된다. x^4 부분의 계수만 구하면 되므로 모멘트 일반식의 x^2항만을 고려하면 된다.

즉, 두 번 적분을 하면 x^4항이 도출되므로 모멘트 일반식에서 x^2항을 찾으면 $\dfrac{wx^2}{2}$항이 생기게 된다. 이 부분

을 두 번 적분하면 $\dfrac{wx^4}{24}$가 되며 EI를 분모에 곱해준다.

$$\frac{w}{2EI}\left(\frac{1}{3}\right)\left(\frac{1}{4}\right)x^4=\frac{wx^4}{24EI}$$

정답 및 해설 11.③ 12.③ 13.①

14 그림과 같은 기둥에 150kN의 축력이 B점에 편심으로 작용할 때 A점의 응력이 0이 되려면 편심 e 는? (단면적 $A = 125mm^2$, 단면계수 $Z = 2,500mm^3$이다.)

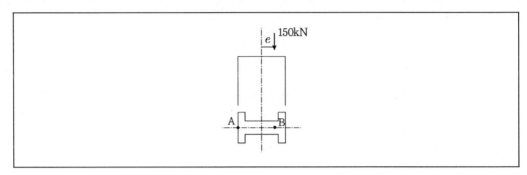

① 20mm

② 25mm

③ 30mm

④ 35mm

15 다음 그림과 같이 강봉이 우측 단부에서 1.0mm 벌어져 있다. 온도가 50℃ 상승하면 강봉에 발생하는 응력의 크기는? (단, $E = 2.0 \times 10^6 MPa$, $\alpha = 1.0 \times 10^{-5}/℃$이다.)

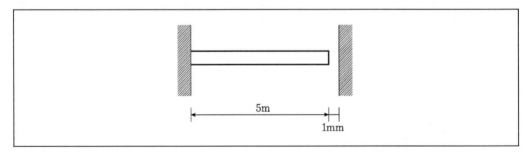

① 500MPa

② 600MPa

③ 700MPa

④ 800MPa

14
$\sigma = \dfrac{P}{A} - \dfrac{M}{Z} = \dfrac{P}{A} - \dfrac{P \times e}{Z} = \dfrac{150}{125} - \dfrac{150 \times e}{2,500} = 0$이므로

$e = 20$mm이어야 A점의 응력이 0이 될 수 있다.

$e = \dfrac{Z}{A} = \dfrac{2,500}{125} = 20$mm

15

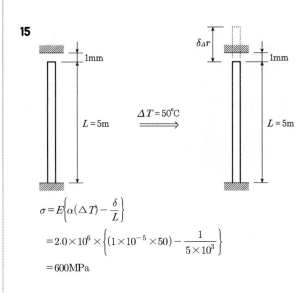

$\sigma = E \left\{ \alpha(\triangle T) - \dfrac{\delta}{L} \right\}$

$\quad = 2.0 \times 10^6 \times \left\{ (1 \times 10^{-5} \times 50) - \dfrac{1}{5 \times 10^3} \right\}$

$\quad = 600$MPa

정답 및 해설   14.①   15.②

16 다음과 같은 트러스에 A점에서 수평으로 90kN의 힘이 작용할 때 A점의 수평변위는? (단, 부재의 탄성계수 $E = 2 \times 10^5$MPa, 단면적 $A = 500\text{mm}^2$이다.)

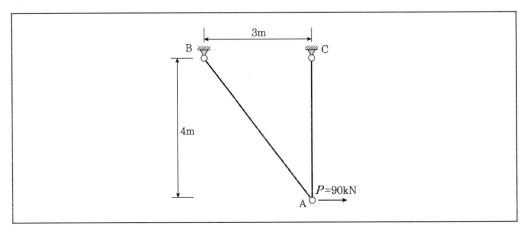

① 18.9mm

② 19.2mm

③ 21.8mm

④ 22.1mm

17 다음의 구조에서 D점에서 10kN·m의 모멘트가 작용할 때 CD의 모멘트(M_{CD})의 값은? (단, A, B, C는 고정단, K는 강성도를 나타냄)

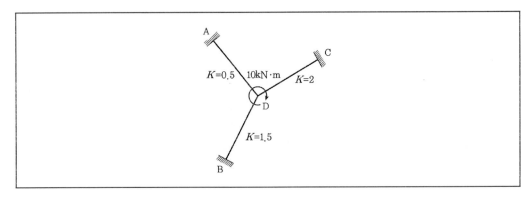

① 2kN·m

② 2.5kN·m

③ 4kN·m

④ 5kN·m

18 그림과 같은 단순보에 하중이 다음과 같이 작용할 때, 지점 A, B의 수직반력을 차례로 나타낸 것은?

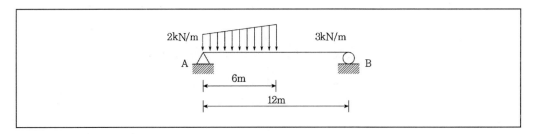

① $R_A = 2\text{kN}$, $R_B = 5.5\text{kN}$

② $R_A = 5.5\text{kN}$, $R_B = 2\text{kN}$

③ $R_A = 4\text{kN}$, $R_B = 11\text{kN}$

④ $R_A = 11\text{kN}$, $R_B = 4\text{kN}$

---

16 단위하중법을 적용하여 해석한다.

$$F_{AB} = \frac{5}{3}P, \ F_{AC} = -\frac{4}{3}P, \ f_{AB} = \frac{5}{3}, \ f_{AC} = -\frac{4}{3}$$

$$\delta_A = \sum \frac{Ff}{AE}l = \frac{\left(\frac{5}{3}P\right) \times \left(\frac{5}{3}\right) \times (5L) + \left(-\frac{4}{3}P\right) \times \left(-\frac{4}{3}P\right) \times (4L)}{AE} = \frac{21PL}{AE}$$

$$= \frac{21 \times 90 \times 10^3 \times 1,000}{2 \times 10^5 \times 500} = \frac{189}{10} = 18.9\text{mm}$$

17 CD부재의 강비 : $DF_{DC} = \dfrac{k_{DC}}{\sum k_i} = \dfrac{2}{2 + 0.5 + 1.5} = \dfrac{1}{2}$

D점에서 10kN · m의 모멘트가 작용할 때 CD부재에는 이값의 1/2에 해당되는 모멘트인 5kN · m가 분배되며 이 분배된 모멘트의 1/2의 값인 2.5kN · m가 고정단에 도달하게 되어 고정단 모멘트 M_{CD}가 된다.

18

중첩법을 적용하여 해석한다.

$$\sum M_A = 0, \ 12 \times 3 + \left(1 \times 6 \times \frac{1}{2}\right) \times 4 - R_B \times 12 = 0$$

$$\sum V = 0, \ R_A + R_B - \frac{(2+3) \times 6}{2} = 0$$

$$R_B = 4\text{kN}, \ R_A = 11\text{kN}$$

정답 및 해설 16.① 17.② 18.④

19 주어진 내민보에 발생하는 최대 휨모멘트는?

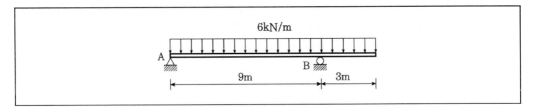

① 24kN · m   ② 27kN · m

③ 48kN · m   ④ 52kN · m

20 그림과 같은 하중계에서 합력 R의 위치 x를 구한 값은?

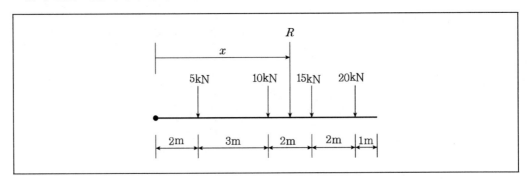

① 6.0m   ② 6.2m

③ 6.5m   ④ 6.9m

19 $\sum M_A = (6 \times 12) \times \dfrac{12}{2} - R_B \times 9 = 0$ 이므로 $R_B = 48\text{kN}$

20 합력의 크기는 50[kN]이 되며 합력의 작용점 x는 $50 \times x = 5 \times 2 + 10 \times 5 + 15 \times 7 + 20 \times 9$이므로
$50x = 345$가 되어 $x = 6.9\text{m}$가 된다.

정답 및 해설 19.③ 20.④

1 다음과 같이 밑변 R과 높이 H인 직각삼각형 단면이 있다. 이 단면을 y축 중심으로 360도 회전시켰을 때 만들어지는 회전체의 부피는?

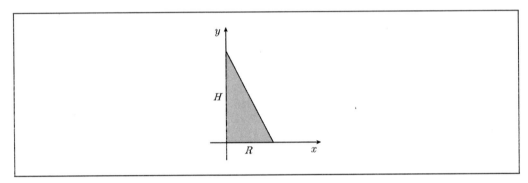

① $\dfrac{\pi R^2 H}{6}$

② $\dfrac{\pi R^2 H}{4}$

③ $\dfrac{\pi R^2 H}{3}$

④ $\dfrac{\pi R^2 H}{2}$

2 다음과 같은 표지판에 풍하중이 작용하고 있다. 표지판에 작용하고 있는 등분포 풍압의 크기가 2.5kPa일 때, 고정지점부 A의 모멘트 반력[kN·m]의 크기는? (단, 풍하중은 표지판에만 작용하고, 정적하중으로 취급하며, 자중은 무시한다)

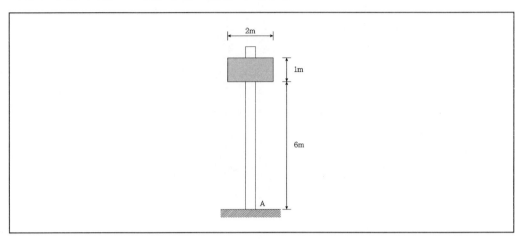

① 32.5

② 38.5

③ 42.5

④ 52.0

---

1 파푸스의 제2정리를 이용하여 구한다.

$$V = Ax\theta = \frac{RH}{2}\left(\frac{R}{3}\right)(2\pi) = \frac{\pi R^2 H}{3}$$

※ 파푸스의 정리

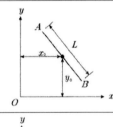	㉠ **제1정리**(표면적에 대한 정리) : 회전체의 표면적은 회전체를 형성시키기 위해 회전시킨 곡선의 길이와 곡선의 중심까지의 거리와 중심이 회전한 각의 곱과 같다. 즉, 표면적은 선분의 길이×선분의 도심이 이동한 거리이다. x축을 중심으로 회전하는 경우의 표면적 $A_1 = L \cdot y_0 \cdot \theta$ y축을 중심으로 회전하는 경우의 표면적 $A_1 = L \cdot x_0 \cdot \theta$
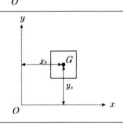	㉡ **제2정리**(체적에 대한 정리) : 회전체의 체적은 회전체를 형성시키기 위해 회전시킨 도형의 면적과 도심까지의 거리와 회전한 각의 곱과 같다. 즉 체적=단면적×평면의 도심이 이동한 거리이다. x축을 중심으로 회전할 경우 $V_1 = A \cdot y_0 \cdot \theta$ y축을 중심으로 회전할 경우 $V_2 = A \cdot x_0 \cdot \theta$

2 표지판에 작용하는 풍압은 집중하중으로 환산하여 고정단 모멘트를 구해야 한다.

$M_A = $ 풍압×표지판의 면적×길이 $= 2.5 \times 2 \times 1 \times 6.5 = 32.5 \text{kN} \cdot \text{m}$

정답 및 해설 1.③ 2.①

3 다음과 같은 원형, 정사각형, 정삼각형이 있다. 각 단면의 면적이 같을 경우 도심에서의 단면 2차 모멘트(I_x)가 큰 순서대로 바르게 나열한 것은?

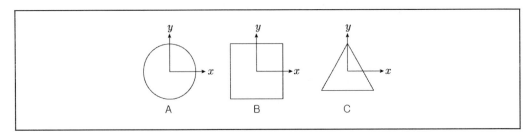

① A > B > C

② B > C > A

③ C > B > A

④ B > A > C

4 다음과 같이 평면응력상태에 있는 미소응력요소에서 최대전단응력[MPa]의 크기는?

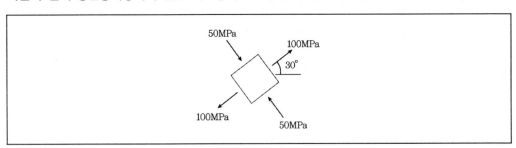

① 25.0

② 50.0

③ 62.5

④ 75.0

5 다음과 같은 원형단면봉이 인장력 P를 받고 있다. 다음 설명 중 옳지 않은 것은? (단, $P=$ 15kN, $d=$ 10mm, $L=$ 1.0m, 탄성계수 $E=$ 200GPa, 푸아송비 $\nu=$ 0.30이고, 원주율 π는 3으로 계산한다)

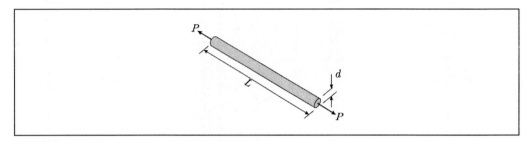

① 봉에 발생되는 인장응력은 약 200MPa이다.
② 봉의 길이는 약 1mm 증가한다.
③ 봉에 발생되는 인장변형률은 약 0.1×10^{-3}이다.
④ 봉의 지름은 약 0.003mm 감소한다.

---

3 면적이 동일한 경우 단면 2차 모멘트의 크기는
삼각형단면 > 사각형단면 > 원형단면이 된다.

4 최대전단응력은 모어원의 반지름(두 주응력의 차이의 1/2)과 같다.

$$\tau_{\max} = \frac{\sigma_1 - \sigma_2}{2} = \frac{100 - (-50)}{2} = 75\text{MPa}$$

5 봉에 발생되는 인장변형률은 약 1×10^{-3}이다.

$$\varepsilon = \frac{\sigma}{E} = \frac{200}{200 \times 10^3} = 1 \times 10^{-3}$$

정답 및 해설 3.③ 4.④ 5.③

6 다음과 같이 경사면과 수직면 사이에 무게(W)와 크기가 동일한 원통 두 개가 놓여있다. 오른쪽 원통과 경사면 사이에 발생하는 반력 R은? (단, 마찰은 무시한다)

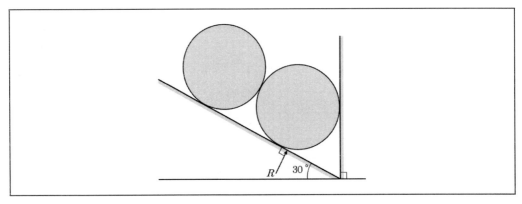

① $\dfrac{\sqrt{3}}{6}W$

② $\dfrac{\sqrt{3}}{2}W$

③ $\dfrac{5\sqrt{3}}{6}W$

④ $\dfrac{7\sqrt{3}}{6}W$

7 다음과 같이 단순보에 이동하중이 재하될 때, 단순보에 발생하는 절대최대전단력[kN]의 크기는? (단, 자중은 무시한다)

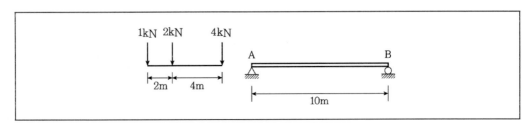

① 5.6

② 5.4

③ 5.2

④ 4.8

6

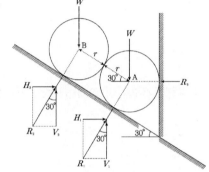

$$\sum M_A = 0 : R_2(2r) - W(2r \times \cos 30^o) = 0$$

$$R_2 = W\cos 30^o = \frac{\sqrt{3}}{2}\,W$$

$$\sum V = 0 : V_1 + V_2 - W - W = 0$$

$$(\text{여기서 } V_2 = R_c \cos 30^o = \frac{3}{4}\,W)$$

$$V_1 + \frac{3}{4}\,W - W = 0, \quad V_1 = \frac{5}{4}\,W$$

$$\therefore R = R_1 = \frac{V_1}{\cos 30^o} = \frac{\left(\dfrac{5}{4}\,W\right)}{\left(\dfrac{\sqrt{3}}{2}\right)} = \frac{5\sqrt{3}}{6}\,W$$

7 큰 하중이 지점에 재하되고 다른 하중도 보 위에 재하될 경우 최대의 전단력이 발생하게 된다.

$$\sum M_A = 0, \ 4 + 2 \times 6 + 4 \times 10 - 10R_B = 0$$

$$\therefore R_B = 5.6\text{kN}$$

$$V_{wax} = R_B \text{이므로 } 5.6\text{kN}$$

정답 및 해설   6.③   7.①

8 다음과 같이 2차 함수 형태의 분포하중을 받는 캔틸레버보에서 A점의 휨모멘트[kN·m]의 크기는? (단, 자중은 무시한다)

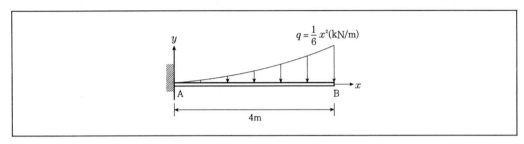

① $\dfrac{32}{9}$

② $\dfrac{16}{9}$

③ $\dfrac{32}{3}$

④ $\dfrac{16}{3}$

9 다음과 같이 C점에 내부 힌지를 갖는 라멘에서 A점의 수평반력[kN]의 크기는? (단, 자중은 무시한다)

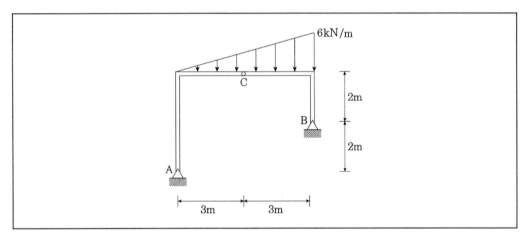

① 5.5

② 4.5

③ 3.5

④ 2.5

8

$$R_A = \frac{bh}{n+1} = \frac{4 \times \frac{x^2}{6}}{2+1} = \frac{\frac{2x^2}{3}}{3} = \frac{2x^2}{9} = \frac{2 \times 4 \times 4}{9} = \frac{32}{9} \text{kN}$$

$$x_c = \frac{n+1}{n+2} b = \frac{2+1}{2+2} \times 4 = 3$$

$$M_A = R_A \times x_c = \frac{32}{9} \times 3 = \frac{32}{3} \text{kN} \cdot \text{m}$$

9 [풀이 1]

그림의 등변분포하중은 다음과 같은 집중하중으로 치환할 수 있다.

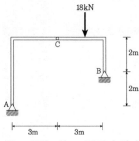

$R_A = 6\text{kN}$, $R_B = 12\text{kN}$이 되며

$$\sum M_C = R_A \times 3 - H_A \times 4 = 0 이어야 하므로$$

$H_A = 4.5\text{kN}$이 된다.

[풀이 2]

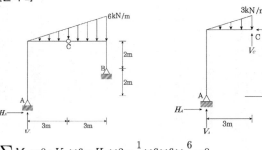

$$\sum M_B = 0 : V_A \times 6 - H_A \times 2 - \frac{1}{2} \times 6 \times 6 \times \frac{6}{3} = 0$$

$$\sum M_C = 0 : V_A \times 3 - H_A \times 4 - \frac{1}{2} \times 3 \times 3 \times \frac{3}{3} = 0$$

$$\therefore H_A = 4.5[\text{kN}], \quad V_A = 7.5[\text{kN}]$$

정답 및 해설   8.③   9.②

10 다음과 같은 구조물에서 C점의 수직변위[mm]의 크기는?

(단, 휨강성 $EI = \dfrac{1,000}{16} \text{MN} \cdot \text{m}^2$, 스프링상수 $k = 1\text{MN/m}$이고, 자중은 무시한다)

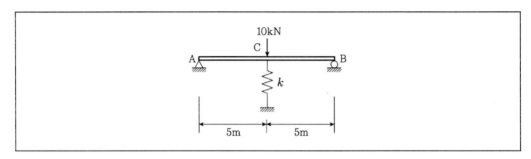

① 0.25

② 0.3

③ 2.5

④ 3.0

11 다음과 같은 트러스에서 CD부재의 부재력 F_{CD}[kN] 및 CF부재의 부재력 F_{CF}[kN]의 크기는? (단, 자중은 무시한다)

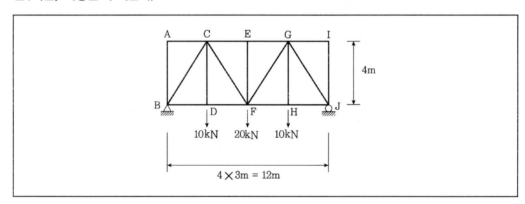

	F_{CD}	F_{CF}		F_{CD}	F_{CF}
①	6.0	25.0	②	6.0	12.5
③	10.0	25.0	④	10.0	12.5

10

보의 강성도 $k_b = \dfrac{48EI}{L^3} = \dfrac{48 \times \dfrac{1,000}{16}}{10^3} = 3\,[\text{MN/m}]$

스프링의 강성도 $k_s = 1\,[\text{MN/m}]$

$\sum K = k_b + k_s$

상재하중에 의한 처짐 $\delta_L = \dfrac{PL^3}{48EI} = \dfrac{10 \times 10^3}{48\left(\dfrac{1,000}{16} \times 10^3\right)} = \dfrac{1}{300}\,[\text{m}]$

따라서 C점의 처짐은 $\delta_C = \dfrac{k_b}{k_b + k_s}\delta_L = \dfrac{3}{3+1}\left(\dfrac{1}{300} \times 10^3\right) = 2.5\,[\text{mm}]$

11 [풀이 1]

CD의 부재력은 D점에서 수직평형조건을 이용하면 $F_{CD} = 10\text{kN}$ (인장)

CF의 부재력은 A점의 수직반력을 구한다.

$R_A = \dfrac{\text{전체하중}}{2} = 20\text{kN}$

시력도의 폐합을 이용하면 $F_{CD} = 10\left(\dfrac{5}{4}\right) = 12.5\text{kN}$ (인장)

[풀이 2]

F$_{CD}$의 산정 : 절점법을 이용한다.

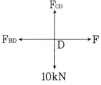

$\sum V = 0 : F_{CD} - 10 = 0$ 이므로 $F_{CD} = 10\text{kN}$ (인장)

F$_{CF}$의 산정 : 단면법을 이용한다.

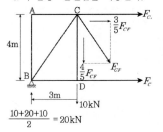

$\dfrac{10+20+10}{2} = 20\text{kN}$

$\sum V = 0 : 20 - 10 - \dfrac{4}{5}F_{CF} = 0, \quad \therefore F_{CF} = 12.5\text{kN}$ (인장)

정답 및 해설 10.③ 11.④

12 다음과 같이 편심하중이 작용하고 있는 직사각형 단면의 짧은 기둥에서, 바닥면에 발생하는 응력에 대한 설명 중 옳은 것은? (단, $P = 300kN$, $e = 40mm$, $b = 200mm$, $h = 300mm$)

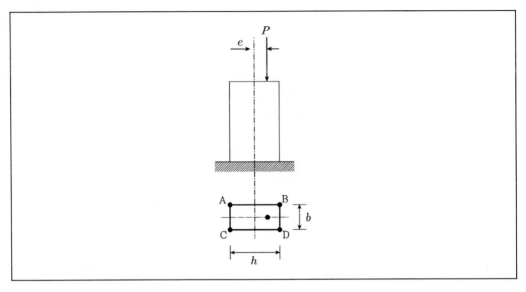

① A점과 B점의 응력은 같다.

② B점에 발생하는 압축응력의 크기는 5MPa보다 크다.

③ A점에는 인장응력이 발생한다.

④ B점과 D점의 응력이 다르다.

13 다음과 같이 응력-변형률 관계를 가지는 재료로 만들어진 부재가 인장력에 의해 최대 500MPa의 인장응력을 받은 후, 주어진 인장력이 완전히 제거되었다. 이때 부재에 나타나는 잔류변형률은? (단, 재료의 항복응력은 400MPa이고, 응력이 항복응력을 초과한 후 하중을 제거하게 되면 초기 접선탄성계수를 따른다고 가정한다)

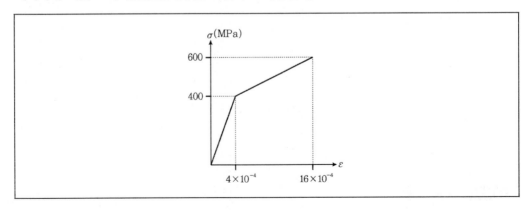

① 4×10^{-4}

② 5×10^{-4}

③ 6×10^{-4}

④ 7×10^{-4}

---

12 ① 편심하중이 작용하고 있으므로 A점과 B점의 응력은 서로 다르다.

③ 편심거리가 40mm인데 이는 부재단면의 핵거리인 50mm($h/6=50$mm)보다 작으므로 A점에는 압축응력만 발생한다.

④ B점과 D점은 중립축으로부터 거리가 같으므로 응력이 서로 같다.

※ A, B, C, D점의 응력은 다음과 같다.

$$\sigma_A = \sigma_C = \frac{P}{A}\left\{-1+3\times\frac{e}{(h/2)}\times\frac{(h/2)}{(h/2)}\right\}$$

$$= \frac{300\times10^3}{200\times300}\times\left\{-1+3\times\frac{40}{150}\times\frac{150}{150}\right\} = -1\text{MPa(압축)}$$

$$\sigma_B = \sigma_D = \frac{P}{A}\left\{-1-3\times\frac{e}{(h/2)}\times\frac{(h/2)}{(h/2)}\right\} = \frac{300\times10^3}{200\times300}\times\left\{-1-3\times\frac{40}{150}\times\frac{150}{150}\right\} = -9\text{MPa(압축)}$$

B점의 응력의 크기는 5MPa보다 큰 9MPa이다.

13 최대응력이 500MPa일 때의 변형률은 응력−변형률 선도로부터

$$\varepsilon_{500} = \frac{16+4}{2}\times10^{-4} = 10\times10^{-4}$$

잔류변형률 $\varepsilon_r = \varepsilon_{500} - \varepsilon_e = \varepsilon_{500} - \frac{\sigma_{\max}}{E_1} = 10\times10^{-4} - \frac{500}{10^6} = 5\times10^{-4}$

정답 및 해설 12.② 13.②

14 다음과 같은 단순보에서 집중 이동하중 10kN과 등분포 이동하중 4kN/m로 인해 C점에서 발생하는 최대휨모멘트[kN·m]의 크기는? (단, 자중은 무시한다)

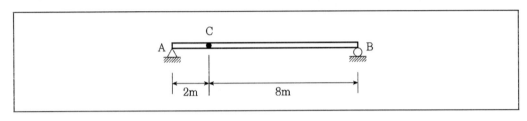

① 42

② 48

③ 54

④ 62

15 다음과 같은 짧은 기둥 구조물에서 단면 m-n 위의 A점과 B점의 수직 응력[MPa]은? (단, 자중은 무시한다)

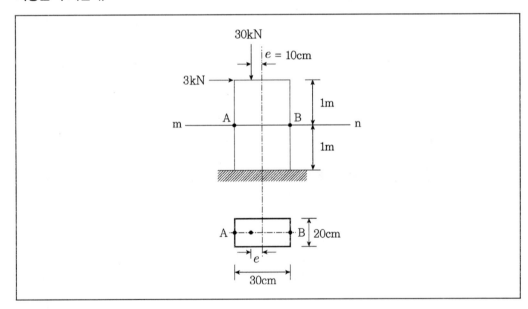

	A	B
①	0	0
②	0.5(압축)	0.5(압축)
③	3.5(압축)	2.5(인장)
④	2.5(인장)	1.5(압축)

16 다음과 같이 두께가 일정하고 1/4이 제거된 무게 $12\pi N$의 원판이 수평방향 케이블 AB에 의해 지지되고 있다. 케이블에 작용하는 힘[N]의 크기는? (단, 바닥면과 원판의 마찰력은 충분히 크다고 가정한다)

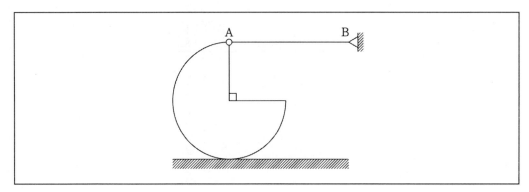

① $\dfrac{5}{3}$

② 2

③ $\dfrac{7}{3}$

④ $\dfrac{8}{3}$

---

14 집중하중이 C점에 재하되고, 등분포하중은 전체 구간에 재하될 경우 C점에서 최대 휨모멘트가 발생하게 된다.

$$M_{C,\max} = \frac{Pab}{L} + \frac{wab}{2} = \frac{10 \times 2 \times 8}{10} + \frac{4 \times 2 \times 8}{2} = 16 + 32 = 48\text{kN} \cdot \text{m}$$

15 두 응력의 합은 평균응력의 2배이므로

$$|\sigma_A + \sigma_B| = \frac{2P}{A} = \frac{2 \times 30 \times 10^3}{300 \times 200} = 1\text{MPa}$$

∴ 두 응력의 합이 1인 것은 ②이다.

16

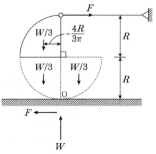

점선으로 둘러싸인 아래쪽의 이분원은 서로 대칭이므로 O점에 대한 모멘트가 상쇄되어 없어지게 되며 위쪽의 사분원만이 물체의 회전에 실재로 영향을 주게 된다. 그러므로 이를 식으로 나타내면 다음과 같다.

$$\sum M_o = 0 : F(2R) - \frac{W}{3}\left(\frac{4R}{3\pi}\right) = 0, \quad F = \frac{2}{9\pi} \times 12\pi = \frac{8}{3}$$

17 다음과 같은 캔틸레버보에서 고정단 B의 휨모멘트가 0이 되기 위한 집중하중 P의 크기[kN]는? (단, 자중은 무시한다)

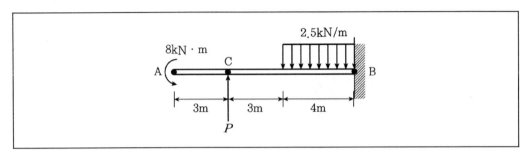

① 3

② 4

③ 5

④ 10

18 다음과 같이 C점에 내부 힌지를 갖는 게르버보에서 B점의 수직반력[kN]의 크기는? (단, 자중은 무시한다)

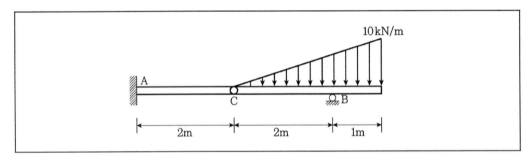

① 15.0

② 18.5

③ 20.0

④ 30.0

17

$M_B = 0, \ -8 + P \times 7 - \dfrac{2.5 \times 4^2}{2} = 0$ 이므로 $P = 4\text{kN}$

18 삼각형하중의 도심에 지점이 있으므로 B점의 반력은 삼각형의 면적과 동일하다.

$R_B = \dfrac{hkl}{3} = \dfrac{10 \times \dfrac{3}{2} \times 3}{3} = \dfrac{45}{3} = 15\text{kN}$

정답 및 해설 17.② 18.①

19 다음과 같은 캔틸레버보에서 B점이 스프링상수 $k = \dfrac{EI}{2L^3}$ 인 스프링 2개로 지지되어 있을 때, B점의 수직 변위의 크기는? (단, 보의 휨강성 EI는 일정하고, 자중은 무시한다)

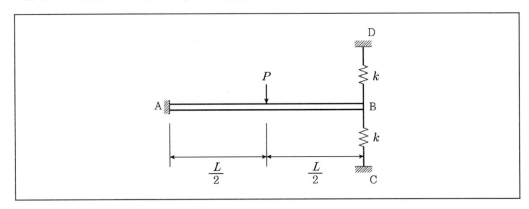

① $\dfrac{5PL^3}{64EI}$

② $\dfrac{5PL^3}{32EI}$

③ $\dfrac{PL^3}{64EI}$

④ $\dfrac{PL^3}{32EI}$

20 다음과 같이 동일한 스프링 3개로 지지된 강체 막대기에 하중 W를 작용시켰더니 A, B, C점의 수직변위가 아래 방향으로 각각 δ, 2δ, 3δ였다. 하중 W의 작용 위치 d[m]는? (단, 자중은 무시한다)

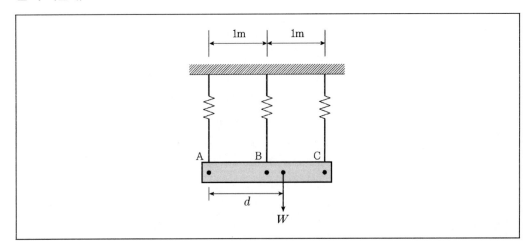

① $\dfrac{3}{2}$

② $\dfrac{7}{6}$

③ $\dfrac{5}{3}$

④ $\dfrac{4}{3}$

19 2개의 병렬로 된 스프링과 1개의 스프링이 병렬로 된 상태로 볼 수 있다.

2개의 병렬로 된 스프링은 1개의 스프링으로 치환할 수 있다.

$$K_{eq} = k + k = 2k = 2 \times \frac{EI}{2L^3} = \frac{EI}{L^3}$$

$$\delta_B = \frac{K_b}{K_b + K_{eq}} \delta_L = \frac{3}{3+1} \left(\frac{5PL^3}{48EI} \right) = \frac{5PL^3}{64EI} \text{ 가 되며, } K_b : K_{eq} = \frac{3EI}{L^3} : \frac{EI}{L^3} = 3 : 1$$

20 각 스프링이 받는 힘은 다음과 같다.

$$P_A = R, \ P_B = 2R, \ P_C = 3R \text{이며 } W = \sum P = 6R$$

W의 작용위치는 A점에서 모멘트 평형원리를 적용하면

$$d = \frac{2R(1) + 3R(2)}{6R} = \frac{4}{3} \text{m}$$

동일스프링 상수이므로 힘과 변위는 비례한다.

정답 및 해설 19.① 20.④

1 그림과 같이 여러 힘이 평행하게 강체에 작용하고 있을 때, 합력의 위치는?

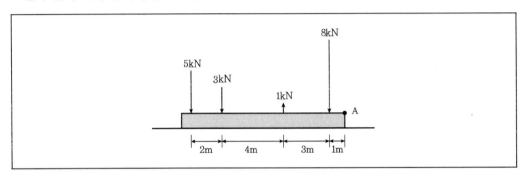

① A점에서 왼쪽으로 5.2m

② A점에서 오른쪽으로 5.2m

③ A점에서 왼쪽으로 5.8m

④ A점에서 오른쪽으로 5.8m

2 그림과 같은 길이가 1m, 지름이 30mm, 포아송비가 0.3인 강봉에 인장력 P가 작용하고 있다. 강봉이 축 방향으로 3mm 늘어날 때, 강봉의 최종 지름[mm]은?

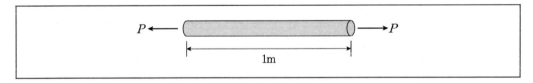

① 29.730

② 29.973

③ 30.027

④ 30.270

1 A점을 기준점으로 하여 바리뇽의 정리를 적용하게 되면

$$\frac{5\times10+3\times8-1\times4+8\times1}{15}=5.2\text{m}$$

2 지름의 변화량은 인장력이 작용하므로 수축되는 방향으로 발생된다.

$$\triangle d=-vd\varepsilon=-0.3(30)\left(\frac{3}{1,000}\right)=-0.027\text{mm}$$

최종지름은 $d'=d-\triangle d=30-0.027=29.973\text{mm}$

정답 및 해설 1.① 2.②

3 그림과 같이 무게와 정지마찰계수가 다른 3개의 상자를 30° 경사면에 놓았을 때, 발생되는 현상은? (단, 상자 A, B, C의 무게는 각각 W, $2W$, W이며, 정지마찰계수는 각각 0.3, 0.6, 0.3이다. 또한, 경사면의 재질은 일정하다)

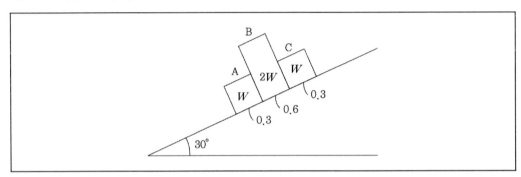

① A상자만 미끄러져 내려간다.　　　　② A, B상자만 미끄러져 내려간다.
③ 모두 미끄러져 내려간다.　　　　　④ 모두 정지해 있다.

4 그림과 같이 길이 200mm, 바깥지름 100mm, 안지름 80mm, 탄성계수가 200GPa인 원형 파이프에 축하중 9kN이 작용할 때, 축하중에 의한 원형 파이프의 수축량[mm]은? (단, 축하중은 단면 도심에 작용한다)

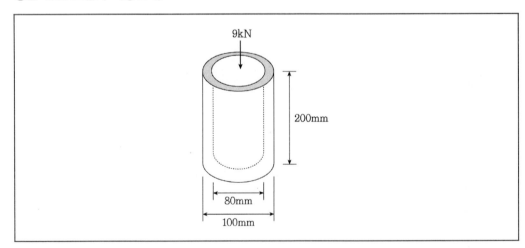

① $\dfrac{1}{50\pi}$

② $\dfrac{1}{100\pi}$

③ $\dfrac{9}{1,600\pi}$

④ $\dfrac{9}{2,500\pi}$

5 그림과 같이 양단 고정봉에 100kN의 하중이 작용하고 있다. AB 구간의 단면적은 100mm², BC 구간의 단면적은 200mm²으로 각각 일정할 때, A지점에 작용하는 수평반력[kN]의 크기는? (단, 탄성계수는 200GPa로 일정하고, 자중은 무시한다)

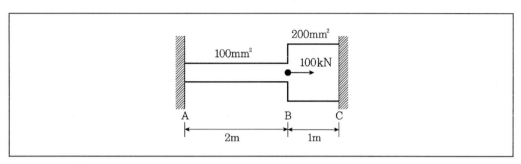

① 20

② 30

③ 40

④ 50

---

3 마찰면에서 수평력과 마찰력을 비교하여 미끄러짐의 유무를 판정할 수 있다. 하나의 덩어리로 보고 합력을 구하여 전체적인 거동을 판정하도록 한다.

C의 미끄러짐에 대해 살펴보면

(수평력) $W\sin 30^o = 0.5 W >$ 마찰력 $= 0.3 W \cdot \cos 30^o = 0.15\sqrt{3}\,W$이므로 A와 B가 없다는 전제하에서 C는 확실하게 미끄러지게 된다.

그리고 B의 미끄러짐에 대해 살펴보면 B는 C와 함께 운동을 하게 되므로 (B+C)를 한 덩어리로 인식하고 계산을 해야 한다.

(수평력) $3W\sin 30^o = 1.5 W >$ (마찰력) $1.5 W \cdot \cos 30^o ≒ 1.30 W$이므로 A가 없다는 전제하에서 (B+C) 덩어리는 확실하게 미끄러지게 된다.

A의 미끄러짐에 대해 살펴보면 A는 B, C와 함께 운동을 하게 되므로 (A+B+C)를 한 덩어리로 인식해서 계산해야 한다.

$4W\sin 30^o = 2W > 1.8 W\cos 30^o ≒ 1.56 W$

위의 결과 A는 미끄러짐이 발생하게 되며 결국 각각의 덩어리들로 나누었을 경우 모두 미끄러지게 된다.

4
$$\delta = \frac{PL}{AE} = \frac{9 \times 10^3 (200)}{200 \times 10^3 \left\{ \frac{\pi (100^2 - 80^2)}{4} \right\}} = \frac{1}{100\pi}\,\text{mm}$$

5 변위가 같은 구조이므로 $P = K\delta = \frac{EA}{L}\delta \propto \frac{A}{L}$

$K_{AB} : K_{BC} = 1(1) : 2(2) = 1 : 4$

$$\therefore R_A = \frac{K_{AB}}{\sum K} P = \frac{1}{5}(100) = 20\text{kN}$$

정답 및 해설 3.③ 4.② 5.①

6 그림과 같은 3힌지 라멘구조에서 A지점의 수평반력[kN]의 크기는? (단, 자중은 무시한다)

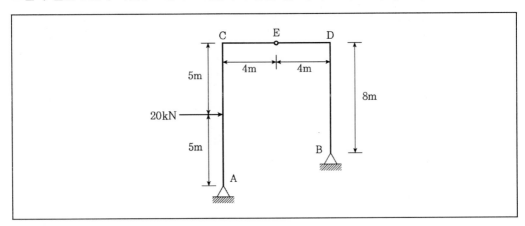

① 2.50

② 6.67

③ 10.00

④ 14.44

7 그림과 같이 x'과 y'축에 대하여 게이지로 응력을 측정하여 $\sigma_{x'} = 55\text{MPa}$, $\sigma_{y'} = 45\text{MPa}$, $\tau_{x'y'} = -12\text{MPa}$의 응력을 얻었을 때, 주응력[MPa]은?

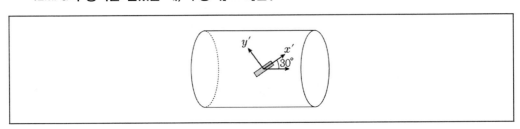

	$\sigma_{\max}$	$\sigma_{\min}$		$\sigma_{\max}$	$\sigma_{\min}$
①	24	12	②	37	32
③	50	13	④	63	37

8 그림과 같은 구조물에서 A지점의 수직반력[kN]은? (단, 자중은 무시한다)

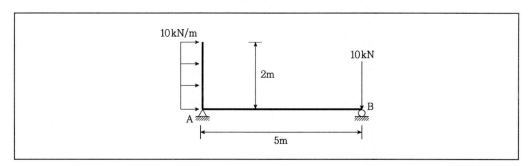

① 4(↑)

② 4(↓)

③ 5(↑)

④ 5(↓)

6

B점의 수평반력은 케이블의 일반정리를 이용하게 될 경우 $H_B = \dfrac{20(5) \times \frac{1}{2}}{18 \times \frac{1}{2}} = 5.56\text{kN}$

A점의 수평반력은 수평력의 평형조건에 따라

$H_A = P - H_B = 20 - 5.56 = 14.44\text{kN}$

※ 케이블의 일반정리 ⋯ 수평반력은 휨 저항성이 없는 점에서 유사단순보의 휨모멘트를 높이로 나눈 값이다.

7 두 직교축에 대한 수직응력의 합은 일정하다.

$\sigma_{\max} + \sigma_{\min} = \sigma_{x'} + \sigma_{y'} = 100\text{MPa}$

$\sigma_{\max,\,\min} = \dfrac{55+45}{2} \pm \sqrt{\left(\dfrac{55-45}{2}\right)^2 + (-12)^2} = 50 \pm \sqrt{25+144} = 50 \pm 13$

$\sigma_{\max} = 63\text{MPa}, \ \sigma_{\min} = 37\text{MPa}$

8

$V_A = \dfrac{\dfrac{10(2^2)}{2}}{5} = 4\text{kN}(\downarrow)$

정답 및 해설 6.④ 7.④ 8.②

9 그림과 같은 응력-변형률 관계를 갖는 길이 1.5m의 강봉에 인장력이 작용되어 응력상태가 점 O에서 A를 지나 B에 도달하였으며, 봉의 길이는 15mm 증가하였다. 이때, 인장력을 완전히 제거하여 응력상태가 C점에 도달할 경우 봉의 영구 신장량[mm]은? (단, 봉의 응력-변형률 관계는 완전탄소성 거동이며, 항복강도는 300MPa이고 탄성계수는 $E = 200$GPa이다)

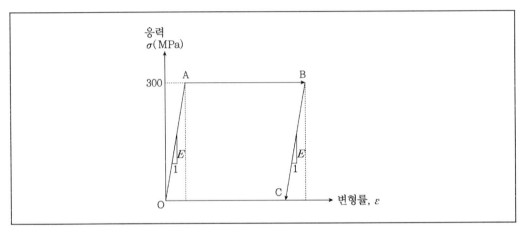

① 1.25 ② 2.25

③ 12.75 ④

10 그림과 같이 길이 L인 원형 막대의 끝단에 길이 $\dfrac{L}{2}$의 직사각형 막대가 직각으로 연결되어 있다. 직사각형 막대의 끝에 $\dfrac{P}{4}$의 하중이 작용할 때, 고정지점의 최상단 A점에서의 전단응력은? (단, 원형 막대의 직경은 d이고, 자중은 무시한다)

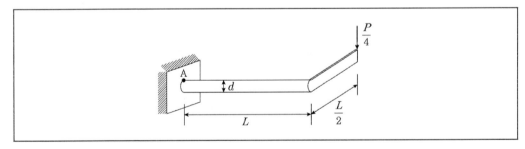

① $\dfrac{4P}{3\pi d^2}$ ② $\dfrac{2PL}{\pi d^3}$

③ $\dfrac{4PL}{\pi d^3}$ ④ $\dfrac{8PL}{\pi d^3}$

9 봉의 영구신장량은 다음과 같다.

$$\delta_t = \delta_g - \delta_e = \delta_g - \frac{\sigma_y L}{E} = 15 - \frac{300(1.5 \times 10^3)}{200 \times 10^3} = 12.75 \text{mm}$$

10

$$\tau_{\max} = \frac{16T}{\pi d^3} = \frac{16\left(\frac{P}{4} \times \frac{L}{2}\right)}{\pi d^3} = \frac{2PL}{\pi d^3}$$

고정단에는 전단력, 비틀림모멘트, 휨모멘트가 모두 작용하게 되며 이 중 전단응력에 영향을 주는 것은 전단력과 비틀림모멘트이며 전단력에 의한 전단응력은 A점이 상단이므로 0이 된다. 따라서 A점에는 비틀림모멘트에 의한 비틀림응력이 작용하며 그 크기는 $\tau = \dfrac{16 \cdot \left(\dfrac{PL}{8}\right)}{\pi d^3} = \dfrac{2PL}{\pi d^3}$ 이다.

정답 및 해설 9.③ 10.②

11 그림과 같은 게르버보에서 고정지점 E점의 휨모멘트[kN · m]의 크기는? (단, C점은 내부힌지 이며, 자중은 무시한다)

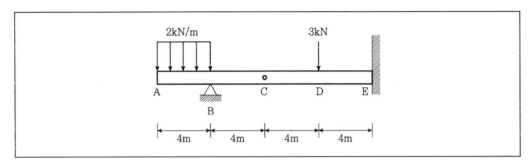

① 8

② 12

③ 20

④ 44

12 그림과 같은 트러스에서 사재 AH의 부재력[kN]은? (단, P_1 =10kN, P_2 =30kN이며, 자중은 무시한다)

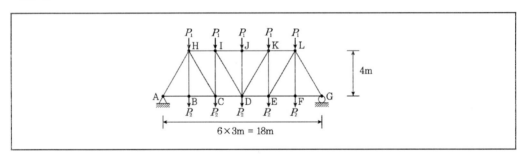

① 75(인장)

② 75(압축)

③ 125(인장)

④ 125(압축)

13 그림과 같은 단주에서 지점 A에 발생하는 응력[kN/m²]의 크기는? (단, O점은 단면의 도심이 고, 자중은 무시한다)

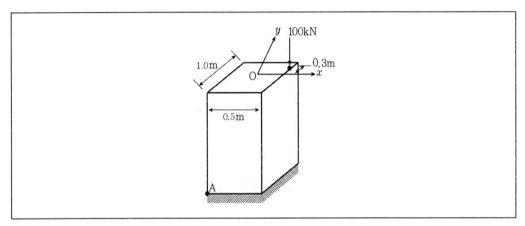

① 640

② 680

③ 760

④ 800

---

11 ABC 내민보로 적지간으로 되어 있고 내민 구간에 하중이 작용하고 있으므로 내민보 A, B, C에서 C점의 반력

$R_C = \dfrac{\dfrac{2 \times 4^2}{2}}{4} = 4[\text{kN}](\downarrow)$가 된다. 이 힘은 캔틸레버보의 자유단인 C점에서 상향의 집중하중으로 작용하므로

E점의 휨모멘트 $M_E = 4 \times 8 - 3 \times 4 = 20[\text{kN} \cdot \text{m}]$

12 $AH = R_A \left(\dfrac{5}{4} \right) = \dfrac{10(5) + 30(5)}{2} \left(\dfrac{5}{4} \right) = 125\text{kN}(압축)$

13 복편심하중이 작용하게 되므로

$\sigma_A = \dfrac{P}{A} \left(1 - \dfrac{6e_x}{b} - \dfrac{6e_y}{h} \right) = \dfrac{100}{0.5(1.0)} \left(1 - \dfrac{6 \times 0.25}{0.5} - \dfrac{6 \times 0.3}{1.0} \right) = -760\text{MPa}(인장)$

정답 및 해설 11.③ 12.④ 13.③

14 그림과 같이 내민보가 하중을 받고 있다. 내민보의 단면은 폭이 b이고 높이가 0.1m인 직사각형이다. 내민보의 인장 및 압축에 대한 허용휨응력이 600MPa일 때, 폭 b의 최솟값[m]은? (단, 자중은 무시한다)

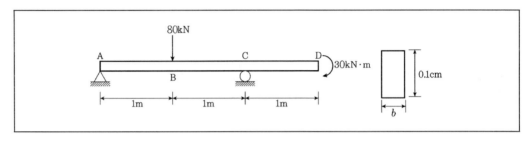

① 0.03

② 0.04

③ 0.05

④ 0.06

15 그림과 같은 보−스프링 구조에서 A점에 휨모멘트 $2M$이 작용할 때, 수직변위가 상향으로 $\dfrac{L}{100}$, 지점 B의 모멘트 반력 M이 발생하였다. 이때, 스프링 상수 k는? (단, 휨강성 EI는 일정하고, 자중은 무시한다)

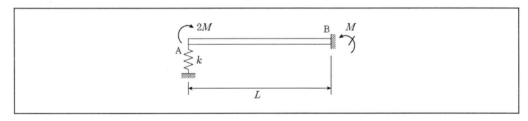

① $\dfrac{50M}{L^2}$

② $\dfrac{100M}{L^2}$

③ $\dfrac{150M}{L^2}$

④ $\dfrac{200M}{L^2}$

16 그림과 같은 단순보에서 최대 휨모멘트가 발생하는 곳의 위치 x[m]는? (단, 자중은 무시한다)

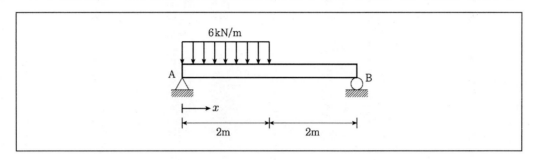

① 1.0

② 1.25

③ 1.5

④ 1.75

---

14 CD구간의 휨모멘트는 30[kN · m]이 되며 $M_B = \dfrac{80 \times 2}{2} - \dfrac{30}{2} = 25$[kN · m]이므로 최대휨모멘트는 CD구간에서 발생하게 된다.

이 때 $\sigma_{\max} = \dfrac{M_{\max}}{Z} = \dfrac{6M_{\max}}{bh^2} \leq \sigma_a$에서 $b \geq \dfrac{6M_{\max}}{\sigma_a h^2} = \dfrac{6 \times 30}{600 \times 10^3 \times (0.1)^2} = 0.03$m

15 B점에서 모멘트 평형을 적용하게 되면

$M - k\left(\dfrac{L}{100}\right)(L) - 2M = 0$에서 $k = \dfrac{100M}{L^2}$

[별해]

$R_A = \dfrac{2M - M}{L} = \dfrac{M}{L}(\downarrow)$으로 스프링의 축력이 되고 이 축력은 스프링에 인장력으로 작용한다.

따라서 스프링상수 k는 $k = \dfrac{100M}{L^2}$가 된다.

16 최대 휨모멘트의 발생위치

$x = \dfrac{3L}{8} = \dfrac{3(4)}{8} = 1.5$m

정답 및 해설 14.① 15.② 16.③

17 그림과 같은 단면의 도심 C점을 지나는 X_C축에 대한 단면 2차 모멘트가 5,000cm^{4}이고, 단면적이 A =100cm^{2}이다. 이때, 도심축에서 5cm 떨어진 x축에 대한 단면 2차 모멘트[cm^4]는?

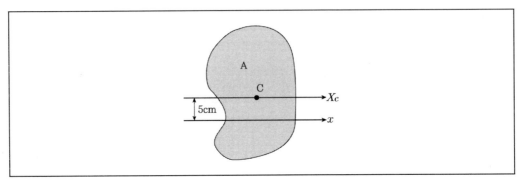

① 2,500

② 5,000

③ 5,500

④ 7,500

18 그림과 같은 보-스프링 구조에서 스프링 상수 $k = \dfrac{24EI}{L^3}$일 때, B점에서의 처짐은? (단, 휨 강성 EI는 일정하고, 자중은 무시한다)

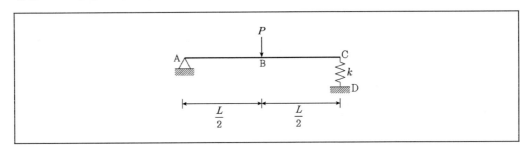

① $\dfrac{PL^3}{16EI}$

② $\dfrac{PL^3}{24EI}$

③ $\dfrac{PL^3}{32EI}$

④ $\dfrac{PL^3}{48EI}$

17 $I_x = I_X + Ay^2 = 5,000 + 100(5^2) = 7,500\text{cm}^4$

18 D지점의 반력 $P/2$에 의한 스프링의 변위량을 구하고 C점의 처짐을 구해야 한다.

$$\delta_C = \dfrac{0.5P}{\dfrac{24EI}{L^3}} = \dfrac{PL^3}{48EI}$$

B점의 처짐은 중첩법을 적용하여 구해야 한다. 따라서

$$\delta_B = \dfrac{1}{2} \cdot \dfrac{PL^3}{48EI} + \dfrac{PL^3}{48EI} = \dfrac{PL^3}{32EI}$$

정답 및 해설   17.④   18.③

19 그림과 같이 단순보에 집중하중군이 이동할 때, 절대최대휨모멘트가 발생하는 위치 x[m]는? (단, 자중은 무시한다)

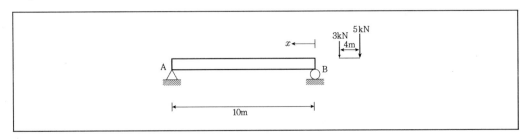

① 4.25

② 4.50

③ 5.25

④ 5.75

20 그림과 같이 단면적이 다른 봉이 있을 때, 점 D의 수직변위[m]는? (단, 탄성계수 $E = 20$kN/m^{2}이고, 자중은 무시한다)

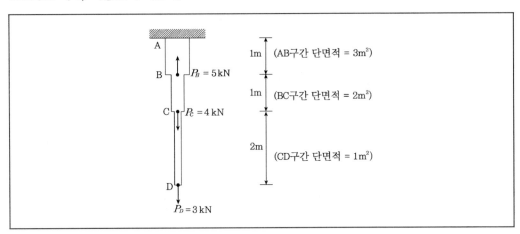

① 0.475(↓)

② 0.508(↓)

③ 0.675(↓)

④ 0.708(↓)

19 절대최대휨모멘트의 발생위치는 합력의 작용위치를 구한 후 합력작용점과 인접하중의 중앙점을 부재의 중앙에 일치시켰을 때 인접하중이 위치한 곳이다. 따라서 B점으로부터 $x = \dfrac{10}{2} - \dfrac{3}{2} \times \dfrac{1}{2} = 4.25\text{m}$ 인 위치에서 절대최대 휨모멘트가 발생하게 된다.

20 $\delta_D = \sum \dfrac{NL}{EA} = \dfrac{1}{20}\left\{ \dfrac{3(2)}{1} + \dfrac{7(1)}{2} + \dfrac{2(1)}{3} \right\} = 0.508\text{m}(\downarrow)$

정답 및 해설 19.① 20.②

1 다음 중 기둥의 유효길이 계수가 큰 것부터 작은 것 순서로 바르게 나열한 것은? (단, 기둥의 길이는 모두 같다.)

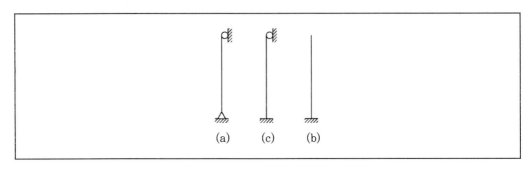

① (a)−(b)−(c)

③ (b)−(c)−(a)

② (a)−(c)−(b)

④ (c)−(a)−(b)

2 직경 d=20mm인 원형 단면을 갖는 길이 L=1m인 강봉의 양 단부에서 T=800N·m의 비틀림모멘트가 작용하고 있을 때, 이 강봉에서 발생하는 최대 전단응력에 가장 근접한 값은?

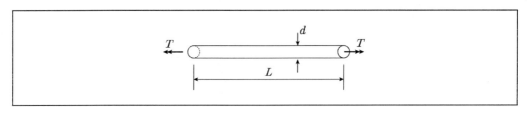

① 309.3MPa

③ 509.3MPa

② 409.3MPa

④ 609.3MPa

3 3활절 아치 구조물이 아래 그림과 같은 하중을 받을 때 C점에서 발생하는 휨모멘트의 크기와 방향은? (G점은 힌지)

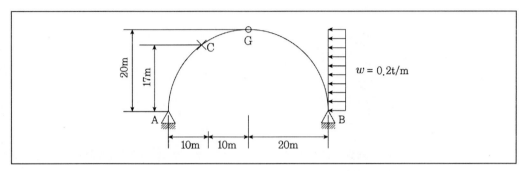

① 3t · m (시계방향)   ② 3t · m (반시계방향)
③ 7t · m (시계방향)   ④ 7t · m (반시계방향)

---

1 유효길이계수를 비교하면 (a) : (b) : (c) = 1.0 : 0.7 : 2.0

2 $\tau_{max} = \dfrac{16T}{\pi d^3} = \dfrac{16(800 \times 10^3)}{\pi(20^3)} \fallingdotseq 509.3[\text{MPa}]$

3 • C점의 좌측 : $M_C = 1(10) - 1(17) = -7[\text{kN} \cdot \text{m}]$

• C점의 우측 : $M_C = 4(7) - 3(17) = 7[\text{kN} \cdot \text{m}]$

C점의 좌측을 보면 반시계방향으로 7tm, 우측을 보면 시계방향으로 7tm이 작용한다. 이 문제는 출제오류로 볼 수 있어 복수정답으로 볼 수 있다.

[별해]

B점에 대한 모멘트의 합이 0이 되어야 하고 G점에 대한 모멘트의 합도 0이 되어야 함을 이용하여 해결할 수 있다.

우선 지점의 반력에 관해서는 B점에 대한 모멘트의 합이 0이 되어야하므로

$\sum M_B = 0 : V_A \times 40 - (0.2 \times 20)(10) = 0, \ V_A = 1[\text{t}](\uparrow)$

또한 G점에 대한 모멘트의 합이 0이어야 하므로 $\sum M_G = 0 : V_A \times 20 - H_A \times 20 = 0$이며 이를 만족하는 $H_A = 1[\text{t}](\rightarrow)$

C점에서의 휨모멘트는 $M_C = V_A \times 10 - H_A \times 17 = 1 \times 10 - 1 \times 17 = -7[\text{t} \cdot \text{m}]$ (−는 반시계방향을 의미함)

C점을 절단하면 좌측단면에서는 시계방향의 모멘트가 발생하지만 우측단면에서는 반시계방향의 모멘트가 발생하므로 이 문제에 대한 정답은 논란의 소지가 있다.

1.④ 2.③ 3.③④

4 중심 압축력을 받는 기둥의 좌굴 거동에 대한 설명 중 옳지 않은 것은?

① 좌굴하중은 탄성계수에 비례한다.

② 좌굴하중은 단면2차모멘트에 비례한다.

③ 좌굴응력은 세장비에 반비례한다.

④ 좌굴응력은 기둥 길이의 제곱에 반비례한다.

5 다음과 같은 연속보의 지점 B에서 0.4m 지점침하가 발생했을 때 B지점에서 발생되는 휨모멘트의 크기는? (EI=2.1×10^{4}kN · m^2)

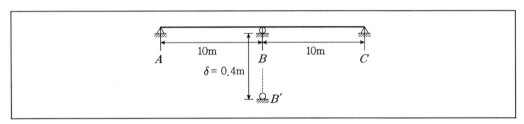

① 378kN · m

② 252kN · m

③ 126kN · m

④ 52kN · m

6 길이가 L이고 휨강성이 EI인 외팔보의 자유단에 스프링상수 k인 선형탄성스프링이 설치되어 있다. 자유단에 작용하는 수직하중 P에 의하여 발생하는 B점의 수직 처짐은?

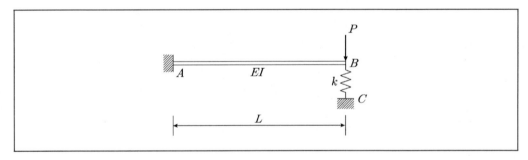

① $\dfrac{4PL^3}{3EI+kL^3}$

② $\dfrac{3PL^3}{3EI+kL^3}$

③ $\dfrac{2PL^3}{3EI+kL^3}$

④ $\dfrac{PL^3}{3EI+kL^3}$

7 길이가 10m이고 양단이 구속된 강봉 주변의 온도변화가 50°C일 때 강봉에 발생하는 축력은? (단, 강봉의 축강성은 10,000[kN], 열팽창계수는 $2 \times 10^{-6}/°C$이다.)

① 1kN

② 10kN

③ 100kN

④ 1,000kN

---

4 좌굴응력은 세장비의 제곱에 반비례한다.

5 중간지점이 침하를 하였으므로,

$$M_B = \frac{3EI\triangle}{L_1 \times L_2} = \frac{3(2.1 \times 10^4)(0.4)}{10^2} = 252[\text{kN} \cdot \text{m}]$$

[별해] 변위일치법을 이용하여 손쉽게 풀 수 있다.

$$\frac{R_B \cdot (2L)^3}{48EI} = \delta \text{이므로} \ R_B = \frac{6EI\delta}{L^3}, \ M_B = \frac{R_B \times 2L}{4} = \frac{6EI\delta}{L^3} \times \frac{2L}{4} = \frac{3EI\delta}{L^2}$$

$$M_B = \frac{3 \times (2.1 \times 10^4) \times 0.4}{10^2} = 252[\text{kN} \cdot \text{m}]$$

6 $\delta_B = \dfrac{P}{\sum K} = \dfrac{P}{\dfrac{3EI}{L^3} + k} = \dfrac{PL^3}{3EI + kL^3}$

7 $P = \alpha(\triangle T)EA = 2 \times 10^{-6}(50)(10,000) = 1[\text{kN}]$

정답 및 해설 4.③ 5.② 6.④ 7.①

8 그림과 같은 트러스구조의 C점에 하중 P가 작용할 때 부재력이 0(Zero)이 되는 부재를 모두 고른 것은?

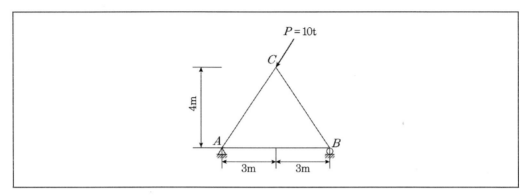

① AB부재

② AB부재, BC부재

③ AC부재, BC부재

④ BC부재

9 그림과 같이 축강성 EA인 현으로 단순보의 중앙점을 지지하면 지지하지 않을 때보다 보 중앙점의 변위가 절반으로 감소($\delta \rightarrow \delta/2$)한다면, 이때 현에 발생하는 응력(MPa)으로 옳은 것은? (단, P=10kN이고, 현의 단면적은 100[mm^2]이다.)

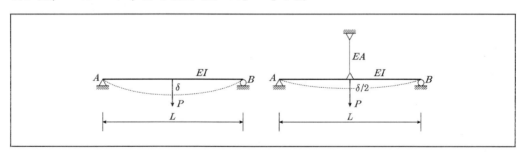

① 25

② 50

③ 75

④ 100

10 다음과 같은 단순보에 1개의 집중하중과 계속되는 등분포 활하중이 동시에 작용할 때 아래 단순보에서 발생하는 절대 최대휨모멘트는?

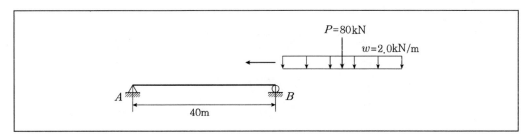

① 1,500kN · m ② 1,200kN · m
③ 950kN · m ④ 750kN · m

---

8 AC부재와 P가 동일한 방향이므로 $R_B = 0$이 된다. 따라서
$AC = -P$가 되며, $AB = BC = 0$이 된다.

9 변위는 작용력에 비례하므로, 변위가 1/2로 감소되려면 현에 작용하는 힘이 1/2이 되어야 한다. 따라서
$$\frac{P}{2A} = \frac{10 \times 10^3}{2(100)} = 50[\text{MPa}]$$

[별해] δ가 0.5δ로 감소할 경우 $R = \frac{P}{2}$가 되므로 $R = \frac{10 \times 10^3}{2} = 5,000[\text{N}]$

따라서 $\sigma = \frac{R}{A} = \frac{5,000}{100} = 50[\text{MPa}]$

10 절대최대휨모멘트의 발생위치는 단순보의 중앙점에서 발생한다. 따라서
$$M_{\max} = \frac{PL}{4} + \frac{wL^2}{8} = \frac{80 \times 40}{4} + \frac{2 \times 40^2}{8} = 1,200[\text{kN} \cdot \text{m}]$$

정답 및 해설 8.② 9.② 10.②

11 다음과 같은 구조의 게르버보에 대한 영향선으로 옳은 것은?

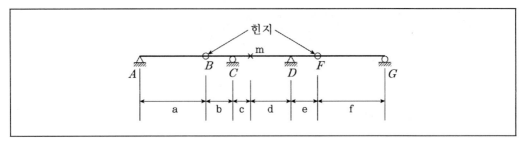

① Mm의 영향선

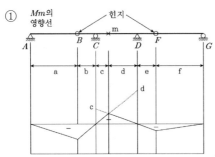

② Ra의 영향선

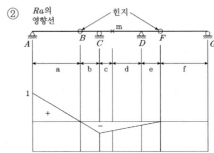

③ Rc의 영향선

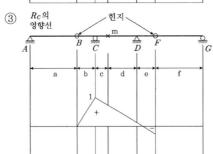

④ Vm의 영향선

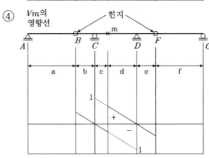

12 다음과 같은 단순보에서 A점, B점의 반력으로 옳은 것은?

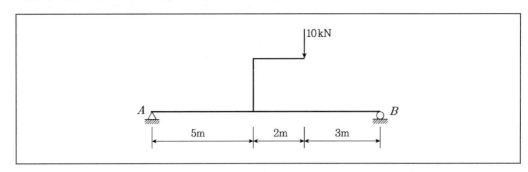

① $R_A = 7\text{kN}$, $R_B = 3\text{kN}$

② $R_A = 6\text{kN}$, $R_B = 4\text{kN}$

③ $R_A = 5\text{kN}$, $R_B = 5\text{kN}$

④ $R_A = 3\text{kN}$, $R_B = 7\text{kN}$

13 외경 d=1m이고 두께 t=10mm인 원형강관 내부에 p=20MPa의 압력이 균일하게 작용할 때, 강관의 원주방향으로 발생하는 수직응력의 크기는?

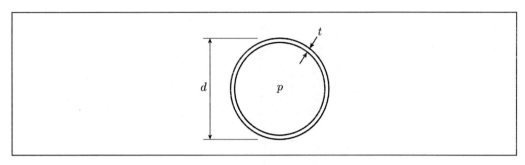

① 980MPa

② 1,000MPa

③ 1,020MPa

④ 1,040MPa

11

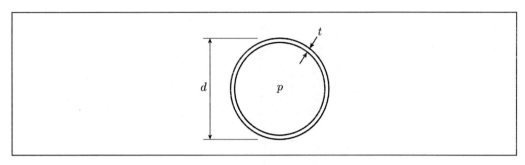

12 모멘트 평형조건을 적용하면,

$$R_A = \frac{10 \times 3}{10} = 3[\text{kN}], \quad R_B = 7[\text{kN}]$$

13 내측반경 $r = \frac{d - 2t}{2} = \frac{1,000 - 2 \times 10}{2} = 490[\text{mm}]$ 이며 $\sigma = \frac{pr}{t} = \frac{20 \times 490}{10} = 980[\text{MPa}]$

정답 및 해설 11.① 12.④ 13.①

14 집중하중을 받는 트러스에서 E점에 작용하는 외력 4kN에 의한 CD부재력의 크기는?

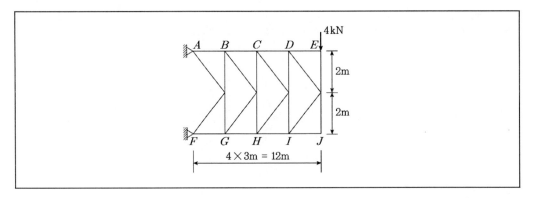

① 1kN

② 2kN

③ 3kN

④ 4kN

15 C-형강에서 전단중심의 위치는?

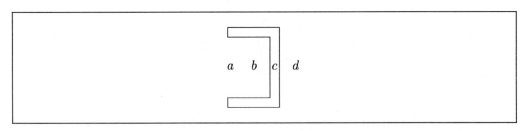

① a

② b

③ c

④ d

16 재료의 탄성계수가 240GPa이고 전단탄성계수가 100GPa인 물체의 포아송비는?

① 0.1

② 0.2

③ 0.3

④ 0.4

14 부재를 절단하여 I점에서 모멘트 평형원리를 적용하면

$$F_{CD} = \frac{4 \times 3}{4} = 3[\text{kN}]$$

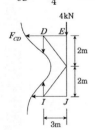

15 ㄷ형강의 전단중심은 단면외부에 위치하므로 d가 전단중심이 될 수 있다.

16 $\nu = \dfrac{E}{2G} - 1 = \dfrac{240}{2(100)} - 1 = 0.2$

정답 및 해설 **14.**③ **15.**④ **16.**②

17 A점이 경사롤러로 지지된 라멘구조에서 AB부재에 작용하는 등분포하중에 의해 발생하는 C점의 수직반력은?

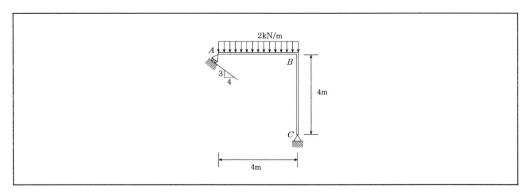

① $\dfrac{30}{7}$kN

② $\dfrac{40}{7}$kN

③ $\dfrac{50}{7}$kN

④ $\dfrac{60}{7}$kN

18 다음과 같이 집중하중을 받는 보에서 B점의 수직변위는?

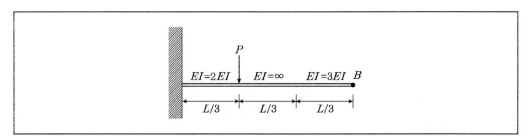

① $\dfrac{2PL^3}{81EI}$

② $\dfrac{4PL^3}{81EI}$

③ $\dfrac{5PL^3}{324EI}$

④ $\dfrac{4PL^3}{324EI}$

17 $R_{AH}(=H_A)=\dfrac{3}{4}R_{AV}(=V_A)$이므로 C점에서 모멘트평형을 적용하면

$\dfrac{3}{4}R_{AV}(=V_A)(4)+R_{AV}(=V_A)(4)=8(2)$에서 $R_{AV}(=V_A)=\dfrac{16}{7}[\text{kN}](\uparrow)$

수직력 평형에서 $R_{CV}(=V_C)=8-R_{AV}(=V_A)=\dfrac{40}{7}[\text{kN}]$

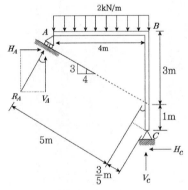

18 하중이 작용하는 부분의 우측에는 어떤 외력도 발생하지 않으므로 휨강성 EI는 처짐에 영향을 미치지 않는다

고 봐야 한다. 따라서 $\delta_B=\dfrac{Pa^2}{6EI}(2a+3b)=\dfrac{P\left(\dfrac{L}{3}\right)^2}{6(2EI)}\left(2\times\dfrac{L}{3}+3\times\dfrac{2L}{3}\right)=\dfrac{2PL^3}{81EI}$

(아래의 표에 제시된 식을 참고하도록 한다.)

	처짐각
![beam diagram] A ▨——P↓——B 　a　C　b |←———L———→|	$\theta_B=\dfrac{Pa^2}{2EI}$,　$\theta_C=\dfrac{Pa^2}{2EI}$
	처짐
	$\delta_B=\dfrac{Pa^2}{6EI}(2a+3b)$,　$\delta_C=\dfrac{Pa^3}{3EI}$
	$\delta_B=\dfrac{Pa^2}{6EI}(2a+3b)$를 $\delta_B=\dfrac{Pa^2}{6EI}(3L-a)$로 암기한다.

정답 및 해설　**17.**② **18.**①

19 다음 중 무차원량은?

① 변형률

② 곡률

③ 온도팽창계수

④ 응력

20 다음과 같은 골조구조의 부정정차수로 옳은 것은?

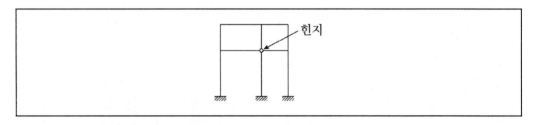

① 3

② 5

③ 7

④ 9

19 변형률은 변형량을 본래의 양으로 나눈 값이므로, 단위가 없는 무차원량이다.

20 부정정차수 $N = 3B - H = 3(4) - 3 = 9$

정답 및 해설 19.① 20.④

1 다음 그림과 같은 캔틸레버보에서 B점과 C점의 처짐비($\delta_B : \delta_C$)는?

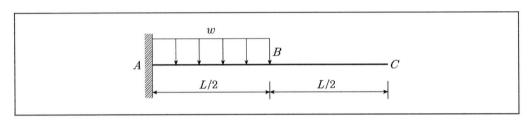

① 1 : 1

② 2 : 5

③ 3 : 7

④ 4 : 9

2 다음 그림과 같은 응력 상태의 구조체에서 A-A 단면에 발생하는 수직응력 σ와 전단응력 τ의 크기는?

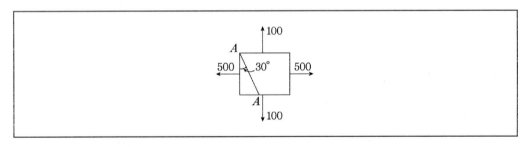

① $\sigma = 400,\ \tau = 100\sqrt{3}$

② $\sigma = 400,\ \tau = 200$

③ $\sigma = 500,\ \tau = 100\sqrt{3}$

④ $\sigma = 500,\ \tau = 200$

3 다음 그림과 같은 부재에 수직하중이 작용할 때, C점의 수직방향 변위는? (단, 선형탄성부재
이고, 탄성계수는 E로 일정, ①의 단면적은 A, ②의 단면적은 $2A$이다.)

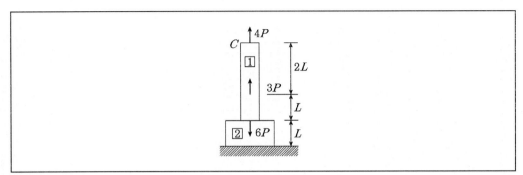

① $\dfrac{23PL}{2EA}$

② $\dfrac{12PL}{EA}$

③ $\dfrac{14PL}{EA}$

④ $\dfrac{31PL}{2EA}$

1

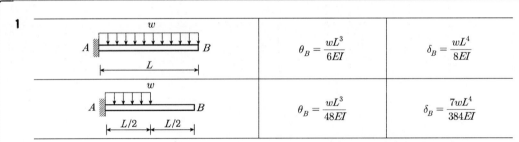

	$\theta_B = \dfrac{wL^3}{6EI}$	$\delta_B = \dfrac{wL^4}{8EI}$
	$\theta_B = \dfrac{wL^3}{48EI}$	$\delta_B = \dfrac{7wL^4}{384EI}$

위의 식에 주어진 조건을 대입하여 비교하면 $\delta_B : \delta_C$는 $\dfrac{3}{4} \times \dfrac{L}{2} : \dfrac{L}{2} + \dfrac{3}{4} \times \dfrac{L}{2} = \dfrac{3L}{8} : \dfrac{7L}{8}$

$3 : 7$이 된다.

2

$\sigma_\theta = \dfrac{\sigma_x + \sigma_y}{2} + \dfrac{\sigma_x - \sigma_y}{2} \cdot \cos 2\theta - \tau_{xy} \times \sin 2\theta = \dfrac{500 + 100}{2} + \dfrac{500 - 100}{2} \cos 60^\circ - 0 = 400 \text{MPa}$

$\tau_\theta = \dfrac{\sigma_x - \sigma_y}{2} r, \ \sin 2\theta + \tau_{xy} \cos 2\theta = \dfrac{500 - 100}{2} \sin 60^\circ + 0 = 100\sqrt{3} \text{MPa}$

(주어진 응력상태를 보면 τ_{xy}는 0이다.)

3

$\delta_C = \sum \dfrac{NL}{EA} = \dfrac{4P(2L)}{EA} + \dfrac{7P(L)}{EA} + \dfrac{PL}{E(2A)} = \dfrac{31PL}{2EA}$

정답 및 해설 1.③ 2.① 3.④

4 다음 그림과 같은 양단이 고정되고 속이 찬 원형단면을 가진 길이 2m 봉의 전체온도가 100℃ 상승했을 때 좌굴이 발생하였다. 이 때 봉의 지름은? (단, 열팽창계수 $\alpha = 10^{-6}/℃$ 이다.)

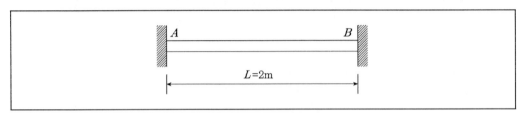

① $\sqrt{\dfrac{0.02}{\pi}}$ m

② $\sqrt{\dfrac{0.04}{\pi}}$ m

③ $\dfrac{0.02}{\pi}$ m

④ $\dfrac{0.04}{\pi}$ m

5 다음 그림과 같은 하우트러스에 대한 내용 중 옳지 않은 것은? (단, 구조물은 대칭이며, 사재와 하현재가 이루는 각의 크기는 모두 같다.)

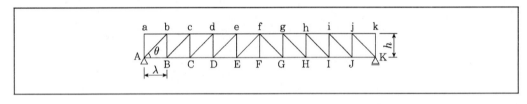

① 부재 Aa, ab, jk, Kk 등에는 부재력이 발생하지 않으므로 특별한 용도가 없는 한 제거하여도 무방하다.

② 수직재 Dd의 영향선은 다음과 같다.

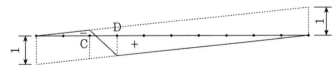

③ 사재 De의 영향선은 다음과 같다.

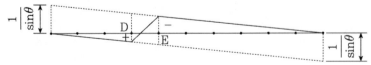

④ 하현재 CD의 영향선은 다음과 같다.

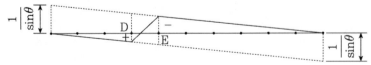

6 다음 그림과 같이 30kN의 힘이 바닥판 DE에 의해 지지되고 있다. 이와 같은 간접하중이 작용하고 있을 경우 M_c의 크기는?

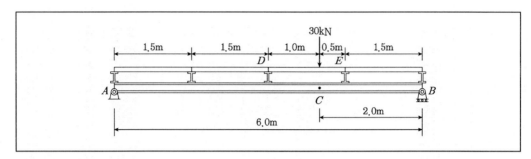

① 10kN · m
② 20kN · m
③ 30kN · m
④ 40kN · m

4
$$\alpha(\triangle T)EA = \frac{n\pi^2 EI}{l_k^2} = \frac{n\pi^2 E\left(\dfrac{AD^2}{16}\right)}{l_k^2}$$

$$D = \sqrt{\frac{16\alpha(\triangle T)l_k^2}{n\pi^2}} = \sqrt{\frac{16\times10^{-6}\times100\times2^2}{4\pi^2}} = \frac{4\times10^{-2}}{\pi} = \frac{0.04}{\pi}\,\text{m}$$

5 하현재 CD의 영향선은 D점에서 꺾여야 하며 수평거리는
3λ이고 종거는 $3\lambda/h$가 된다.

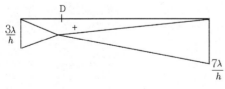

6 간접하중을 받으므로 $P_d = \dfrac{30(0.5)}{1.5} = 10\text{kN}$, $P_e = \dfrac{30(1.0)}{1.5} = 20\text{kN}$

$$M_c = \frac{10\times3\times2}{6} + \frac{20\times4\times1.5}{6} = 30\text{kN} \cdot \text{m}$$

정답 및 해설   4.④   5.④   6.③

7 수평으로 놓인 보 AB의 끝단에 봉 BC가 힌지로 연결되어 있고, 그 아래에 질량 m인 블록이 놓여 있다. 봉 BC의 온도가 $\triangle T$만큼 상승했을 때 블록을 빼내기 위한 최소 힘 H는? (단, B, C점은 온도변화 전후 움직이지 않으며, 보 AB와 봉 BC의 열팽창계수는 α, 탄성계수는 E, 단면2차모멘트는 I, 단면적은 A, 지면과 블록사이의 마찰계수는 0.5이다.)

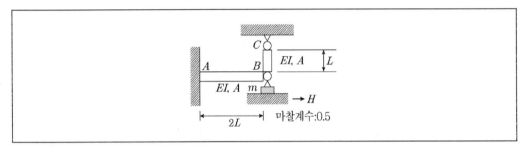

① $\dfrac{EA}{4}(\alpha \cdot \triangle T)$

② $\dfrac{EA}{2}(\alpha \cdot \triangle T)$

③ $\dfrac{\alpha \cdot \triangle T \cdot E}{4}\left(A - \dfrac{3I}{L^2}\right)$

④ $\dfrac{\alpha \cdot \triangle T \cdot E}{2}\left(A - \dfrac{3I}{L^2}\right)$

8 직사각형 단면 15mm×60mm를 가진 강판이 인장하중 P를 받으며, 직경이 15mm인 원형볼트에 의해 지지대에 부착되어 있다. 부재의 인장하중에 대한 항복응력은 300MPa이고, 볼트의 전단에 대한 항복응력은 750MPa이다. 이때 재료에 작용할 수 있는 최대인장력 P는? (단, 부재의 인장에 대한 안전율 $S.F.=2$, 볼트의 전단에 대한 안전율 $S.F.=1.5$, $\pi = 3$으로 계산한다.)

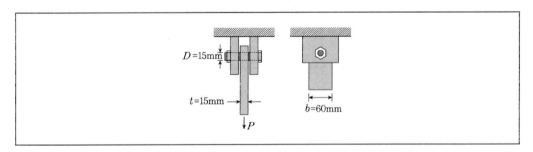

① 101.25kN

② 132.65kN

③ 168.50kN

④ 176.63kN

9 다음 그림과 같은 케이블 ABC가 하중 P를 지지하고 있을 때 케이블 AB의 장력은?

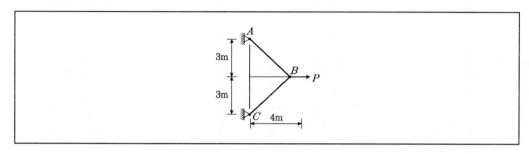

① $\dfrac{1}{2}P$ 　　　　　　　　　　② $\dfrac{5}{8}P$

③ $\dfrac{3}{4}P$ 　　　　　　　　　　④ P

---

7 BC부재에서만 온도의 상승이 있고 블록이 BC부재의 아래에 위치하므로

$$H \geq R\mu = E\alpha(\triangle T)A(0.5) = \frac{EA}{2}(\alpha \times \triangle T)$$ 가 성립한다.

8 ㉠ 부재의 인장검토

$$P \leq \frac{\sigma_y}{S}A_{n,\min} = \frac{300}{2}(60-15)(15) = 101.25\text{kN}$$

㉡ 볼트의 전단검토

$$P \leq \frac{\tau_y}{S}(2A) = \frac{750}{1.5}(2)\left(\frac{3\times 15^2}{4}\right) = 168.75\text{kN}$$

9 케이블 AB에 걸리는 장력을 T라고 하면 BC에도 똑같은 크기의 장력 T가 걸리게 된다.
이 때 두 케이블에 걸리는 장력의 수평성분의 합이 P와 같다는 점을 이용하여 풀게 되면,

$$AB = \frac{P}{2}\left(\frac{5}{4}\right) = \frac{5}{8}P$$ 가 성립한다.

10 다음 그림과 같은 구조물에서 AB부재의 변형량은? (단, 각 부재의 단면적은 1,000cm², 탄성 계수는 100MPa, +는 늘음, −는 줄음을 의미한다.)

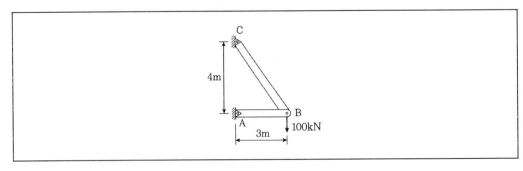

① −22.5mm

② +7.5mm

③ +22.5mm

④ −7.5mm

11 다음 그림과 같은 내부 힌지가 있는 구조물에 하중이 작용할 때, 내부힌지 B점의 처짐은? (단, EI는 일정하다.)

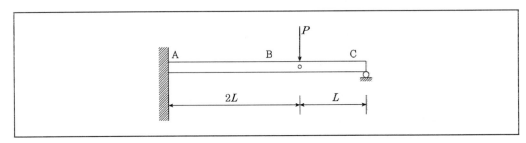

① $\dfrac{PL^3}{6EI}$

② $\dfrac{PL^3}{3EI}$

③ $\dfrac{3PL^3}{2EI}$

④ $\dfrac{8PL^3}{3EI}$

12 다음 그림과 같은 Wide Flange보에 전단력 V=40kN이 작용할 때, 최대전단응력과 가장 가까운 값은? (단, $I_{\min} = 24 \times 10^7 \text{mm}^4$이다.)

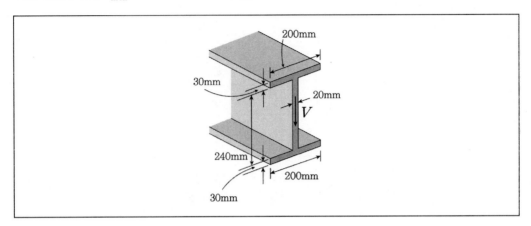

① 5MPa

② 8MPa

③ 50MP

④ 80MPa

---

10 AB부재에 작용하는 부재력에 의한 변위량을 산출하는 문제이다. AB부재는 압축을 받으므로 길이가 줄어든다. (단위변환에 주의해서 풀어야 한다)

$$\delta_{AB} = \frac{P_{AB} \times L_{AB}}{A \times E} = \frac{\left(-100 \times \frac{3}{4}\right) \times (3 \times 10^6)}{100(1,000 \times 10^2)} = -22.5\text{mm}$$

11 C점은 롤러지점으로서 B점의 처짐에 대한 저항을 하지 못하므로 AB부재는 캔틸레버보와 같은 거동을 하게 된다. 따라서 B점의 처짐은 캔틸레버 자유단에 하중이 작용할 때 발생하는 처짐과 같으므로 $\delta_B = \frac{P(2L)^3}{3EI} = \frac{8PL^3}{3EI}$ 가 된다.

12 $$\tau_{\max} = \frac{S_{\max} G}{It} = \frac{40 \times 10^3 \times (200 \times 30 \times 135 + 20 \times 120 \times 60)}{24 \times 10^7 \times 20} = 7.95 \fallingdotseq 8\text{MPa}$$

최대 전단응력은 웨브부재의 중간부에서 발생한다.

정답 및 해설 10.① 11.④ 12.②

13 다음 그림과 같은 반지름 40mm의 강재 샤프트에서 비틀림변형에너지는? (단, A는 고정단이고, 전단탄성계수 G=90GPa, 극관성모멘트 J=5×10^{-6}m^{4}이다.)

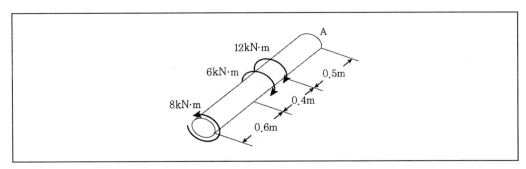

① 5J

② 10J

③ 50J

④ 100J

14 다음 그림과 같이 양단 단순지지된 장주에서 y방향의 변위는 $EI\dfrac{d^2y}{dx^2} = -Py$의 미분방정식으로 나타낼 수 있다. 이 방정식을 만족하는 P값은 무수히 많으나 이 중 가장 작은 좌굴하중 P_1과 두 번째로 작은 P_2와의 비($P_1 : P_2$)는? (단, P는 좌굴하중, E는 탄성계수, I는 단면2차모멘트이다.)

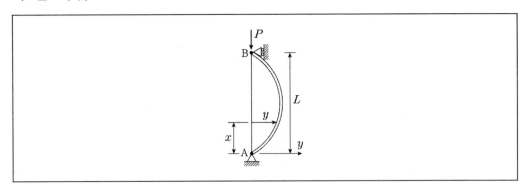

① 1 : 2

② 1 : 3

③ 1 : 4

④ 1 : 9

15 다음 그림에서 점 C의 수직 변위 δ_c를 구하기 위한 가상일의 원리를 바르게 표기한 것은? (단, 두 구조계는 동일하다.)

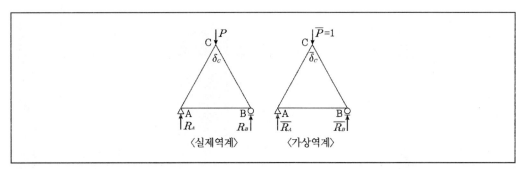

① $W_e = R_A \times 0 + 1 \times \delta_c + R_B \times 0$

② $W_e = R_A \times 0 + 1 \times \delta_c + \overline{R_B} \times 0$

③ $W_e = \overline{R_A} \times 0 + 1 \times \delta_c + \overline{R_B} \times 0$

④ $W_e = \overline{R_A} \times 0 + 1 \times \delta_c + R_B \times 0$

13
$$U = \sum \frac{T^2 L}{2GJ} = \frac{(-8,000)^2 \times 0.6 + (-8,000+6,000)^2 \times 0.4 + (-2,000+12,000)^2 \times 0.5}{2(90 \times 10^9)(5 \times 10^{-6})} = 100[\text{N} \cdot \text{m}] = 100[\text{J}]$$

14
1회 좌굴 시의 좌굴하중은 $P_1 = \dfrac{\pi^2 EI}{L}$

2회 좌굴 시의 좌굴하중은 $P_2 = \dfrac{4\pi^2 EI}{L}$

15 외적가상일은 가상하중에 실제 변위를 곱한 값이다. 즉, 가상일은 주어진 문제에서 가상의 하중인 단위하중(1)과 실제하중에 의한 실제변위(δ_C)의 곱과 같다.

이를 식으로 나타내면 $W_e = \overline{R_A} \times 0 + 1 \times \delta_c + \overline{R_B} \times 0$이 된다.

정답 및 해설 13.④ 14.③ 15.③

16 다음 그림과 같이 탄성계수 E와 단면2차모멘트 I가 일정한 부정정보의 부재 AB와 BC의 강성 매트릭스가 $[K]$와 같을 때, B점에서의 회전 변위의 크기는?

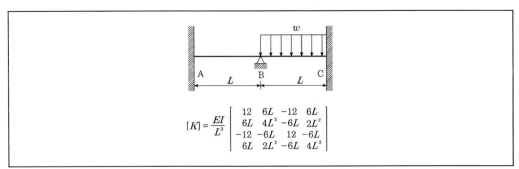

$$[K] = \frac{EI}{L^3} \begin{bmatrix} 12 & 6L & -12 & 6L \\ 6L & 4L^2 & -6L & 2L^2 \\ -12 & -6L & 12 & -6L \\ 6L & 2L^2 & -6L & 4L^2 \end{bmatrix}$$

① $\dfrac{wL^3}{96EI}$ 　　　　　② $\dfrac{wL^3}{128EI}$

③ $\dfrac{wL^3}{384EI}$ 　　　　　④ $\dfrac{wL^3}{1284EI}$

17 다음 그림과 같은 하중이 작용하는 단순보에서 B점의 회전각은? (단, EI는 일정하다.)

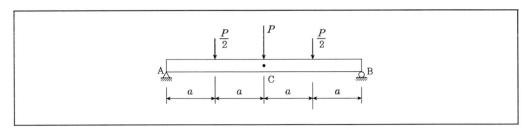

① $\dfrac{7Pa^2}{8EI}$ 　　　　　② $\dfrac{7Pa^2}{6EI}$

③ $\dfrac{5Pa^2}{4EI}$ 　　　　　④ $\dfrac{7Pa^2}{4EI}$

16 강성메트릭스는 이 문제의 풀이에서 특별한 의미를 갖지는 않는다. (메트릭스 풀이법으로 풀지 않아도 되는 문제이다.)

$$\theta_B = \frac{M_B L}{4EI} = \frac{\dfrac{wL^2}{24}(L)}{4EI} = \frac{wL^3}{96EI}$$

17 중첩법을 적용하면 손쉽게 풀 수 있다.

우선 하중 $\dfrac{P}{2}$ 의 하중 2개에 의해 발생하는 B점의 처짐각은

$$\frac{\dfrac{P}{2} \times 3a \times a}{6EI \times L}(3a+2a) + \frac{\dfrac{P}{2} \times a \times 3a}{6EI \times L}(2 \times 3a + a) = 12a \times \frac{\dfrac{P}{2} \times a \times 3a}{6EI \times L} = \frac{P \times 3a^2}{4EI}$$ 가 되며,

중앙점에 작용하는 하중 P에 의해 발생하는 B점의 처짐각은 $\dfrac{PL^2}{16EI}$ 가 된다.

중첩법을 적용하면 $\theta_B = \dfrac{P \cdot 3a^2}{4EI} + \dfrac{P(4a)^2}{16EI} = \dfrac{7Pa^2}{4EI}$

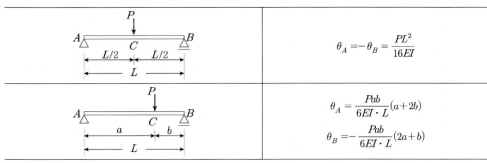

(그림: 단순보 A-C-B, 중앙 C에 하중 P, $L/2$, $L/2$, 전체 L)	$\theta_A = -\theta_B = \dfrac{PL^2}{16EI}$
(그림: 단순보 A-C-B, 하중 P, 거리 a, b, 전체 L)	$\theta_A = \dfrac{Pab}{6EI \cdot L}(a+2b)$ $\theta_B = -\dfrac{Pab}{6EI \cdot L}(2a+b)$

정답 및 해설 16.① 17.④

18 다음 그림과 같은 3연속보에서 휨강성 EI가 일정할 때 절대최대모멘트가 발생하는 위치는?

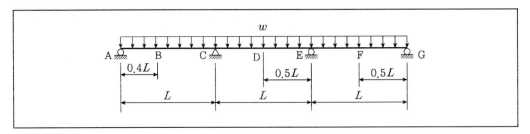

① B   ② C

③ D   ④ F

19 다음 그림과 같은 2경간 연속보에서 지점 A의 반력은?

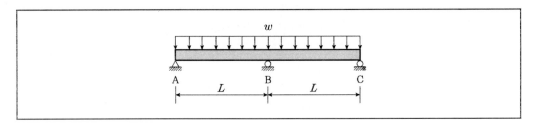

① $\dfrac{3}{16}wL$ ② $\dfrac{5}{16}wL$

③ $\dfrac{3}{8}wL$ ④ $\dfrac{5}{8}wL$

20 다음 그림과 같은 단면을 갖는 부재에 대하여 도심에서 가로, 세로축을 각각 x, y라고 할 때, 도심축의 단면2차모멘트 I_x, I_y 및 상승모멘트 I_{xy} 그리고 주단면2차모멘트 $I_{1,2}$에 대한 식을 바르게 표기한 것은?

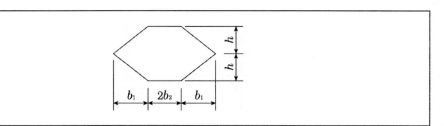

① $I_x = 2 \times \left(\dfrac{b_1(2h)^3}{48} \right) + \dfrac{b_2(2h)^3}{12}$

② $I_y = 2 \times \left\{ \dfrac{b_1^{\,3}(2h)}{36} + b_1 h \left(\dfrac{b_1}{3} + b_2 \right)^2 + \dfrac{b_2^{\,3}(2h)}{3} \right\}$

③ $I_{xy} = 2 \times \dfrac{b_1^{\,2}(2h)^2}{12}$

④ $I_{1,2} = \dfrac{I_x + I_y}{2} \pm \sqrt{(I_x - I_y)^2 + 4I_{xy}^{\,2}}$

---

18 3경간 연속보에서 대칭하중이 작용하고 있으므로 절대최대휨모멘트는 C점과 E점에서 발생하게 된다.

$R_A = R_G = \dfrac{4wL}{10}$, $R_C = R_E = \dfrac{11wL}{10}$, $M_C = M_E = -\dfrac{wL^2}{10}$

19 양 끝지점에서 발생하는 수직반력은 $\dfrac{3}{8}wL$

중간 지점에서 발생하는 수직반력은 $\dfrac{10}{8}wL$

$R_A = \dfrac{3wL}{8}$, $R_B = \dfrac{5wL}{4}$, $M_B = \dfrac{wL^2}{8}$

20 도심을 지나는 y축에서 평행축정리를 적용하면

$I_y = 2 \times \left\{ \dfrac{b_1^{\,3}(2h)}{36} + b_1 h \left(\dfrac{b_1}{3} + b_2 \right)^2 + \dfrac{b_2^{\,3}(2h)}{3} \right\}$가 성립한다.

① $I_x = 2 \times \left(\dfrac{b_1(2h)^3}{48} \right) + \dfrac{b_2(2h)^3}{6}$

③ $I_{xg} = 0$

④ $I_{1,2} = \dfrac{I_x + I_g}{2} \pm \sqrt{\left(\dfrac{I_x - I_g}{2} \right)^2 + I_{xg}^{\,2}} = \dfrac{I_x + I_g}{2} \pm \dfrac{I_x - I_g}{2}$

정답 및 해설 18.② 19.③ 20.②

1 그림과 같이 단부 경계 조건이 각각 다른 장주에 대한 탄성 좌굴하중(P_{cr})이 가장 큰 것은?
(단, 기둥의 휨강성 EI=4,000kN·m²이며, 자중은 무시한다)

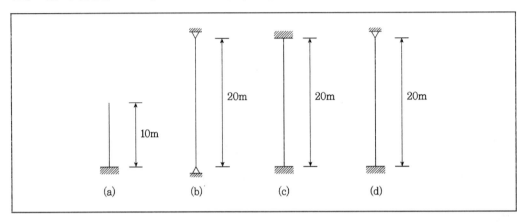

① (a) ② (b)
③ (c) ④ (d)

2 그림과 같이 2개의 힘이 동일점 O에 작용할 때 합력(R)의 크기[kN]와 방향(α)은?

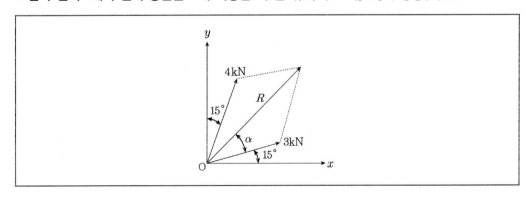

<table>
<thead>
<tr><th></th><th>$\underline{R}$</th><th>$\underline{\alpha}$</th></tr>
</thead>
<tbody>
<tr><td>①</td><td>$\sqrt{37}$</td><td>$\cos^{-1}\left(\dfrac{5}{R}\right)$</td></tr>
<tr><td>②</td><td>$\sqrt{37}$</td><td>$\cos^{-1}\left(\dfrac{2\sqrt{3}}{R}\right)$</td></tr>
<tr><td>③</td><td>$\sqrt{61}$</td><td>$\cos^{-1}\left(\dfrac{5}{R}\right)$</td></tr>
<tr><td>④</td><td>$\sqrt{61}$</td><td>$\cos^{-1}\left(\dfrac{2\sqrt{3}}{R}\right)$</td></tr>
</tbody>
</table>

1 동일단면이므로 단면2차 모멘트 I가 같으며 동일재료이므로 탄성계수가 같으며 동일 길이이므로 좌굴하중은 $P_b \propto \dfrac{1}{k^2} = n$의 관계에 있다.

$P_{cr} = \dfrac{\pi^2 EI}{L_k^2}$ 이므로 (a) : (b) : (c) : (d) $= \dfrac{1}{1^2} : \dfrac{4}{2^2} : \dfrac{16}{2^2} : \dfrac{8}{2^2}$

유효좌굴길이 $L_k = K \cdot L$ (K: 좌굴계수, L: 부재길이)

지지상태	양단 힌지	1단 고정 1단 힌지	양단 고정	1단 고정 1단 자유
좌굴길이 KL (L_k)	$1.0L$	$0.7L$	$0.5L$	$2.0L$
좌굴강도	$n=1$	$n=2$	$n=4$	$n=0.25$

2 합력의 크기는

$R = \sqrt{3^2 + 4^2 + 2 \times 3 \times 4 \times \cos 60^o} = \sqrt{37}\,\text{kN}$

합력의 방향은

$\cos\alpha = \dfrac{3 + 4\cos 60^o}{R} = \dfrac{5}{R}$ 이므로 $\alpha = \cos^{-1}\left(\dfrac{5}{R}\right)$

정답 및 해설 1.③ 2.①

3 그림과 같이 직사각형 단면을 갖는 단주에 집중하중 P=120kN이 C점에 작용할 때 직사각형 단면에서 인장응력이 발생하는 구역의 넓이[m^2]는?

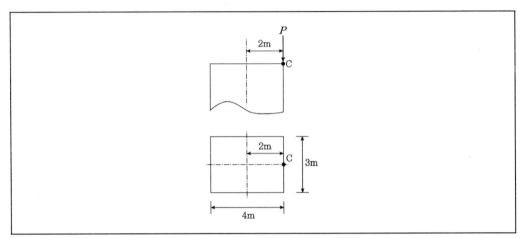

① 2

② 3

③ 4

④ 5

4 그림과 같은 외팔보에서 B점의 회전각은? (단, 보의 휨강성 EI는 일정하며 자중은 무시한다)

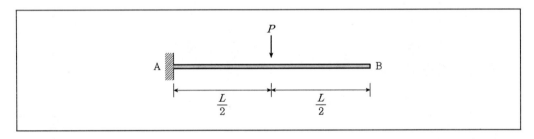

① $\dfrac{PL^2}{4EI}$

② $\dfrac{PL^2}{6EI}$

③ $\dfrac{PL^2}{8EI}$

④ $\dfrac{PL^2}{12EI}$

5 그림과 같은 트러스에서 부재 CG에 대한 설명으로 옳은 것은? (단, 모든 부재의 자중은 무시한다)

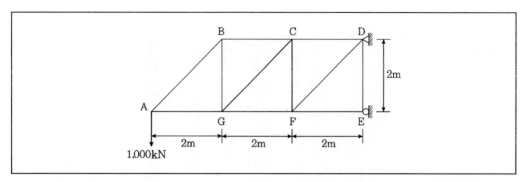

① 압축 부재이다.
③ 부재력은 1,000kN이다.

② 부재력은 2,000kN이다.
④ 부재력은 $1,000\sqrt{2}$kN이다.

---

3 중립축의 이동량(좌측으로 이동)은 $x = \dfrac{b^2}{12e} = \dfrac{4^2}{12(2)} = \dfrac{2}{3}$m

중립축의 왼쪽 부분이 인장이고, 오른쪽 부분이 압축이 된다.

따라서 인장이 발생하는 구역의 면적은 $A_t = \left(2 - \dfrac{2}{3}\right) \times 3 = 4$m가 된다.

4 B점의 회전각과 하중이 작용하는 점의 회전각은 서로 같다.

$$\theta_B = \theta_{하중점} = \frac{P\left(\dfrac{L}{2}\right)^2}{2EI} = \frac{PL^2}{8EI}$$

5

절단법을 이용하면 $CG = 1,000\sqrt{2}$kN가 된다.

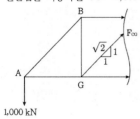

$\sum V = 0 : -1,000 + CG \times \dfrac{1}{\sqrt{2}} = 0$이므로 $CG = 1,000\sqrt{2}$kN

(단, GC에 작용하는 힘은 인장력이다.)

정답 및 해설 3.③ 4.③ 5.④

6 그림과 같은 단순보에서 절대최대휨모멘트의 크기[kN · m]는? (단, 보의 휨강성 EI는 일정하며, 자중은 무시한다)

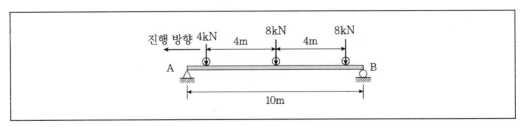

① 23.32

② 26.32

③ 29.32

④ 32.32

7 그림과 같이 빗금 친 단면의 도심을 G라고 할 때 x축에서 도심까지의 거리(y)는?

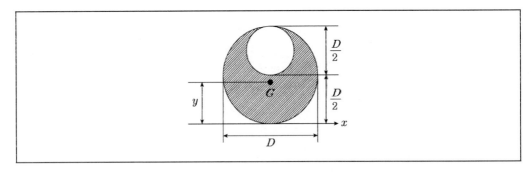

① $\dfrac{3}{12}D$

② $\dfrac{5}{12}D$

③ $\dfrac{7}{12}D$

④ $\dfrac{9}{12}D$

8 한 점에서 미소 요소가 $\varepsilon_x = 300 \times 10^{-6}$, $\varepsilon_y = 100 \times 10^{-6}$, $\gamma_{xy} = -200 \times 10^{-6}$인 평면 변형률을 받을 때 이 점에서 주 변형률의 방향(θ_P)은? (단, 방향의 기준은 x축이며, 반시계방향을 양의 회전으로 한다)

① 22.5°, 112.5°

② 45°, 135°

③ -22.5°, 67.5°

④ -45°, 45°

9 그림과 같은 단순보에서 B점에 집중하중 $P = 10\text{kN}$이 연직방향으로 작용할 때 C점에서의 전단력 V_c[kN] 및 휨모멘트 M_c[kN · m]의 값은? (단, 보의 휨강성 EI는 일정하며, 자중은 무시한다)

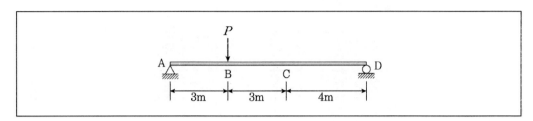

	V_C	M_C
①	−3	10
②	−3	12
③	−7	14
④	−7	16

---

6 8kN과 8kN의 사이에 합력이 위치한다고 가정하고 중앙하중 8kN이 지나는 점에서 바리뇽의 정리를 적용하면 $20e = 8(4) - 4(4)$ 에서 $e = 0.8\text{m}$가 된다. 이 때 합력과 가까운 하중과 합력의 가운데 점을 보의 중앙에 일치시키고 합력과 가까운 하중점에서의 휨모멘트가 바로 절대최대휨모멘트이며 이를 계산하면 다음과 같다.

$$M_{\max} = R_A(4.6) - 4(4) = \frac{20(4.6)}{10}(4.6) - 4(4) = 26.32\text{kN} \cdot \text{m}$$

7
$$y = \frac{4A \times \dfrac{D}{2} - A \times \dfrac{3D}{4}}{4A - A} = \frac{5}{12}D$$

8
$$\tan 2\theta_p = \frac{\gamma_{xy}}{\varepsilon_x - \varepsilon_y} = \frac{-200}{300 - 100} = -1 \text{이므로 } 2\theta_p = -45°$$

$$\therefore \theta_p = -22.5° \text{ 또는 } 67.5°$$

9
$$V_C = -R_D = -\frac{10 \times 3}{10} = -3\text{kN}$$

$$M_C = \frac{Pab}{L} = \frac{10 \times 3 \times 4}{10} = 12\text{kN} \cdot \text{m}$$

정답 및 해설 6.② 7.② 8.③ 9.②

10 그림과 같이 양단 고정된 보에 축력이 작용할 때 지점 B에서 발생하는 수평 반력의 크기[kN]는? (단, 보의 축강성 EA는 일정하며, 자중은 무시한다)

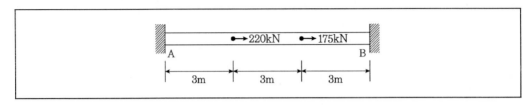

① 190

② 200

③ 210

④ 220

11 그림과 같이 단순보에 작용하는 여러 가지 하중에 대한 전단력도(SFD)로 옳지 않은 것은? (단, 보의 자중은 무시한다)

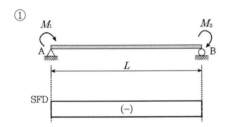

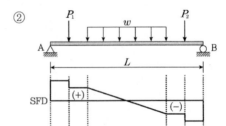

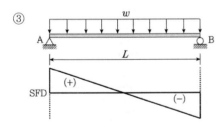

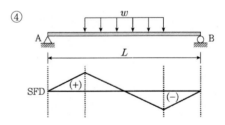

12 그림과 같은 보 ABC에서 지점 A에 수직 반력이 생기지 않도록 하기 위한 수직 하중 P의 값 [kN]은? (단, 모든 구조물의 자중은 무시한다)

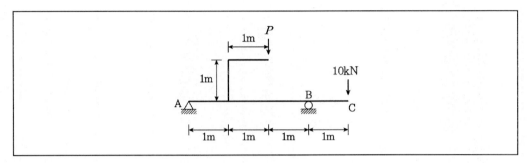

① 5

② 10

③ 15

④ 20

---

10 축의 강성이 균일하므로 이는 단순보와 같은 개념으로 치환하여 다음과 같이 손쉽게 풀 수 있다.

$$R_B = \frac{220(3) + 175(6)}{9} = 190\text{kN}$$

11 전단력도에서 하중이 작용하지 않는 구간은 평행선이 그려져야 하는데 ④의 경우 그러하지 않다.

12 B점에서의 모멘트 평형을 적용하면 $\sum M_B = 0 : -P \times 1 + 10 \times 1 = 0$

즉, $P(1) = 10(1)$이어야 하므로 $P = 10[\text{kN}]$이 된다.

정답 및 해설 10.① 11.④ 12.②

13 폭 0.2m, 높이 0.6m의 직사각형 단면을 갖는 지간 $L=2$m 단순보의 허용 휨응력이 40MPa일 때 이 단순보의 중앙에 작용시킬 수 있는 최대 집중하중 P의 값[kN]은? (단, 보의 휨강성 EI는 일정하며, 자중은 무시한다)

① 240

② 480

③ 960

④ 1,080

14 그림과 같이 일정한 두께 $t=10$mm의 직사각형 단면을 갖는 튜브가 비틀림 모멘트 $T=300$kN·m를 받을 때 발생하는 전단흐름의 크기[kN/m]는?

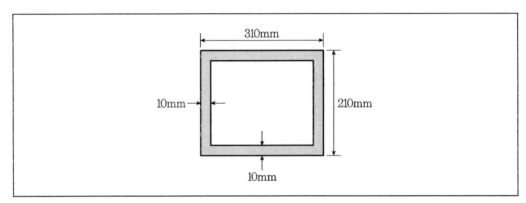

① 0.25

② 2,500

③ 5,000

④ 0.5

15 그림과 같이 단순보 중앙 C점에 집중하중 P가 작용할 때 C점의 처짐에 대한 설명으로 옳은 것은? (단, 보의 자중은 무시한다)

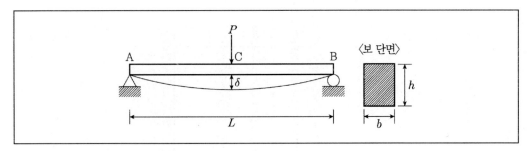

① 집중하중 P를 $\dfrac{P}{2}$로 하면 처짐량 δ는 $\dfrac{\delta}{4}$가 된다.

② 부재의 높이 h를 그대로 두고 폭 b를 2배로 하면 처짐량 δ는 $\dfrac{\delta}{4}$가 된다.

③ AB 간의 거리 L을 $\dfrac{L}{2}$로 하면 처짐량 δ는 $\dfrac{\delta}{6}$가 된다.

④ 부재의 폭 b를 그대로 두고 높이 h를 2배로 하면 처짐량 δ는 $\dfrac{\delta}{8}$가 된다.

13
$\sigma_{\max} = \dfrac{M_{\max}}{Z} = \dfrac{PL}{4Z} \leq \sigma_a$ 이어야 하고 $Z = \dfrac{bh^2}{6}$ 이므로

단순보 중앙에 작용시킬 수 있는 최대집중하중 $P = \dfrac{4Z}{L}\sigma_a = \dfrac{4(200 \times 600^2)}{6(2 \times 10^3)} \times 40 = 960 \times 10^3 \mathrm{N}$

14
전단흐름의 크기는 $f = \dfrac{T}{2A_m} = \dfrac{300}{2(0.3 \times 0.2)} = 2{,}500 \mathrm{kN/m}$

$\left(A_m : \text{중심선으로 둘러싸인 면적}, \ r_{\max} = \dfrac{T}{2A_m t_{\min}}\right)$

15
① 집중하중 P를 $\dfrac{P}{2}$로 하면 처짐량 δ는 $\dfrac{\delta}{2}$가 된다.

② 부재의 높이 h를 그대로 두고 폭 b를 2배로 하면 처짐량 δ는 $\dfrac{\delta}{2}$가 된다.

③ AB 간의 거리 L을 $\dfrac{L}{2}$로 하면 처짐량 δ는 $\dfrac{\delta}{8}$가 된다.

정답 및 해설 13.③ 14.② 15.④

16 그림과 같은 라멘 구조물에 수평 하중 $P=12$kN이 작용할 때 지점 B의 수평 반력 크기[kN]와 방향은? (단, 자중은 무시하며, E점은 내부 힌지이다)

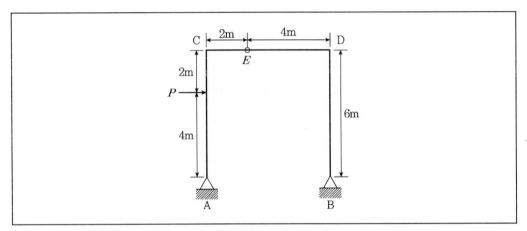

① $\dfrac{14}{3}(\leftarrow)$

② $\dfrac{16}{3}(\leftarrow)$

③ $\dfrac{18}{3}(\rightarrow)$

④ $\dfrac{20}{3}(\leftarrow)$

17 그림과 같은 단순보에 모멘트 하중이 작용할 때 발생하는 지점 A의 수직 반력(R_A)와 지점 B의 수직 반력(R_B)의 크기[kN]와 방향은? (단, 보의 휨강성 EI는 일정하며, 자중은 무시한다)

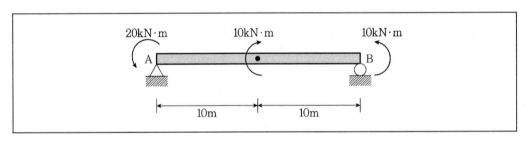

	R_A	R_B
①	$1(\uparrow)$	$1(\downarrow)$
②	$1(\downarrow)$	$1(\uparrow)$
③	$2(\uparrow)$	$2(\downarrow)$
④	$2(\downarrow)$	$2(\uparrow)$

18 그림과 같은 부정정보에 등분포하중 w=10kN/m가 작용할 때 지점 A에 발생하는 휨모멘트의 값[kN · m]은? (단, 보의 휨강성 EI는 일정하며, 자중은 무시한다)

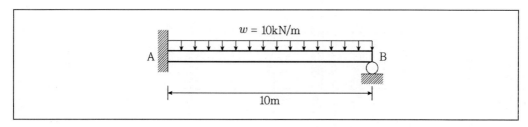

① −125

② −135

③ −145

④ −155

---

16 $\sum M_A = 0 : P \times 4 - V_B \times 6 = 12 \times 4 - V_B \times 6 = 0$이므로 $V_B = 8[\text{kN}](\uparrow)$

$\sum V = 0 : V_A + V_B = V_A + 8[\text{kN}] = 0$이므로 $V_A = 8[\text{kN}](\downarrow)$

$\sum M_E = 0 : V_A \times 2 + H_A \times 6 - P \times 2 = -8 \times 2 + H_A \times 6 - 12 \times 2 = 0$

$H_A = \dfrac{40}{6} = \dfrac{20}{3}(\leftarrow), \ H_B = P - H_A = 12 - \dfrac{20}{3} = \dfrac{16}{3}[\text{kN}](\leftarrow)$

17 부재에 모멘트하중만이 작용하는 경우 지점의 반력의 크기는 $R = \dfrac{|\sum M|}{L}$이므로,

$\dfrac{|-20+10-10|}{(10+10)} = 1$이 된다.

A와 B점은 서로 같은 크기의 반력이 발생하나 방향은 반대가 된다.

18 $M_A = -\dfrac{wL^2}{8} = -\dfrac{10(10^2)}{8} = -125\text{kN} \cdot \text{m}$

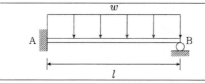

	$R_A = \dfrac{5wl}{8}, \ R_B = \dfrac{3wl}{8}, \ M_A = -\dfrac{wl^2}{8}$

16.② 17.① 18.①

19 그림과 같은 2개의 게르버보에 하중이 각각 작용하고 있다. 그림 (a)에서 지점 A의 수직 반력 (R_A)과 그림 (b)에서 지점 D의 수직 반력(R_D)이 같기 위한 하중 P의 값[kN]은? (단, 보의 자중은 무시한다)

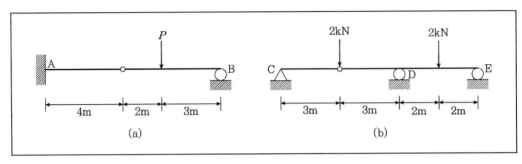

① 4.5

② 5.5

③ 6.5

④ 7.5

20 다음 그림은 단순보에 수직 등분포하중이 일부 구간에 작용했을 때의 전단력도이다. 이 단순보에 작용하는 등분포하중의 크기[kN/m]는? (단, 보의 휨강성 EI는 일정하며, 자중은 무시한다)

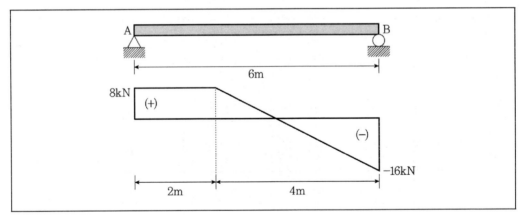

① 4

② 6

③ 8

④ 12

19 그림(a)의 겔버보에서 힌지절점은 단순보의 지점과 같으며 이 힌지절점에 작용하는 힘은 $\dfrac{3}{5}P$가 된다.

또한 A와 힌지절점을 연결하는 부재는 캔틸레버와 같으므로 A점에 작용하는 반력은 $R_A = \dfrac{3}{5}P$가 된다.

또한 그림(b)에서 D지점에 작용하는 반력은 E점에서 모멘트평형이 이루어져야 하므로

$\sum M_E = 0 : R_D \times 4 - 2 \times 7 - 2 \times 2 = 0$가 성립해야 한다. 따라서

$R_D = \dfrac{2 \times 7 + 2 \times 2}{4} = 4.5 \text{kN}$(지점 C는 힌지절점에 의해 힘이 전달되지 못하므로 C지점의 반력은 0으로 본다.)

따라서 $R_A = R_D$이므로 $P = 7.5 \text{kN}$

20 등분포하중의 크기는 전단력도의 기울기와 같으므로 $w = \dfrac{8 + 16}{4} = 6 \text{kN/m}$

정답 및 해설 19.④ 20.②

1   균일원형 단면 강봉에 인장력이 작용할 때, 강봉의 지름을 3배로 증가시키면 응력은 몇 배가 되는가? (단, 강봉의 자중은 무시한다)

① $\dfrac{1}{27}$ ② $\dfrac{1}{9}$

③ 3   ④ 9

2   그림과 같은 xy 평면상의 두 힘 P_1, P_2의 합력의 크기[kN]는?

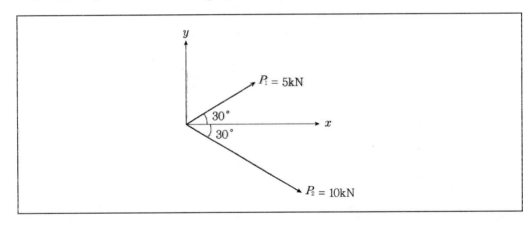

① 5   ② $5\sqrt{7}$
③ 10   ④ $10\sqrt{7}$

3   단위가 나머지 셋과 다른 것은?

① 인장 응력   ② 비틀림 응력
③ 전단 변형률   ④ 철근의 탄성계수

4 그림과 같이 단면적 $A = 4,000\text{mm}^2$인 원형단면을 가진 캔틸레버 보의 자유단에 수직하중 P가 작용한다. 이 보의 전단에 대하여 허용할 수 있는 최대하중 $P[\text{kN}]$는? (단, 허용전단응력은 1N/mm^2이다)

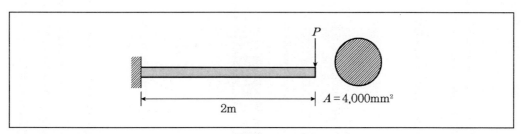

① 2.25

② 3.00

③ 3.50

④ 4.50

---

1 $\sigma = \dfrac{P}{A} = \dfrac{4P}{\pi d^2}$ 이므로 지름이 3배가 증가되면 응력은 $\dfrac{1}{32} = \dfrac{1}{9}$ 배가 되어버린다.

2 $R = \sqrt{P_1^2 + P_2^2 + 2P_1 P_2 \cos\theta} = \sqrt{5^2 + 10^2 + 2 \times 5 \times 10 \times \cos 60^o} = \sqrt{175} = 5\sqrt{7}$

3 전단 변형률(γ)은 변형각도이므로 무차원량(radian)을 갖는다.

①②④ MPa

③ rad

4 $\tau_{\max} = \dfrac{4}{3} \times \dfrac{S}{A} = \dfrac{4}{3} \times \dfrac{P}{4,000} \le \tau_a = 1$ 이므로 $P \le 3,000\text{N}$

정답 및 해설 1.② 2.② 3.③ 4.②

5 그림과 같이 빗금친 단면의 도심이 x축과 평행한 직선 A－A를 통과한다고 하면, x축으로부터의 거리 c의 값은?

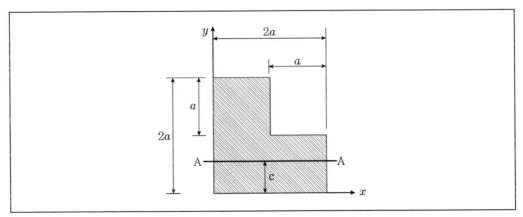

① $\dfrac{3}{4}a$

② $\dfrac{4}{5}a$

③ $\dfrac{5}{6}a$

④ $\dfrac{6}{7}a$

6 한 변이 40mm인 정사각형 단면의 강봉에 100kN의 인장력을 가하였더니 강봉의 길이가 1mm 증가하였다. 이때, 강봉에 저장된 변형에너지[N·m]의 크기는? (단, 강봉은 선형탄성 거동하는 것으로 가정하며, 자중은 무시한다)

① 4

② 10

③ 30

④ 50

7 그림과 같이 집중하중 P가 작용하는 트러스 구조물에서 부재력이 발생하지 않는 부재의 총 개수는? (단, 트러스의 자중은 무시한다)

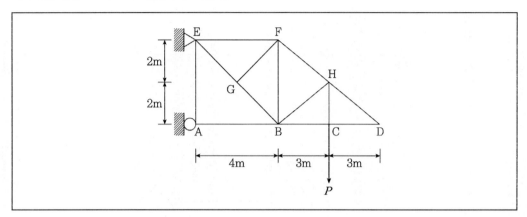

① 0

② 1

③ 3

④ 5

---

5 전체면적과 중공부분의 면적비가 $4:1$이므로 $y = \dfrac{7}{6}a$가 된다. 이 값은 긴 쪽의 거리이므로 짧은 쪽의 거리로 변환하면 $c = 2a - y = 2a - \dfrac{7}{6}a = \dfrac{5}{6}a$

6 선형탄성거동 변형에너지를 구하는 문제로서

$$U = W = \frac{P\delta}{2} = \frac{100 \times 10^3 \times (1 \times 10^{-3})}{2} = 50\text{N} \cdot \text{m}$$

7 영부재는 AE, GF, BC, CD, DH이므로 영부재수는 5개가 된다.

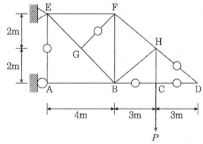

정답 및 해설 5.③ 6.④ 7.④

8 그림과 같은 트러스 구조물에서 모든 부재의 온도가 20℃ 상승할 경우 각 부재의 부재력은? (단, 모든 부재의 열팽창계수는 $\alpha[1/℃]$이고, 탄성계수는 E로 동일하다. AB, AC 부재의 단면적은 A_1, BC부재의 단면적은 A_2이다. 모든 부재의 초기 부재력은 0으로 가정하고, 자중은 무시한다)

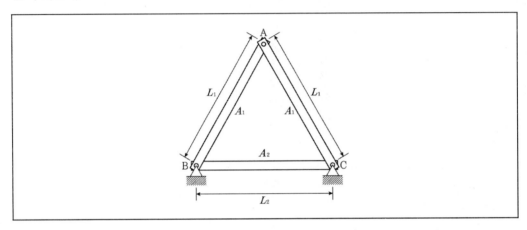

	AB	BC	AC
①	0	0	0
②	0	$20\alpha EA_2$(압축)	0
③	$20\alpha EA_1$(인장)	0	$20\alpha EA_1$(인장)
④	0	$20\alpha EA_2$(인장)	0

9 그림과 같은 구조물의 부정정 차수는? (단, C점은 로울러 연결지점이다)

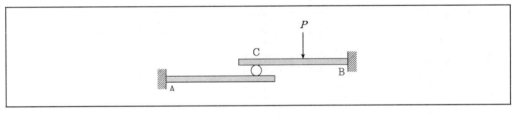

① 1 ② 2

③ 3 ④ 4

10 그림과 같이 보는 등분포하중 q_1과 q_2에 의해 힘의 평형상태에 있다. 이 보의 최대 휨모멘트 크기[kN·m]는? (단, $a = 2m$, $b = 6m$, $q_1 = 10kN/m$이며, 보의 자중은 무시한다)

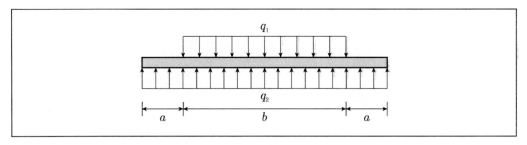

① 25
② 30
③ 35
④ 40

---

8 변형이 자유로운 AB, AC는 부재력이 발생하지 않으며 오직 변형이 구속이 되어 있는 AC부재에만 부재력이 발생하게 된다.

온도변형에 의해 BC부재에 발생하는 부재력은 $F_{BC} = \alpha \times \triangle T \times EA_2 = 20\alpha EA_2$

9 C점을 통해 전달되는 수직반력만이 미지수이므로 1차 부정정구조이다. ($N = 3 - 2 \times 1 = 1$)

10 $\sum V = 0 : q_1 b = q_2(2a + b)$이므로 $10 \times 6 = q_2 \times (2 \times 2 + 6)$이므로 $q_2 = 6kN$이 된다.

주어진 부재가 대칭구조이므로 중앙점에서 최대휨모멘트가 발생하게 된다.

$$M_{max} = \frac{q\left(a + \frac{b}{2}\right)^2}{2} - \frac{q_1\left(\frac{b}{2}\right)^2}{2} = \frac{6\left(2 + \frac{6}{2}\right)^2}{2} - \frac{10\left(\frac{6}{2}\right)^2}{2} = 30kN \cdot m$$

정답 및 해설 8.② 9.① 10.②

11 그림과 같은 xy 평면상의 구조물에서 지점 A의 반력모멘트[kN·m]의 크기는? (단, 구조물의 자중은 무시한다)

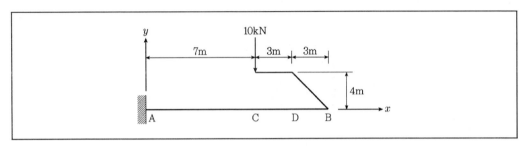

① 70

② 100

③ 104

④ 130

12 그림과 같이 휨강성 EI가 일정한 내민보의 자유단에 수직하중 P가 작용하고 있을 때, 하중 작용점에서 수직 처짐의 크기는? (단, 보의 자중은 무시한다)

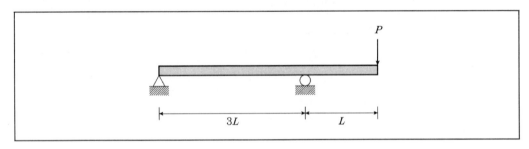

① $\dfrac{PL^3}{3EI}$

② $\dfrac{4PL^3}{3EI}$

③ $\dfrac{7PL^3}{3EI}$

④ $\dfrac{10PL^3}{3EI}$

13 그림과 같은 부정정 구조물에 등변분포 하중이 작용할 때, 반력의 총 개수는? (단, B점은 강결되어 있다)

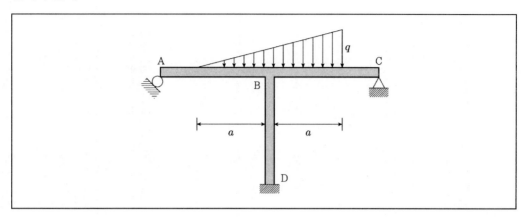

① 4

② 5

③ 6

④ 7

---

11 A점의 반력모멘트는 힘에 대한 수직거리를 곱한 값과 동일하므로 $M_A = 10 \times 7 = 70 \text{kN} \cdot \text{m}$

12 내민보에 집중하중이 작용하는 경우 하중점의 처짐식은 캔틸레버의 거동과 절점의 회전작용을 중첩하여 산출을 해야 한다.

$$\delta = \delta_1 + \delta_2 = \delta_1 + \theta_B \times L = \frac{PL^3}{3EI} + \frac{PL \times 3L}{3EI} \times L = \frac{4PL^3}{3EI}$$

하중조건	처짐각	처짐
A ─── L ─── B (with load P)	$\theta_B = \dfrac{PL^2}{2EI}$	$\delta_B = \dfrac{PL^3}{3EI}$
A ─── L ─── B (with moment M)	$\theta_A = \dfrac{ML}{6EI}$ $\theta_B = -\dfrac{ML}{3EI}$	$\delta_{\max} = \dfrac{ML^2}{9\sqrt{3}\,EI}$

13 A점은 이동지점이므로 지점에 수직한 방향으로 반력이 1개가 발생하게 된다.

B점은 회전지점으로서 수평반력과 수직반력이 발생하게 되므로 총 2개의 반력이 발생하게 된다.

C점은 고정지점으로서 수평반력, 수직반력, 모멘트반력의 총 3개의 반력이 발생하게 된다.

위의 모든 반력수의 합은 6이 된다.

14 그림과 같은 단순보에서 D점의 전단력은? (단, 보의 자중은 무시한다)

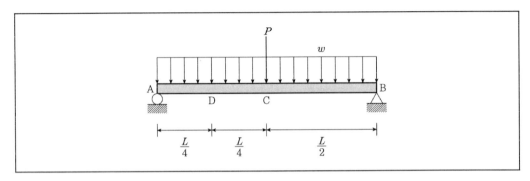

① $\dfrac{P}{2}+\dfrac{wL}{2}$

② $\dfrac{wL}{2}$

③ $\dfrac{P}{2}+\dfrac{wL}{4}$

④ $\dfrac{P}{2}$

15 그림과 같이 길이 11m인 단순보 위에 길이 5m의 또 다른 단순보(CD)가 놓여 있다. 지점 A 와 B에 동일한 수직 반력이 발생하도록 만들기 원한다면, $3P$의 크기를 갖는 집중하중을 보 CD 위의 어느 위치에 작용시켜야 하나? (단, 지점 D에서 떨어진 거리 x(m)를 결정하며, 모든 자중은 무시한다)

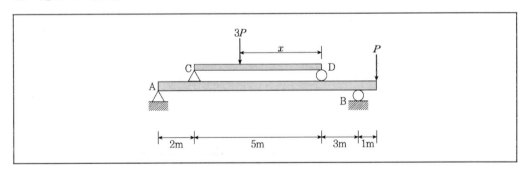

① 1

② 2

③ 3

④ 4

16 그림과 같은 하중이 작용하는 직사각형 단면의 단순보에서 전단력을 지지할 수 있는 지간 L 의 최대 길이[m]는? (단, 보의 자중은 무시하고, 허용전단응력은 1.5MPa이다)

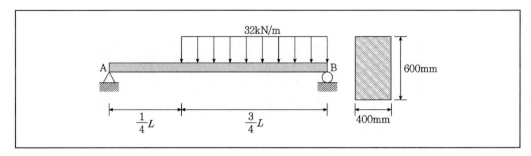

① 8

② 12

③ 16

④ 20

---

14 D점을 절단하여 왼쪽부분의 수직력을 구하면 $S_D = R_A - wx = \dfrac{P}{2} + \dfrac{wL}{2} - \dfrac{wL}{4} = \dfrac{P}{2} + \dfrac{wL}{4}$

15 A, B에 동일한 수직반력이 발생하게 되므로 $R_A = R_B = \dfrac{4P}{2} = 2P$

B점에서 모멘트 평형을 적용하면 $R_A = \dfrac{3P(x+3) - P(1)}{10} = 2P$이므로 $x = 4\text{m}$가 된다.

16 최대전단력은 지점 B에서 발생하므로 $S_{\max} = R_{\max} = R_B = \dfrac{32 \times \dfrac{3L}{4}\left(\dfrac{L}{4} + \dfrac{3L}{8}\right)}{L} = 15L$이 된다.

$\tau_{\max} = \dfrac{3}{2} \times \dfrac{S_{\max}}{A} = \dfrac{3}{2} \times \dfrac{15L}{400 \times 600} \leq \tau_a = 1.5$

$L = 16,000\text{mm} = 16\text{m}$

정답 및 해설 **14.③ 15.④ 16.③**

17 그림과 같이 길이가 L인 기둥의 중실원형 단면이 있다. 단면의 도심을 지나는 A-A 축에 대한 세장비는?

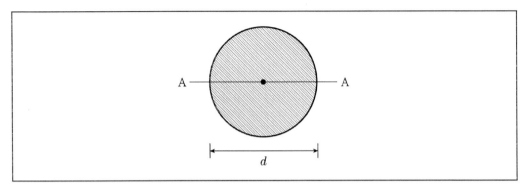

① $\dfrac{L}{d}$

② $\dfrac{2L}{d}$

③ $\dfrac{2\sqrt{2}\,L}{d}$

④ $\dfrac{4L}{d}$

18 그림과 같은 트러스 구조물에서 C점에 수직하중이 작용할 때, 부재 CG와 BG의 부재력(F_{CG}, F_{BG})[kN]은? (단, 트러스의 자중은 무시한다)

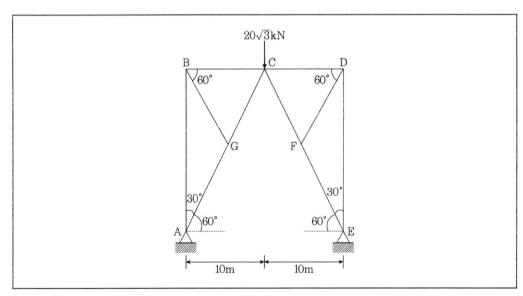

	F_{CG}	F_{BG}
①	20(압축)	0
②	0	20(압축)
③	30(압축)	0
④	20(압축)	30(압축)

---

17 원형 단면의 회전반경(회전반지름, 단면 2차 반경)은 직경의 0.25배이므로

문제의 조건에 따르면 세장비는 $\lambda = \dfrac{L}{r_{\min}} = \dfrac{L}{0.25d} = \dfrac{4L}{d}$ 이 된다.

18 BG부재의 부재력은 0이며 CG부재의 부재력은 BG가 영부재이므로 AG의 부재력과 동일하게 된다.

시력도의 폐합조건을 적용하면 A지점의 수직반력 $R_A = \dfrac{20\sqrt{3}}{2} = 10\sqrt{3}\,\text{kN}$

$F_{CG} = \dfrac{-2 \times 10\sqrt{3}}{\sqrt{3}} = -20\text{kN (압축)}$

정답 및 해설 17.④ 18.①

19 그림과 같이 배열된 무게 1,200kN을 지지하는 도르래 연결구조에서 수평방향에 대해 60°로 작용하는 케이블의 장력 T[kN]는? (단, 도르래와 베어링 사이의 마찰은 무시하고, 도르래와 케이블의 자중은 무시한다)

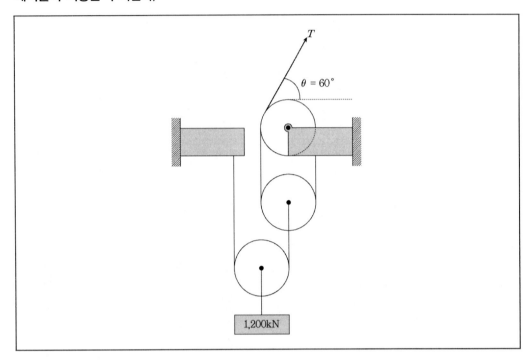

① $150\sqrt{3}$

② 300

③ $300\sqrt{3}$

④ 600

20 그림과 같은 단순보에서 최대 휨모멘트가 발생하는 단면까지의 A로부터의 거리 x[m]와 최대 휨모멘트 $M_{\max}$[kN · m]는? (단, 보의 자중은 무시한다)

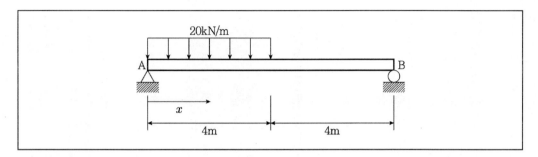

	$\underline{x}$	$\underline{M_{\max}}$
①	2	80
②	2	90
③	3	80
④	3	90

---

19 힘의 평형조건을 적용하면 위쪽의 도르래에 작용하는 힘은 $2T$가 되며, 같은 줄 선상의 힘은 동일하므로 아래쪽 도르래에는 $4T$가 작용하게 된다. $4T$=1,200이므로 T=300이 된다.

20 최대모멘트 $M_{\max}$의 발생위치는 $x = \dfrac{3L}{8} = \dfrac{3(8)}{8} = 3\text{m}$

최대휨모멘트의 크기는 $M_{\max} = \dfrac{9wL^2}{128} = \dfrac{9 \times 20 \times 8^2}{128} = 90\text{kN} \cdot \text{m}$

1 구조물의 처짐을 구하는 방법 중 공액보법에 대한 다음 설명으로 가장 옳지 않은 것은?

① 지지조건이 이동단인 경우 공액보는 자유단으로 바꾸어 계산한다.

② M/EI(곡률)을 공액보에 하중으로 작용시켜 계산한다.

③ 공액보의 최대전단력 발생 지점에서 최대처짐각을 계산한다.

④ 공액보의 전단력이 0인 지점에서 최대처짐을 계산한다.

2 그림과 같은 축력 P, Q를 받는 부재의 변형에너지는? (단, 보의 축강성은 EA로 일정하다.)

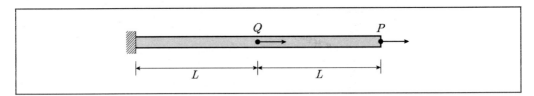

① $\dfrac{P^2L}{2EA}+\dfrac{Q^2L}{2EA}$

② $\dfrac{P^2L}{EA}+\dfrac{Q^2L}{2EA}$

③ $\dfrac{P^2L}{EA}+\dfrac{Q^2L}{2EA}+\dfrac{PQL}{EA}$

④ $\dfrac{P^2L}{2EA}+\dfrac{Q^2L}{2EA}+\dfrac{PQL}{2EA}$

1 ① 지지조건이 이동단인 경우 공액보는 회전단으로 바꾸어야 한다.

※ **공액보법** … 탄성하중법의 원리를 그대로 적용시켜 지점 및 단부의 조건을 변화시켜 처짐각, 처짐을 구한다. 단부의 조건 및 지점의 조건을 변화시킨 보를 공액보라 한다. 공액보법은 모든 보에 적용된다. 공액보를 만드는 방법은 다음과 같다.

ⓐ 힌지단은 롤러단으로 변형시키고, 롤러단은 힌지단으로 변형시킨다.

ⓑ 고정단은 자유단으로 변형시키고, 자유단은 고정단으로 변형시킨다.

ⓒ 중간힌지 또는 롤러지점은 내부힌지절점으로 변형시키고, 내부힌지절점은 중간힌지 또는 롤러지점으로 변형시킨다.

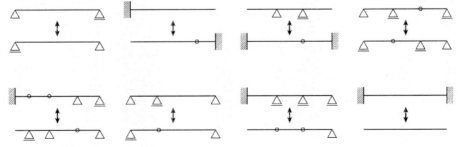

2

$$U = \frac{P^2 L}{2EA} + \frac{(P+Q)^2 L}{2EA} = \frac{P^2 L}{EA} + \frac{Q^2 L}{2EA} + \frac{PQL}{EA}$$

정답 및 해설 1.① 2.③

3 그림과 같이 캔틸레버보에 하중이 작용하고 있다. 동일한 재료 및 단면적을 가진 두 구조물의 자유단 A에서 동일한 처짐이 발생하기 위한 P와 w의 관계로 옳은 것은?

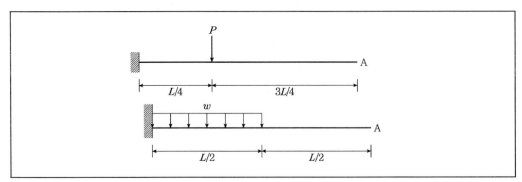

① $P = \dfrac{7wL}{10}$

② $P = \dfrac{7wL}{11}$

③ $P = \dfrac{7wL}{12}$

④ $P = \dfrac{7wL}{13}$

4 사각형 단면으로 설계된 보가 분포하중과 집중하중을 받고 있다. 그림과 같이 단면의 높이는 같으나 단면 폭은 구간 AB가 구간 BC에 비해 1.5배 크다. 이 경우 구간 AB와 구간 BC에서 발생하는 최대휨응력의 비($\sigma_{\overline{AB}} : \sigma_{\overline{BC}}$)는?

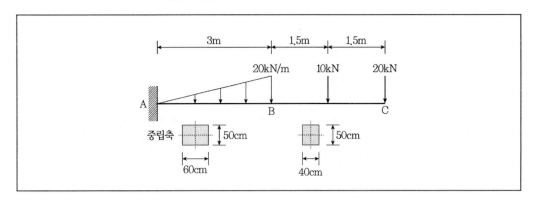

① 1 : 1.5

② 1.5 : 1

③ 1 : 2

④ 2 : 1

3

$$\frac{P\left(\frac{L}{4}\right)^3}{3EI} + \frac{P\left(\frac{L}{4}\right)^2}{2EI} \times \frac{3L}{4} = \frac{w\left(\frac{L}{2}\right)^4}{8EI} + \frac{w\left(\frac{L}{2}\right)^3}{6EI} \times \frac{L}{2}$$

$$\frac{11PL^3}{384EI} = \frac{7wL^4}{384EI}$$

$$P = \frac{7wL}{11}$$

※ 다음의 식들은 필히 암기를 하도록 한다.

하중조건	처짐각	처짐
A ⫘⎯⎯⎯⎯⎯⎯ C $\downarrow P$ ⎯⎯⎯ B a ⎯ b ⎯ L	$\theta_B = \dfrac{Pa^2}{2EI}, \ \theta_C = \dfrac{Pa^2}{2EI}$	$\delta_B = \dfrac{Pa^3}{6EI}(3L-a), \ \delta_C = \dfrac{Pa^3}{48EI}$
A ⫘⎯↓↓↓↓↓ w ⎯⎯⎯ B $L/2$ ⎯ $L/2$	$\theta_B = \dfrac{wL^3}{48EI}$	$\delta_B = \dfrac{7wL^4}{384EI}$

4

$$\sigma_{\max} = \frac{M_{\max}}{Z} = \frac{6M_{\max}}{bh^2} \propto \frac{M_{\max}}{b}$$

$$\sigma_{\overline{AB}} : \sigma_{\overline{BC}} = \frac{M_A}{60} : \frac{M_B}{40} = 2M_A : 3M_B$$

$$= 2(30\times2+10\times4.5+20\times6) : 3(10\times1.5+20\times3) = 2:1$$

정답 및 해설 3.② 4.④

5 그림과 같은 3힌지 라멘에서 A점의 수직반력 V_A 및 B점의 수평반력 H_B로 옳은 것은?

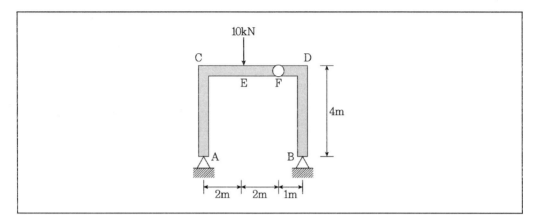

① V_A=6kN(↑), H_B=1kN(←)

② V_A=4kN(↑), H_B=1kN(←)

③ V_A=6kN(↑), H_B=1kN(→)

④ V_A=4kN(↑), H_B=1kN(→)

6 그림과 같은 단면의 도심의 좌표는?

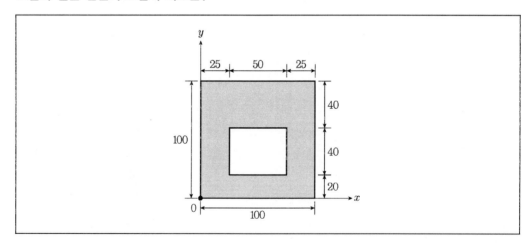

① (50, 47.5)

② (50, 50.0)

③ (50, 52.5)

④ (50, 55.0)

5 A점의 수평반력은 $\sum M_B = 0$이어야 하므로,

$$V_A = \frac{10 \times 3}{5} = 6\text{kN}(\uparrow)$$

B점의 수평반력에서 $\sum M_F = 4 \cdot H_B - 1 \cdot V_B = 0$이어야 하므로,

$$\sum M_F = 1 \times H_B - 4 \times V_B = 0 \text{이고}$$

$$V_B = 10 - V_A = 4\text{kN}(\uparrow)$$

$$H_B = V_B\left(\frac{1}{4}\right) = 4\left(\frac{1}{4}\right) = 1\text{kN}(\leftarrow)$$

6 x 도심좌표 : 전체 사각형의 중심을 기준으로 좌우는 대칭으로 공제하므로 x도심은 50으로 변하지 않는다.

y 도심좌표 : 전체면적과 중공면적의 면적비가 5 : 1이므로 하연에서 면적가중평균을 하면

$$y = \frac{5 \times 50 - 1(20 + 20)}{5 - 1} = 52.5$$

정답 및 해설 5.① 6.③

7 그림과 같이 100N의 전단강도를 갖는 못(nail)이 웨브(web)와 플랜지(flange)를 연결하고 있다. 이 못들은 부재의 길이방향으로 150mm 간격으로 설치되어 있다. 이 부재에 작용할 수 있는 최대수직전단력은? (단, 단면2차모멘트 I=1,012,500mm^4)

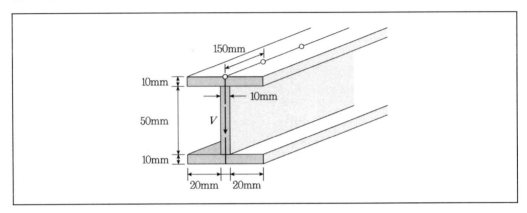

① 35N   ② 40N

③ 45N   ④ 50N

8 그림과 같은 직사각형 단면을 갖는 보가 집중하중을 받고 있다. 보의 길이 L이 5m일 경우 단면 a-a의 e 위치에서 발생하는 주응력(σ_1, σ_2)은? (단, (+) : 인장, (−) : 압축)

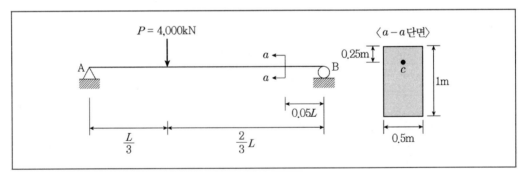

① $(2+\sqrt{10},\ 2-\sqrt{10})$

② $(-2+\sqrt{10},\ -2-\sqrt{10})$

③ $(1+\sqrt{10},\ 1-\sqrt{10})$

④ $(-1+\sqrt{10},\ -1-\sqrt{10})$

7 못의 전단력이 못의 전단강도 이하여야 하므로,

$fs = \dfrac{VQ}{I}s \le F$ 이므로,

$V \le \dfrac{IF}{Qs} = \dfrac{1,012,500 \times 100}{500 \times 30 \times 150} = 45\text{N}$

[별해]

접합면의 전단응력 $\tau = \dfrac{SG}{It}$, 전단흐름 $f = \tau t = \dfrac{SG}{I}$

$s = \dfrac{F}{f} = \dfrac{100}{\dfrac{SG}{I}} = \dfrac{100}{\dfrac{S(50 \times 10) \times (25+5)}{1,012,500}} = 150$ 이므로

못의 간격은 $S = 45\text{N}$

8

a−a 단면의 전단력 $S_c = -R_B = -\dfrac{4,000 \times \dfrac{L}{3}}{L} = -\dfrac{4,000}{3}\text{kN}$

a−a 단면의 휨모멘트 $M_C = R_B \times 0.05L = \dfrac{4,000}{3} \times 0.05 \times 5 = \dfrac{1,000}{3}\text{kN} \cdot \text{m}$

c점에 발생하는 휨응력 $\sigma_c = -\dfrac{1}{2}\sigma_{\max} = -\dfrac{1}{2} \times \dfrac{6 \times \dfrac{1,000}{3} \times 10^6}{500 \times 1,000^2} = -\dfrac{1}{2} \times 4 = -2\text{MPa}$

전단응력 $\tau_c = \dfrac{9S}{8A} = -\dfrac{9 \times \left(-\dfrac{4,000}{3} \times 10^3\right)}{8 \times 500 \times 1,000} = -3\text{MPa}$

주응력 $\sigma_{1,2} = \dfrac{\sigma}{2} \pm \sqrt{\left(\dfrac{\sigma}{2}\right)^2 + \tau^2} = \dfrac{-2}{2} \pm \sqrt{\left(\dfrac{-2}{2}\right)^2 + (-3)^2} = -1 \pm \sqrt{10}$

정답 및 해설 7.③ 8.④

9 그림과 같이 단면적이 200mm²인 강봉의 양단부(A점 및 B점)를 6월(25℃)에 용접하였을 때, 다음 해 1월(-5℃)에 AB부재에 생기는 힘의 종류와 크기는? (단, 강봉의 탄성계수 E =2.0×10⁵MPa, 열팽창계수 α=1.0×10⁻⁵/℃이고, 용접부의 온도변형은 없는 것으로 가정한다.)

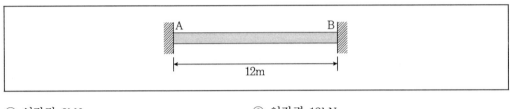

① 인장력 8kN　　　　　　　　　　② 인장력 12kN

③ 압축력 8kN　　　　　　　　　　④ 압축력 12kN

10 아래 그림은 어느 단순보의 전단력도이다. 이 보의 휨모멘트도는? (단, 이 보에 집중모멘트는 작용하지 않는다.)

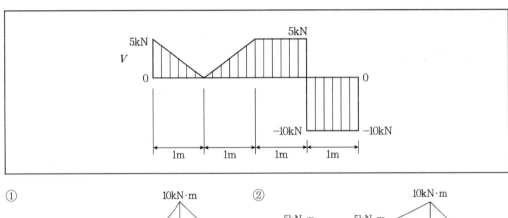

①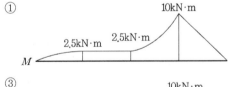

②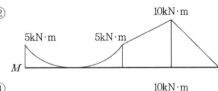

③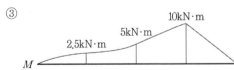

④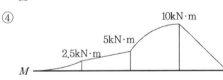

11 그림과 같이 지점조건이 다른 3개의 기둥이 단면중심에 축하중을 받고 있다. 좌굴하중이 큰 순서대로 나열된 것은?

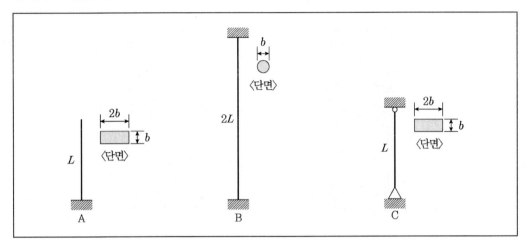

① B, A, C

② B, C, A

③ C, A, B

④ C, B, A

---

9 부재의 온도가 저하되면 부재의 길이가 축소되려고 하며, 이에 따라 양단이 구속된 부재에는 인장력이 작용하게 된다.

$$R = \alpha(\triangle T)EA = 1.0 \times 10^{-5}(30)(2.0 \times 10^5) \times 200 = 12\text{kN}$$

10 문제에서 제시된 전단력-휨모멘트 관계로 적합한 것은 ③이 된다.

① 전단력선도의 구배가 변하는 구간에서 휨모멘트곡선의 변화가 없으므로 바르지 않다.

② 가장 좌측의 경우 휨모멘트가 0이어야 하는데 그렇지 않으므로 바르지 않다.

④ 전단력선도가 등변분포형상이면 ③과 같은 휨모멘트선도가 그려져야 하므로 바르지 않다.

11 좌굴하중 $P_{cr} = \dfrac{\pi^2 EI}{l_k^2}$ 이므로 좌굴하중은 $\dfrac{I}{l_k^2}$ 에 비례한다.

$A : B : C = \dfrac{2b^4}{12(4L^2)} : \dfrac{\pi b^4}{64(L^2)} : \dfrac{2b^4}{12(L^2)} = \dfrac{1}{24} : \dfrac{\pi}{64} : \dfrac{1}{6}$ 이므로 C>B>A가 된다.

정답 및 해설 9.② 10.③ 11.④

12 그림과 같은 단면으로 설계된 보가 집중하중과 등분포하중을 받고 있다. 보의 허용휨응력이 42MPa일 때 보에 요구되는 최소 단면으로 적합한 a값은?

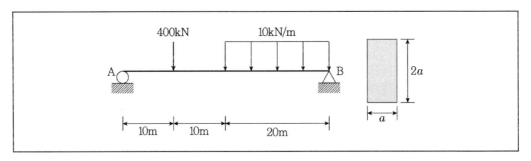

① 0.40m

② 0.50m

③ 0.60m

④ 0.70m

13 그림과 같은 T형 단면에 수직방향의 전단력 V가 작용하고 있다. 이 단면에서 최대전단응력이 발생하는 위치는 어디인가? (단, c는 도심까지의 거리)

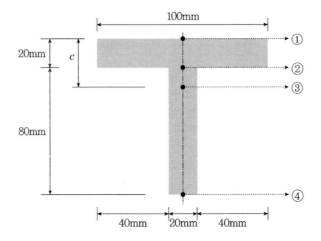

12 우선 각 지점의 반력을 산정하기 위하여 10kN/m의 등분포하중은 집중하중으로 변환시킨다.

B점에 대하여 모멘트평형이 이루어져야 하므로,

$$\sum M_B = 0 : R_A \times 40 - 400 \times 30 - 10 \times 20 \times \frac{20}{2} = 0 이어야 하므로 \ R_A = 350 [\text{kN}]$$

$R_B = 400 + 10 \times 20 - 350 = 250 [\text{kN}]$이 된다.

부재에서 최대휨모멘트가 발생하는 부분은 전단력의 방향이 바뀌는 곳이므로 $400 [\text{kN}]$의 집중하중이 가해지는 점이며 이 지점의 휨모멘트는 $M_{\max} = R_A \times 10 = 3,500 [\text{kN} \cdot \text{m}]$가 된다.

$$\sigma_{\max} = \frac{6M_{\max}}{bh^2} = \frac{6M_{\max}}{a \times (2a)^2} = \frac{3M_{\max}}{2a^3}$$

$$\sigma_{\max} = \frac{M_{\max}}{Z} = \frac{M_{\max}}{a \times 2a^2} \le \sigma_a = 42 [\text{MPa}]$$

$$a^3 \ge \frac{3M_{\max}}{2\sigma_a} = \frac{3(3,500 \times 10^6)}{2 \times 42} = 1.25 \times 10^8$$

$$\therefore \ a \ge 0.5 [\text{m}]$$

13

T형 단면은 중립축(도심)에서 최대전단응력이 발생한다.

정답 및 해설 12.② 13.③

14 그림과 같이 일정한 두께 t=10mm의 원형 단면을 갖는 튜브가 비틀림모멘트 T=40kN·m를 받을 때 발생하는 전단 흐름의 크기(kN/m)는?

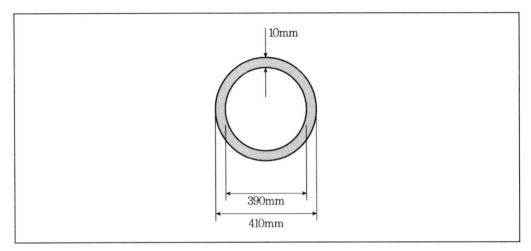

① $\dfrac{500}{\pi}$

② $\dfrac{400}{\pi}$

③ $\dfrac{\pi}{350}$

④ $\dfrac{\pi}{300}$

15 그림과 같이 상하부에 알루미늄판과 내부에 플라스틱 코어가 있는 샌드위치 패널에 휨모멘트 4.28N·m가 작용하고 있다. 알루미늄판은 두께 2mm, 탄성계수는 30GPa이고 내부 플라스틱 코어는 높이 6mm, 탄성계수는 10GPa이다. 부재가 일체거동한다고 가정할 때 외부 알루미늄판의 최대 응력은?

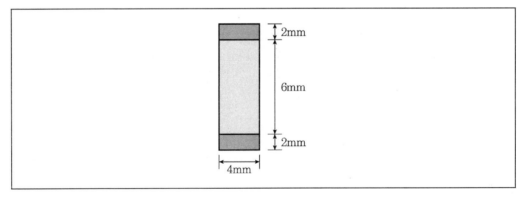

① 25N/mm^2

② 30N/mm^2

③ 60N/mm^2

④ 75N/mm^2

14
$$f = \frac{T}{2A_m} = \frac{40}{2\frac{\pi(0.4^2)}{4}} = \frac{500}{\pi}\,\text{kN/m}$$

※ 전단흐름과 중심선이론

ㄱ **전단흐름(전단류)** : 부재에 외력(주로 비틀림)이 작용할 때 발생하는 단위 길이당 전단응력을 전단흐름이라 한다.

ㄴ **중심선이론** : 임의의 박판 단면에 대한 전단류 산정의 문제에 있어서는 그 단면의 중심선이 이루는 면적으로 하는 것이 편리한 경우가 많다. 다음 그림의 박판단면에서 비틀림우력 T가 작용할 때 전단류 f는 다음과 같다.

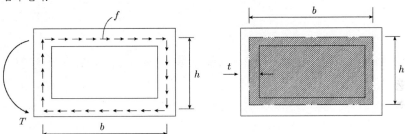

빗금친 부분의 면적을 A_m, 비틀림우력 T에 대하여 전단류 f가 일정하다고 가정하면 전단류 f와 전단응력 τ는 다음과 같다.

$$\sum M = 0 \; ; \; T = f \times b \times h + f \times h \times b = 2 \times f \times A_m$$

$$f = \frac{T}{2A_m} = \frac{T}{2bh} = \tau \times t \text{이므로 } \tau = \frac{T}{2 \times A_m \times t}$$

15 외부 알루미늄판의 경우, 내부 플라스틱코어에 대한 탄성계수비(n)에 비례하도록 단면을 확장시켜서 계산해야한다. 그러므로 외부알루미늄판은 그 폭이 3배인 플라스틱판으로 대체할 수 있다($n = 3$). 이 외부알루미늄판의

단면2차모멘트는 $I_{al} = \dfrac{BH^3 - bh^3}{12} = \dfrac{12 \times 10^3 - 8 \times 6^3}{12} = 856\,\text{mm}^4$

외부 알루미늄의 최대휨응력은

$$\sigma_{al,\max} = n\frac{M}{I_{al}} y_{\max} = 3\left(\frac{4.28 \times 10^3}{856}\right) \times 5 = 75\,\text{N/mm}^2$$

정답 및 해설 **14.① 15.④**

16 휨강성이 EI로 일정한 캔틸레버보가 그림과 같이 스프링과 연결되어 있다. 이 구조물이 B점에서 하중 P를 받을 때 B점에서의 변위는? (단, k_s는 스프링 상수이며 보의 강성 $k_b = \dfrac{3EI}{L^3}$ 이다.)

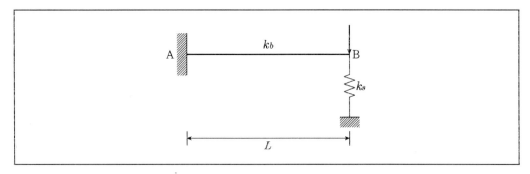

① $\left(\dfrac{1}{k_s/k_b+1}\right)\dfrac{PL^3}{3EI}$

② $\left(\dfrac{1}{2k_s/k_b+1}\right)\dfrac{PL^3}{3EI}$

③ $\left(\dfrac{1}{3k_s/k_b+1}\right)\dfrac{PL^3}{3EI}$

④ $\left(\dfrac{1}{4k_s/k_b+1}\right)\dfrac{PL^3}{3EI}$

17 그림의 수평부재 AB의 A지점은 힌지로 지지되고 B점에는 집중하중 P가 작용하고 있다. C점과 D점에서는 끝단이 힌지로 지지된 길이가 L이고 휨강성이 모두 EI로 일정한 기둥으로 지지되고 있다. 두 기둥 모두 좌굴에 의해서 붕괴되는 하중 P의 크기는? (단, AB부재는 강체이다.)

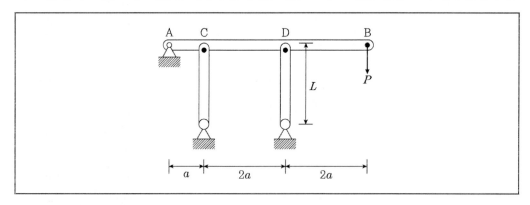

① $P = \dfrac{3}{4}\dfrac{\pi^2 EI}{L^2}$

② $P = \dfrac{4}{5}\dfrac{\pi^2 EI}{L^2}$

③ $P = \dfrac{5}{2}\dfrac{\pi^2 EI}{L^2}$

④ $P = \dfrac{5}{3}\dfrac{\pi^2 EI}{L^2}$

18 그림과 같이 단면적이 $1.5A$, A, $0.5A$인 세 개의 부재가 연결된 강체는 집중하중 P를 받고 있다. 이때 강체의 변위는? (단, 모든 부재의 탄성계수는 E로 같다.)

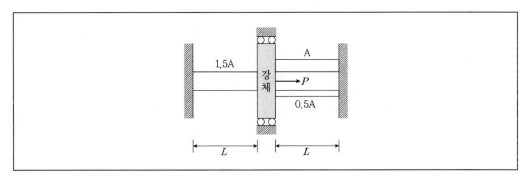

① $\dfrac{PL}{1.5EA}$

② $\dfrac{PL}{2.0EA}$

③ $\dfrac{PL}{2.5EA}$

④ $\dfrac{PL}{3.0EA}$

---

16 정정구조물의 변위는 스프링의 추가로 감소하게 된다. 주어진 하중에 대하여 2개의 스프링이 병렬로 연결되어 있으므로 변위는 다음의 식과 같이 된다.

$$\delta_B = \frac{P}{k_s + k_b} = \left(\frac{1}{k_s/k_b + 1}\right)\frac{PL^3}{3EI}$$

17 두 기둥이 모두 좌굴하중이 작용하고 있으므로

$$\sum M_A = 0 : -R_c \times a - R_d \times 3a + P \times 5a = 0$$

$$R_c + 3R_d = 5P$$

$$R_c = R_d = P_{cr} = \frac{\pi^2 EI}{L^2}$$

$$P_{cr} + 3P_{cr} = 5P$$

$$P = \frac{4}{5}P_{cr} = \frac{4\pi^2 EI}{5L^2}$$

18 이는 하중 P에 대하여 강성이 서로 다른 3개의 스프링이 병렬로 연결되어 있는 형상으로 치환할 수 있다. 이때 각 부재를 스프링으로 가정하면 다음의 식이 성립한다.

$$\delta = \frac{P}{\sum K} = \frac{P}{\dfrac{E}{L}(\sum A)} = \frac{P}{E(1.5A + A + 0.5A)} = \frac{PL}{3EA}$$

정답 및 해설 16.① 17.② 18.④

19 그림과 같이 양단이 고정된 원형부재에 토크(Torque) T=400N·m가 A단으로부터 0.4m 떨어진 위치에 작용하고 있다. 단면의 지름이 40mm일 때 토크 T가 작용하는 단면에서 발생하는 최대전단응력의 크기와 비틀림각은? (단, GJ는 비틀림 강도)

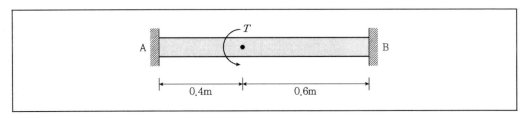

① $\dfrac{40}{\pi}$MPa, $\dfrac{96}{GJ}$rad

② $\dfrac{40}{\pi}$MPa, $\dfrac{160}{GJ}$rad

③ $\dfrac{60}{\pi}$MPa, $\dfrac{96}{GJ}$rad

④ $\dfrac{60}{\pi}$MPa, $\dfrac{160}{GJ}$rad

20 그림과 같은 구조물에서 $\overline{\mathrm{AB}}$의 부재력과 $\overline{\mathrm{BC}}$의 부재력은? (단, 모든 절점은 힌지임)

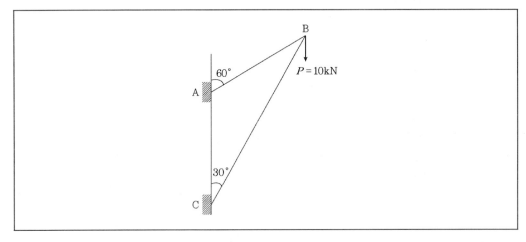

① $\overline{AB}$=10kN (인장), $\overline{BC}$=10$\sqrt{3}$kN (압축)

② $\overline{AB}$=10kN (압축), $\overline{BC}$=10$\sqrt{3}$kN (인장)

③ $\overline{AB}$=10$\sqrt{3}$kN (인장), $\overline{BC}$=10kN (압축)

④ $\overline{AB}$=10$\sqrt{3}$kN (압축), $\overline{BC}$=10kN (인장)

19 최대 비틀림모멘트의 크기 $T_{\max} = \dfrac{Tb}{L} = \dfrac{400 \times 0.6}{1} = 240\,[\text{N}]$

따라서 최대전단응력 $\tau_{\max} = \dfrac{16\,T_{\max}}{\pi d^3} = \dfrac{16(240 \times 10^3)}{\pi (40)^3} = \dfrac{60}{\pi}\,[\text{MPa}]$

토크 작용점 좌우의 변위가 동일해야 하므로,

비틀림각 $\phi = \dfrac{Tab}{(a+b)\,GJ} = \dfrac{400 \times 0.4 \times 0.6}{(0.4+0.6)(GJ)} = \dfrac{96}{GJ}\,[\text{rad}]$

20 3개의 힘이 작용하고, 사잇각 $30°$이 같으므로 좌우 부재력은 같고 중앙부재에 작용하는 합력과 같다.

$AB = P = 10\text{kN}\,(\text{인장})$

$BC = -\dfrac{P}{\sin30°} \times \sin120° = -\dfrac{10}{\frac{1}{2}} \times \dfrac{\sqrt{3}}{2} = -10\sqrt{3}\,\text{kN}\,(\text{압축})$

1 그림과 같이 보 BD가 같은 탄성계수를 갖는 케이블 AB와 CD에 의해 수직하중 P를 지지하고 있다. 케이블 AB의 길이가 L이라 할 때, 보 BD가 수평을 유지하기 위한 케이블 CD의 길이는? (단, 보 BD는 강체이고, 케이블 AB의 단면적은 케이블 CD의 단면적의 3배이며, 모든 자중은 무시한다)

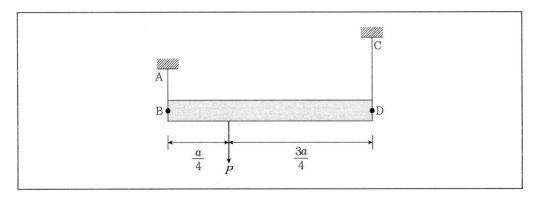

① $\dfrac{L}{4}$

② $\dfrac{3L}{4}$

③ L

④ $3L$

2 지름 $d=50$mm, 길이 $L=1$m인 강봉의 원형단면 도심에 축방향 인장력이 작용했을 때 길이는 1mm 늘어나고, 지름은 0.0055mm 줄어들었다. 탄성계수 $E=1.998 \times 10^5$[N/mm²]라면 전단탄성계수 G의 크기[N/mm²]는? (단, 강봉의 축강성은 일정하고, 자중은 무시한다)

① 9.0×10^4

② 10.0×10^4

③ 12.0×10^4

④ 15.0×10^4

3 그림과 같은 트러스 구조물에서 부재 AD의 부재력[kN]은? (단, 모든 자중은 무시한다)

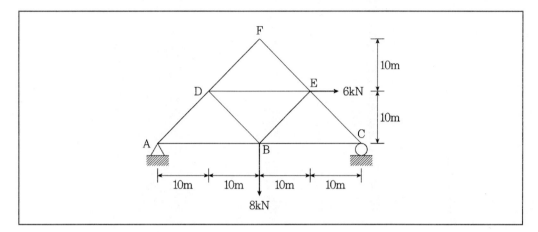

① $\dfrac{\sqrt{2}}{2}$ (인장)

② $\dfrac{\sqrt{2}}{2}$ (압축)

③ $\dfrac{5\sqrt{2}}{2}$ (인장)

④ $\dfrac{5\sqrt{2}}{2}$ (압축)

---

1 케이블이 수평을 유지하기 위해서는

$$K_{AB}\left(\frac{a}{4}\right)=K_{CD}\left(\frac{3a}{4}\right)$$ 이어야 하므로

$$\frac{E(3A)}{L}\left(\frac{a}{4}\right)=\frac{EA}{L_{CD}}\left(\frac{3a}{4}\right)$$

그러므로 $L_{CD}=L$

2 포아송비는 $\nu=\dfrac{L(\triangle D)}{D(\triangle L)}=\dfrac{1,000(0.0055)}{50(1)}=0.11$

$$G=\frac{E}{2(1+\nu)}=\frac{1.998\times10^{5}}{2(1+0.11)}=90,000=9\times10^{4}\text{N/mm}^2$$

3 AD의 부재력은 A점의 수직반력의 $\sqrt{2}$ 배가 된다.

$$\sum M_C=0:V_A=\frac{8\times2-6\times1}{4}=\frac{5}{2}\text{kN}(\uparrow)$$ 가 되므로

$$AD=\sqrt{2}\,V_A=\frac{5\sqrt{2}}{2}\text{kN}(\text{압축})$$

정답 및 해설 1.③ 2.① 3.④

4 그림과 같이 50kN의 수직하중이 작용하는 트러스 구조물에서 BC 부재력의 크기[kN]는? (단, 모든 자중은 무시한다)

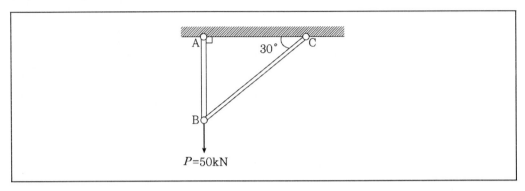

① 0

② 25

③ 50

④ 100

5 그림과 같은 정정보의 휨변형에 의한 B점의 수직 변위의 크기[mm]는? (단, B점은 힌지이고, 휨강성 EI=100,000kN · m²이고, 자중은 무시한다)

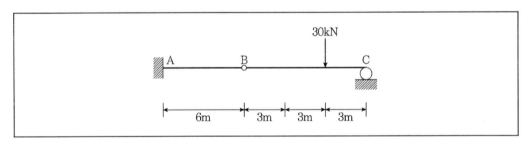

① 3.6

② 7.2

③ 12.2

④ 14.4

6 케이블 BC의 허용축력이 150kN일 때, 그림과 같은 100kN의 수직하중을 지지할 수 있는 구조물에서, 경사각 $0° \leq \theta \leq 60°$일 때, 가장 작은 단면의 케이블을 사용하려고 한다. 필요한 경사각의 크기는? (단, 봉 AB는 강체로 가정하고, 모든 자중과 미소변형 및 케이블의 처짐은 무시한다)

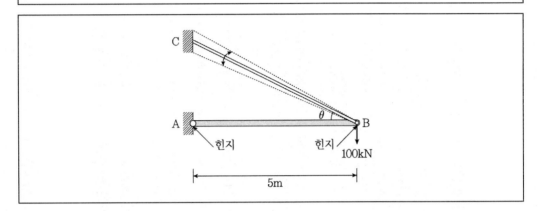

〈계산참고(근삿값)〉
sin 10°=0.2, sin 50°=0.8, sin 60°=0.9

① 10°

② 30°

③ 50°

④ 60°

---

4 수평력이 0($\sum H = 0$)이므로, BC는 결과적으로 0부재가 된다.

한 절점에 두 부재가 만나는데 외력이 한 부재축 방향으로 작용할 때 다른 부재는 영부재가 된다.

5 B점으로 전달되는 힘을 받는 캔틸레버보의 처짐과 같으므로

$$\delta_B = \frac{PL^3}{3EI} = \frac{10(6^3)}{3(100,000)} = 7.2 \times 10^{-3} \text{m} = 7.2 \text{mm}$$

6 케이블의 부재력은 허용축력보다 작아야 되므로, $F_{BC} = \dfrac{100}{\sin\theta} \leq 150$, $\sin\theta \geq \dfrac{100}{150} = 0.67$이 된다.

($\theta \geq 42°$ 정도의 값이 나온다.)

발생응력이 허용응력 이하여야 하므로, $\sigma = \dfrac{F_{BC}}{A} \geq \sigma_a$에서 $A \leq \dfrac{F_{AB}}{\sigma_a}$가 된다.

최소단면을 사용할 경우, 가능한 발생되는 부재력도 최소가 되어야 하므로 주어진 보기 중 가장 큰 값인 $60°$가 적합하다.

정답 및 해설 4.① 5.② 6.④

7 다음 그림과 같은 단순보의 수직 반력 R_A 및 R_B가 같기 위한 거리 x의 크기[m]는? (단, 보의 휨강성 EI는 일정하고, 자중은 무시한다)

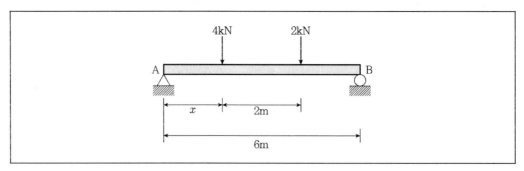

① $\dfrac{7}{3}$

② $\dfrac{8}{3}$

③ $\dfrac{10}{3}$

④ $\dfrac{11}{3}$

8 그림과 같이 길이가 L인 부정정보에서, B지점이 δ만큼 침하하였다. 이 때 B지점에 발생하는 반력의 크기는? (단, 보의 휨강성 EI는 일정하고, 자중은 무시하며, 휨에 의한 변형만을 고려한다)

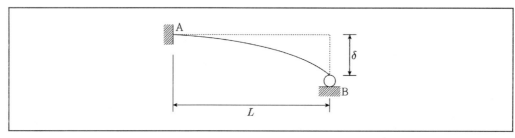

① $\dfrac{EI\delta}{2L^3}$

② $\dfrac{EI\delta}{L^3}$

③ $\dfrac{3EI\delta}{L^3}$

④ $\dfrac{6EI\delta}{L^3}$

9 그림의 봉 부재는 단면적이 10,000mm²이며, 단면도심에 압축하중 P를 받고 있다. 이 부재의 변형에너지밀도(strain energy density, u)가 $u = 0.01$N/mm²일 때, 수평하중 P의 크기 [kN]는? (단, 부재의 축강성 $EA = 500$kN이고, 자중은 무시한다)

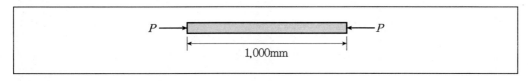

① 10

② 11

③ 100

④ 110

---

7 두 반력이 서로 같은 경우 연직하향 작용력인 4kN과 2kN의 합력의 작용점은 중앙을 지나야 한다.

연직하향 작용력인 4kN과 2kN의 합력의 작용점의 위치는

$x + 2 \times \dfrac{1}{3}$이 되며,

$x + 2 \times \dfrac{1}{3} = 3$이어야 하므로 $x = \dfrac{7}{3}$m

8 단순하게 후크의 법칙을 적용할 경우

$R_B = K\delta = \dfrac{3EI}{L^3}\delta$가 성립한다.

9 $u = \dfrac{\sigma^2}{2E} = \dfrac{P^2}{2EA^2}$에서 $P^2 = 2EA^2u$가 되며, $P^2 = 2 \times 500 \times 10^3 \times 10,000 \times 0.01$

$P = 10,000 = 10$kN

정답 및 해설 7.① 8.③ 9.①

10 그림과 같은 외팔보의 자유단에 모멘트 하중($= P \cdot L$)이 작용할 때 보에 저장되는 탄성 변형에너지와 동일한 크기의 탄성 변형에너지를 집중하중을 이용하여 발생시키고자 할 때, 보의 자유단에 작용시켜야 하는 수직하중 Q의 크기는? (단, 모든 보의 휨강성 EI는 일정하고, 자중은 무시한다)

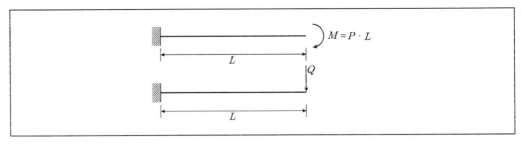

① $\sqrt{2}\,P$

② $2\sqrt{2}\,P$

③ $\sqrt{3}\,P$

④ $2\sqrt{3}\,P$

11 그림과 같이 $x-y$평면상에 있는 단면의 최대 주단면 2차모멘트 $I_{\max}$[mm⁴]는? (단, x축과 y축의 원점 C는 단면의 도심이다. 단면 2차모멘트는 $I_x = 3$mm⁴, $I_y = 7$mm⁴이며, 최소 주단면 2차모멘트 $I_{\min} = 2$mm⁴이다)

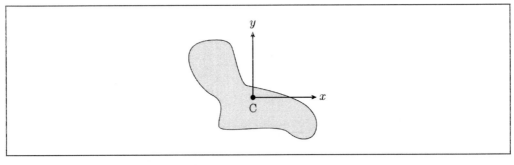

① 5

② 6

③ 7

④ 8

12 그림과 같이 2개의 힘이 동일점 O에 작용할 때, 두 힘 U, V의 합력의 크기[kN]는?

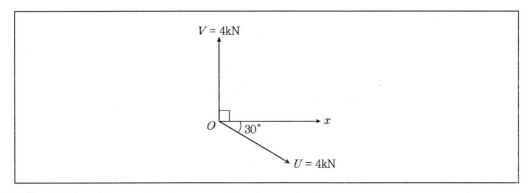

① 1

② 2

③ 3

④ 4

---

10 위쪽 부재의 변형에너지와 아래쪽 부재의 변형에너지가 동일하다면,

첫 번째의 경우 변형에너지 $U_1 = \dfrac{1}{2} \times M \times \theta = \dfrac{1}{2} \times M \times \dfrac{ML}{EI} = \dfrac{M^2L}{2EI} = \dfrac{(PL)^2L}{2EI}$

두 번째의 경우 변형에너지 $U_1 = \dfrac{1}{2} \times Q \times \delta = \dfrac{1}{2} \times Q \times \dfrac{QL^3}{3EI} = \dfrac{Q^2L^3}{6EI}$

위의 두 경우의 변형에너지가 같아야 하므로 $\dfrac{(PL)^2L}{2EI} = \dfrac{Q^2L^3}{6EI}$ 이므로 $Q = \sqrt{3}\,P$가 된다.

11 두 직교축에 대한 단면 2차모멘트의 합이 일정한 점에 착안하면, $I_{\max} + I_{\min} = I_x + I_y$ 이므로,

$I_{\max} = I_x + I_y - I_{\min} = 3 + 7 - 2 = 8\text{mm}^4$

12 두 힘의 합력 $R = \sqrt{4^2 + 4^2 - 2(4)(4)\cos 120^o} = 4\text{kN}$

(1차원 그림인데 3차원 그림으로 헷갈리기 쉬운 문제이다.)

정답 및 해설 10.③ 11.④ 12.④

13 공칭응력(nominal stress)과 진응력(true stress, 실제응력), 공칭변형률(nominal strain)과 진변형률(true strain, 실제변형률)에 대한 설명으로 옳은 것은?

① 변형이 일어난 단면에서의 실제 단면적을 사용하여 계산한 응력을 공칭응력이라고 한다.

② 모든 공학적 용도에서는 진응력과 진변형률을 사용하여야 한다.

③ 인장실험의 경우 진응력은 공칭응력보다 크다.

④ 인장실험의 경우 진변형률은 공칭변형률보다 크다.

14 그림과 같은 하중을 받는 사각형 단면의 탄성 거동하는 짧은 기둥이 있다. A점의 응력이 압축이 되기 위한 P_1, P_2의 최솟값은? (단, 기둥의 자중은 무시한다)

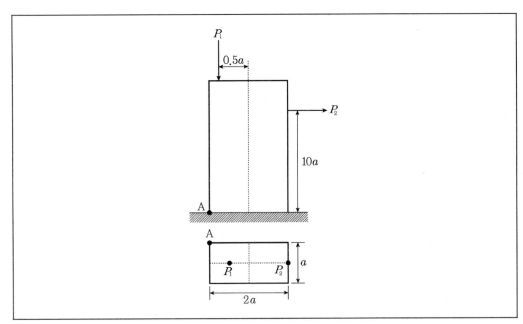

① 6

② 8

③ 10

④ 12

15 그림과 같은 라멘 구조물에서 지점 A의 반력의 크기[kN]는? (단, 모든 부재의 축강성과 휨강성은 일정하고, 자중은 무시한다)

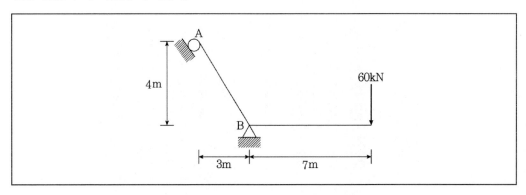

① 60

② 84

③ 105

④ 140

---

13 ① 변형이 일어난 단면에서의 실제 단면적을 사용하여 계산한 응력은 진응력이라고 한다.

② 모든 공학적 용도에서는 공칭응력과 공칭변형률을 사용하여야 한다.

④ 인장시험에서는 공칭변형률이 진변형률보다 큰 값을 가진다. (진응력, 진변형률 선도와 공칭응력, 공칭변형률 선도를 확인해보면 선형 구간에는 그래프 형태가 비슷하나, 소성 이후부터는 큰 차이를 나타낸다.)

14 A점의 응력이 압축이 되려면 편심거리가 핵거리보다 커야 한다는 점에 착안하면,

$$e = \frac{M}{P_1} \leq \frac{b}{6} = \frac{2a}{6} = \frac{a}{3} \text{에서}$$

$$M = P_2(10a) - P_1(0.5)a \leq \frac{P_1(a)}{3} \text{이 성립하므로,}$$

$$P_1 \geq 12P_2 \text{가 된다.}$$

15 지점 B에 대해서 모멘트 평형을 적용하면,

$$\sum M_B = 0 : 60 \times 7 - R_A \times \sqrt{4^2 + 3^2}$$

$$R_A = \frac{60 \times 7}{5} = 84 \text{kN}$$

정답 및 해설 13.③ 14.④ 15.②

16 그림과 같은 삼각형 단면에서 y축에서 도심까지의 거리는?

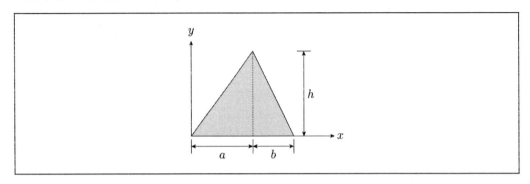

① $\dfrac{2a+b}{3}$

② $\dfrac{a+2b}{4}$

③ $\dfrac{a+b}{3}$

④ $\dfrac{a+2b}{3}$

17 그림과 같은 양단 고정보에 수직하중이 작용할 때, 하중 작용점 위치의 휨모멘트 크기 [kN·m]는? (단, 보의 휨강성 EI는 일정하고, 자중은 무시한다)

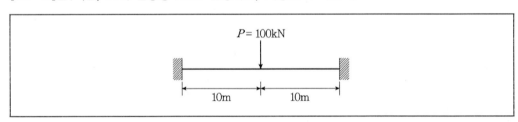

① 125

② 250

③ 275

④ 400

18 그림과 같이 트러스 부재들의 연결점 B에 수직하중 P가 작용하고 있다. 모든 부재들의 길이 L, 단면적 A, 탄성계수 E가 같은 경우, 부재 BC의 부재력은? (단, 모든 자중은 무시한다)

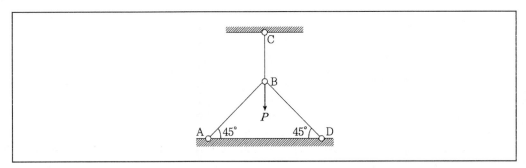

① $\dfrac{3P}{4}$ (인장)

② $\dfrac{2P}{3}$ (압축)

③ $\dfrac{P}{2}$ (인장)

④ $\dfrac{P}{3}$ (압축)

---

16 y축에 대한 도심의 위치는 $x = \dfrac{(a+b)+a}{3} = \dfrac{2a+b}{3}$ 가 된다.

17 양단고정보의 중앙점에 집중하중이 작용하는 경우, 하중점의 휨모멘트의 크기는 고정단 모멘트 크기와 동일하므로 $M_{midpoint} = \dfrac{PL}{8} = \dfrac{100 \times 20}{8} = 250\,[\text{kN} \cdot \text{m}]$

18 대칭형 구조로서 변위가 서로 동일하게 발생하므로, 하중의 분담은 강성에 비례하게 된다는 점에 착안하면,

$K_{BC} : K_{BD} = \dfrac{EA}{L} : \dfrac{2EA\cos^2\beta}{L}$ 이므로 $1 : 2\cos^2 45^o = 1 : 1$

$BC = \dfrac{EA}{L} \times \dfrac{PL}{2EA} = \dfrac{P}{2}$

$P_{BC} = P_{BD} = \dfrac{P}{2}$ 이며, $F_{BC} = P_{BC}$(인장)가 된다.

정답 및 해설 16.① 17.② 18.③

19 단면적 500mm², 길이 1m인 강봉 단면의 도심에 100kN의 인장력을 주었더니, 길이가 1mm 늘어났다. 이 강봉의 탄성계수 E[N/mm²]는? (단, 강봉의 축강성은 일정하고, 자중은 무시한다)

① 1.0×10^5

② 1.5×10^5

③ 1.8×10^5

④ 2.0×10^5

20 그림과 같은 구조물에서 C점에 단위크기(=1)의 수직방향 처짐을 발생시키고자 할 때, C점에 가해 주어야 하는 수직하중 P의 크기는? (단, 모든 자중은 무시하고, AC, BC 부재의 단면적은 A, 탄성계수는 E인 트러스 부재이다)

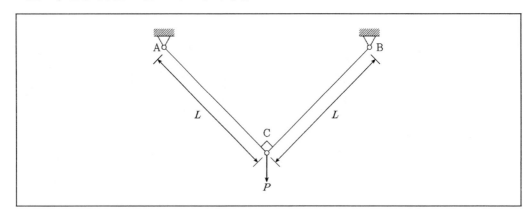

① $\dfrac{EA}{4L}$

② $\dfrac{EA}{3L}$

③ $\dfrac{EA}{2L}$

④ $\dfrac{EA}{L}$

19
$$E = \frac{NL}{A\delta} = \frac{100 \times 10^3 \times (1 \times 10^3)}{500(1)} = 2.0 \times 10^5 \text{N/mm}^2$$

20
$$P = K\delta = \frac{2EA\cos^3\beta}{H}\delta = \frac{2EA\cos^2\beta}{L}\delta = \frac{2EA\cos^2 45^\circ}{L} \times 1 = \frac{EA}{L}$$

※ 부재력 계산

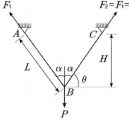 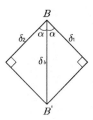

㉠ 부재력 계산 : 구조대칭, 하중대칭이므로 두 부재력은 같다.

힘의 평형조건식, $\sum V = 0$이므로 $2F\cos\alpha - P = 0$이며 $P = 2F\cos\alpha$

㉡ 두 부재의 늘음량(δ_1) : 두 부재의 길이 $L = \dfrac{H}{\cos\alpha}$ 이다.

$$\delta_1 = \frac{F \times L}{EA} = \frac{P \times H}{2EA\cos^2\alpha} = \frac{P \times L}{2EA\cos\alpha} = \frac{P \times L}{2EA\sin\theta}$$

㉢ B점의 수직처짐(δ_b) : williot 선도를 이용한다.

$$\delta_b = \frac{\delta_1}{\cos\alpha} = \frac{PH}{2EA\cos^3\alpha} = \frac{P \times L}{2EA\cos^2\alpha} = \frac{P \times L}{2EA\sin^2\theta}$$

$(\cos\alpha = \cos(90^\circ - \theta) = \sin\theta)$

정답 및 해설 19.④ 20.④

1 그림과 같이 하중 P가 작용할 때, 하중 P의 A점에 대한 모멘트의 크기[kN · m]는?

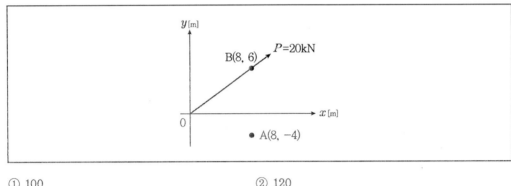

① 100
② 120
③ 140
④ 160

2 3차원 공간에 존재하는 3차원 구조물에서 한 절점이 가질 수 있는 독립 변위성분의 수는?

① 6
② 9
③ 12
④ 무한대

3 그림과 같이 트러스 구조물에 하중 $P = 20\text{kN}$이 작용할 때, 부재력이 0인 부재의 개수는?
(단, 구조물의 자중은 무시한다)

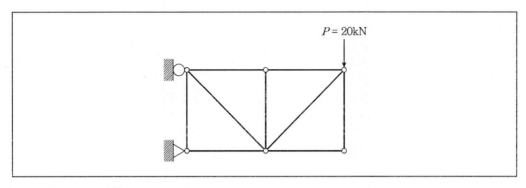

① 1
② 2
③ 3
④ 4

---

1 벡터인 하중 P를 x좌표벡터 P_x와 y좌표벡터 P_y로 분리한 후 A점에 대한 모멘트를 합하면 된다. P_x의 크기는 12kN, P_y의 크기는 16N이므로 $M_A = 12 \times 8 + 16 \times 4 = 160\text{kN} \cdot \text{m}$

2 3차원 공간에서 한 절점이 가질 수 있는 독립 변위성분의 수는 6개이다. (x축 방향으로 이동, y축 방향으로 이동, z축 방향으로 이동, x축을 기준으로 한 회전, y축을 기준으로 한 회전, z축을 기준으로 한 회전)

3 제시된 그림의 0부재의 수는 아래와 같이 3개이다.

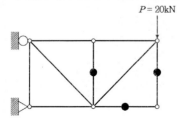

정답 및 해설 1.④ 2.① 3.③

4 그림과 같은 평면 응력 상태에서 최대 전단응력의 크기[MPa]는?

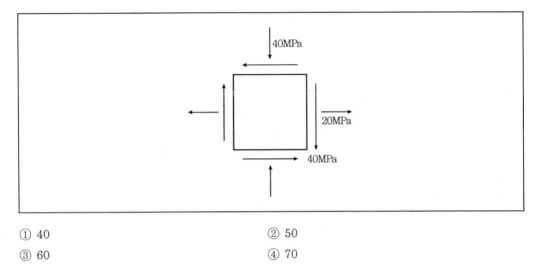

① 40

② 50

③ 60

④ 70

5 그림과 같이 내민보에 등분포하중이 작용할 때, 지점 A부터 최대정모멘트가 발생하는 단면까지의 거리 x[m]는? (단, 보의 자중은 무시한다)

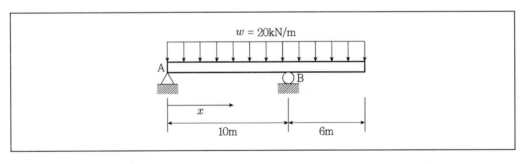

① 2

② 3.2

③ 4

④ 5.2

4
$$\tau_{\max} = \sqrt{\left(\frac{\sigma_x - \sigma_y}{2}\right)^2 + \tau_{xy}^2} = \sqrt{\left\{\frac{20 - (-40)}{2}\right\}^2 + 40^2} = 50\text{MPa}$$

※ **모어원의 작도법** … 다음 그림의 원이 모어원이다. 이 원을 작도하면 주응력과 최대전단응력을 손쉽게 구할 수 있다. 주어진 평면응력조건에 해당되는 A점과 B점을 찾아 서로 연결한 직선의 길이를 지름으로 하는 원이 모어원이며 이 원의 반지름이 최대전단응력이 되며 이 원이 x축과 만나는 x좌표의 최댓값과 최솟값이 주응력이 되는 것이다. (모어원의 좌표축은 보통 사용하는 1사분면을 (+)로 설정하고, x축을 면에 대한 수직응력(σ), y축을 면에 평행한 전단응력(τ)으로 둔다. 수직응력(σ)은 인장인 경우를 (+), 전단응력(τ)은 시계방향인 경우를 (+)로 둔다.)

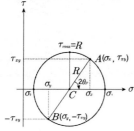

주응력의 크기 $\sigma_{\max,\ \min} = \dfrac{\sigma_x + \sigma_y}{2} \pm \sqrt{\left(\dfrac{\sigma_x - \sigma_y}{2}\right)^2 + \tau_{xy}^2}$

(그림에서 $\sigma_{\max} = \sigma_1$, $\sigma_{\min} = \sigma_2$ 이다.)

주평면각을 구하기 위한 식 $\tan 2\theta_P = \dfrac{2\tau_{xy}}{\sigma_x - \sigma_y}$

최대전단응력 $\tau_{\max,\ \min} = \sqrt{\left(\dfrac{\sigma_x - \sigma_y}{2}\right)^2 + \tau_{xy}^2}$

(최대전단응력의 크기는 모어원의 반지름과 같다.)

5
A점의 반력은 $R_A = \dfrac{20 \times 16 \times 2}{10} = 64\,[\text{kN}]$

최대휨모멘트가 발생하는 곳에서는 전단력이 0이 되어야 한다는 점에 착안하면, $R_A - wx = 0$을 만족해야 한다.

따라서 최대정모멘트의 발생위치는 $x = \dfrac{R_A}{w} = \dfrac{64}{20} = 3.2\,[\text{m}]$이 된다.

정답 및 해설 4.② 5.②

6 그림과 같은 단순보에 집중하중 80kN과 등분포하중 20kN/m가 작용하고 있다. 두 지점 A와 B의 연직반력이 같을 때, 집중하중의 위치 x[m]는? (단, 보의 자중은 무시한다)

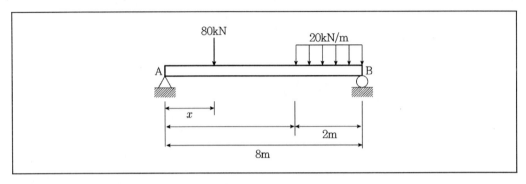

① 1.0
② 2.0
③ 2.5
④ 3.0

7 그림과 같이 정사각형 단면인 양단 힌지 기둥 A와 B의 최소 임계하중의 비($P_{crA} : P_{crB}$)는? (단, 두 기둥의 재료는 동일하다)

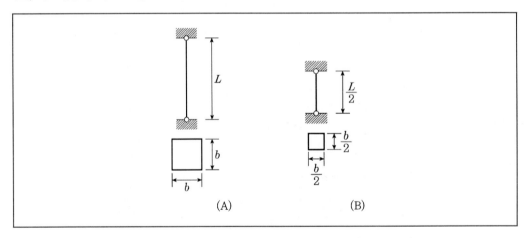

① 2 : 1
② 4 : 1
③ 8 : 1
④ 16 : 1

8 그림과 같이 축부재의 B, C, D점에 수평하중이 작용할 때, D점 수평변위의 크기[mm]는?
(단, 부재의 탄성계수 $E = 20\text{MPa}$이고, 단면적 $A = 1\text{m}^2$이며, 부재의 자중은 무시한다)

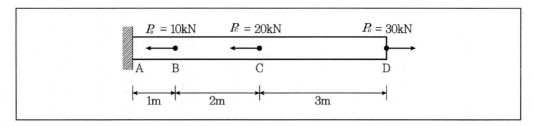

① 4.0
② 5.0
③ 5.5
④ 6.5

---

6 작용하중의 합은 120kN이 되며, 양 지점의 연직반력이 동일하므로 각 지점의 연직반력은 60kN이 된다.

A점에서 모멘트의 평형이 되므로, $\sum M_A = 40 \times 7 + 80 \times x - 60 \times 8 = 0$이므로 $x = 2.5[\text{m}]$

7 좌굴에 대한 최소임계하중 $P_{cr} = \dfrac{n\pi^2 EI_{\min}}{L^2} \propto \dfrac{I_{\min}}{L^2}$

$$P_{crA} : P_{crB} = \frac{\pi^2 E}{L^2} \times \frac{b^4}{12} \; : \; \frac{\pi^2 E}{\left(\dfrac{L}{2}\right)^2} \times \frac{\left(\dfrac{b}{2}\right)^4}{12} = \frac{\pi^2 E b^4}{12L^2} \; : \; \frac{\pi^2 E b^4}{48L^2} = 4 : 1$$

8 B점에서는 내부합력이 0이 되어 AB구간은 변위가 0이 된다.

CD구간의 변위는 $\triangle_{CD} = \dfrac{P_D \cdot \overline{CD}}{AE} = \dfrac{30 \times 10^3 \times 3 \times 10^3}{1 \times 20 \times 10^6} = 4.5\text{mm}$

BC구간의 변위는 $\triangle_{BC} = \dfrac{P_B \cdot \overline{BC}}{AE} = \dfrac{10 \times 10^3 \times 2 \times 10^3}{1 \times 20 \times 10^6} = 1.0\text{mm}$

총 변위의 합은 5.5mm가 된다.

정답 및 해설 6.③ 7.② 8.③

9 길이 2m, 직경 100mm인 강봉에 길이방향으로 인장력을 작용시켰더니 길이가 2mm 늘어났다. 직경의 감소량[mm]은? (단, 프와송비는 0.4이다)

① 0.01   ② 0.02

③ 0.03   ④ 0.04

10 그림과 같이 라멘 구조물에 집중하중 P가 작용할 때, 미소변형인 경우에 대한 라멘 구조물의 휨변형 형상으로 적절한 것은? (단, 부재의 축변형은 무시하며, 휨강성 EI는 일정하다)

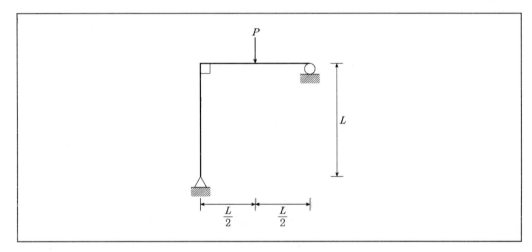

①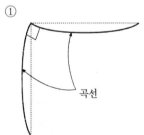

②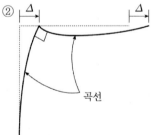

③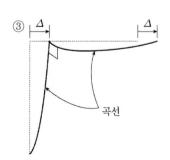

④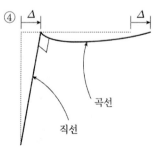

11 그림과 같이 A와 B, D의 연결부가 핀으로 되어 있는 구조물이 있다. 하중 100kN이 C점에 작용할 때, D점에 20kN 크기의 전단력이 발생한다면 d의 길이[m]는? (단, 자중은 무시한다)

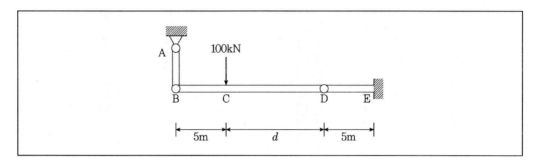

① 10

② 20

③ 30

④ 40

---

9 직경의 감소량은 $\triangle d = \nu d\epsilon = 0.4 \times 100 \times \left(\dfrac{2}{2,000}\right) = 0.04[\text{mm}]$

(ν : 포아송비, ϵ : 변형률)

10 하중 P는 좌측의 핀지점에 대하여 부재를 시계방향으로 회전하도록 하므로 우측의 이동지점은 우측으로 이동하게 된다. 또한 기둥에는 휨모멘트가 발생하지 않으므로 ④와 같은 형상을 하게 된다.

11 $\sum M_B = 0,\ 100 \times 5 - R_D(5+d) = 0$

$R_D = \dfrac{500}{5+d}$

$|V_D| = |-R_D| = \dfrac{500}{5+d}$

$|V_D| = 20$

$\dfrac{500}{5+d} = 20$ 이므로

$\therefore d = 20\text{m}$

정답 및 해설 9.④ 10.④ 11.②

12 그림과 같이 D점에 수평력 2kN, C점에 수직력 4kN이 작용하는 내민보에서 지점 A에 발생하는 수직반력 R_A[kN]는? (단, 자중은 무시한다)

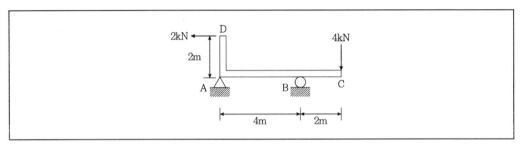

① $1(\downarrow)$ ② $1(\uparrow)$

③ $2(\downarrow)$ ④ $2(\uparrow)$

13 그림과 같이 지름 d =10mm인 원형단면 강봉의 허용전단응력이 $\tau_{allow} = 16\mathrm{MPa}$이다. 이때 자유단에 작용 가능한 최대 허용비틀림 모멘트 T[N · m]는? (단, 강봉의 자중은 무시한다)

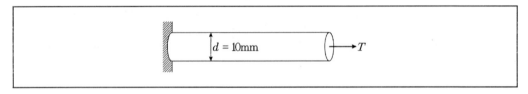

① π ② 2π

③ 4π ④ 8π

14 그림과 같은 강체에서 하중 P에 의해 C점에 0.03m의 처짐이 발생할 때, C점에 작용된 하중 P[N]는? (단, 자중은 무시한다)

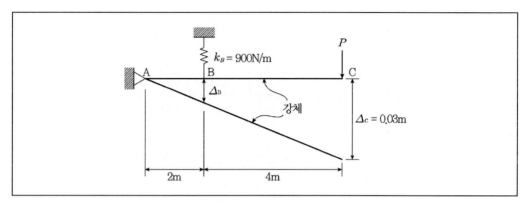

① 0.3

② 0.9

③ 3.0

④ 9.0

---

12 부재형상이 복잡해 보이지만 부재에 가해지는 외력에 의한 모멘트의 합이 0이어야 평형을 유지한다는 것을 묻는 문제이다. 따라서 B점에 대해 모멘트평형이어야 하므로,

$\sum M_B = 0,\ 4 \times 2 - 2 \times 2 + R_A \times 4 = 0$이며, $R_A = 1 \text{kN}(\downarrow)$

13 $\tau_{\max} = \dfrac{16T}{\pi d^3} \leq \tau_a$에서 $T \leq \tau_a \left(\dfrac{\pi d^3}{16} \right) = 16 \times \left(\dfrac{\pi \times 10^3}{16} \right) = 1\pi [\text{N} \cdot \text{m}]$

14 스프링이 받는 힘 P_S은 A점에서 모멘트평형이 되어야 하므로 $\sum M_A = 2P_S - 6P = 0$이므로 $P_S = 3P$이다.

$\triangle_B = \dfrac{P_S}{k_B} = \dfrac{3P}{900} = \triangle_C \times \dfrac{1}{3} = 0.03 \times \dfrac{1}{3} = 0.01$

$P_S = 900\text{N} \times 0.01 = 9\text{N}$이므로 $P = 3\text{N}$이 도출된다.

정답 및 해설 12.① 13.① 14.③

15 그림과 같이 길이 1m인 단순보의 중앙점 아래 4mm 떨어진 곳에 지점 C가 있고, 전 구간에 384kN/m의 등분포하중이 작용할 때, 지점 C에서 상향으로 발생하는 수직반력 R_C[kN]는? (단, EI＝1,000kN · m²이고, 자중은 무시한다)

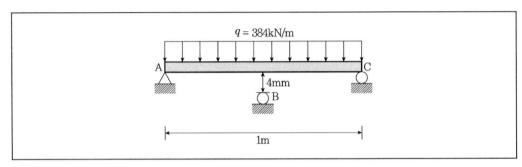

① 24

② 48

③ 72

④ 96

16 그림과 같이 a, b 두 부재가 용접되어 양단이 구속되어 있다. 하중 P가 용접면에 작용할 때, 하중 P에 의해 부재 a에 발생되는 축응력은? (단, 두 부재의 단면적 A는 동일하고, 부재 a와 b의 탄성계수는 각각 E_a와 E_b이며, $E_a＝2E_b$이다)

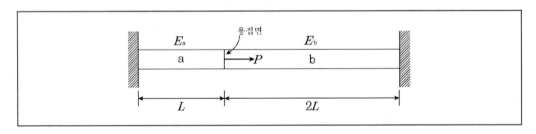

① $\dfrac{P}{A}$

② $\dfrac{P}{4A}$

③ $\dfrac{3P}{4A}$

④ $\dfrac{4P}{5A}$

15
$$R_C = \frac{5wL}{4} - \frac{48EI}{L^3}\delta_C = \frac{5 \times 384 \times 0.5}{4} - \frac{48 \times 1,000}{1^3} \times 0.004 = 48[\text{kN}]$$

※ 부정정구조물과 하중, 지점반력

부정정구조물과 하중	지점반력
(등분포하중 w, A 힌지, B 롤러, C 롤러, 경간 l, l)	$M_B = -\frac{wl^2}{8}$, $R_{By} = \frac{5wl}{4}$
(집중하중 P, A 고정, B 롤러, a, b, 경간 l)	$M_A = -\frac{Pab(l+b)}{2l^2}$, $R_{By} = \frac{Pa^2(3l-a)}{2l^3}$
(집중하중 P, A 고정, B 롤러, l/2, l/2)	$M_A = -\frac{3Pl}{16}$, $R_{By} = \frac{5P}{16}$
(등분포하중 w, A 고정, B 롤러, 경간 l)	$M_B = -\frac{wl^2}{8}$, $R_{By} = \frac{3wl}{8}$
(집중하중 P, A 고정, B 고정, a, b, 경간 l)	$M_A = -\frac{Pab^2}{l^2}$, $M_B = -\frac{Pa^2b}{l^2}$

16 a부재와 b부재의 분담하중은 부재의 길이에 반비례한다.

따라서 $P_a : P_b = 4 : 1$이며, $P_a = \frac{4P}{5}$ 이며, a에 발생하는 축응력은 $\sigma_a = \frac{P_a}{A} = \frac{4P}{5A}$ 가 된다.

정답 및 해설 15.② 16.④

17 그림과 같이 하중 P를 세 개의 스프링이 지지하고 있다. 하중 P에 의한 변위 δ는? (단, 자중은 무시한다)

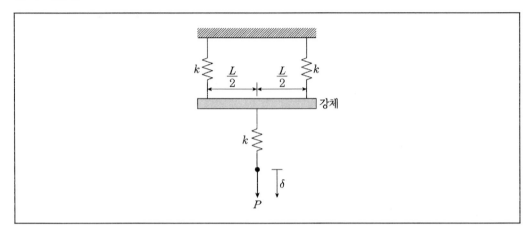

① $\dfrac{P}{2k}$

② $\dfrac{3P}{2k}$

③ $\dfrac{5P}{2k}$

④ $\dfrac{7P}{2k}$

18 그림과 같은 구조물에서 D점에 작용하는 하중 P에 의하여 B점에 발생하는 처짐이 0일 때, a의 길이[m]는? (단, 구조물의 자중은 무시하며, 길이 $L=10\text{m}$, 휨강성 $EI=100\text{kN}\cdot\text{m}^2$이다)

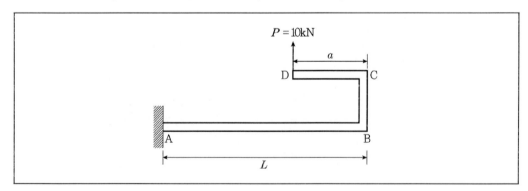

① $\dfrac{5}{2}$

② 5

③ $\dfrac{5}{3}$

④ $\dfrac{20}{3}$

17 위쪽의 두 스프링을 합성하면 $k_1 = k + k = 2k$

위쪽의 병렬합성스프링과 아래쪽의 스프링을 합성하면,

$$k_2 = \frac{2k \times k}{2k + k} = \frac{2k}{3}$$

발생변위는 $\delta = \dfrac{P}{k_2} = \dfrac{3P}{2k}$

18 캔틸레버 DC에 작용하는 힘 P에 의한 B점의 연직변위와 힘 P에 의해 B점에 유발되는 모멘트에 의한 연직변

위의 크기가 서로 동일해야 한다. 따라서 $\dfrac{PL^3}{3EI} = \dfrac{M_B L^2}{2EI}$ 이어야 하며,

$M_P = 10 \times a$이므로 $\dfrac{10 \times 10^3}{3 \times 100} = \dfrac{10a \times 10^2}{2 \times 100}$ 가 성립해야 한다. 따라서 $a = \dfrac{20}{3}$ [m]가 된다.

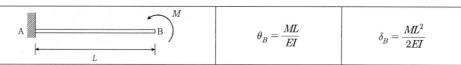	$\theta_B = \dfrac{ML}{EI}$	$\delta_B = \dfrac{ML^2}{2EI}$

19 그림과 같이 단순보에 집중하중 P가 보의 중앙점 C에 작용할 때, C점의 수직처짐의 크기는? (단, AB 및 DE 구간의 휨강성은 EI이고, BD 구간은 강체이며, 보의 자중은 무시한다)

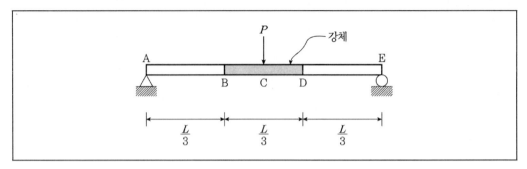

① $\dfrac{PL^3}{162EI}$

② $\dfrac{PL^3}{81EI}$

③ $\dfrac{2PL^3}{81EI}$

④ $\dfrac{PL^3}{54EI}$

20 그림과 같이 휨강성 EI가 일정한 내민보에서 자유단 C점의 처짐이 0이 되기 위한 하중의 크기 비 $\left(\dfrac{P}{Q}\right)$는? (단, 자중은 무시한다)

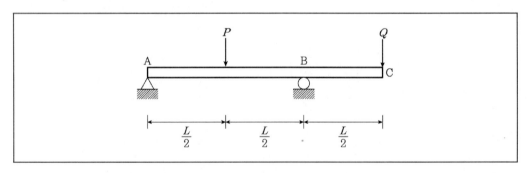

① 1

② 2

③ 4

④ 8

19
$$\delta_c = \frac{PL^3}{48EI}\left(\frac{1}{n}\right) + \frac{Pa^3}{48EI}\left(1+\frac{1}{n}\right) = \frac{Pa^3}{48EI}$$

$\dfrac{1}{n} = \dfrac{EI_{AB}}{EI_{BD}} = \dfrac{EI}{\infty} = 0$, $a = L_{AB} + L_{DE} = \dfrac{2L}{3}$ 이므로

$$\therefore \ \delta_c = \frac{P \times \left(\dfrac{2L}{3}\right)^3}{48EI} = \frac{PL^3}{162EI}$$

※ 공액보법 적용

$$\delta_C = M_C{}' = \frac{1}{2}\left(\frac{PL}{6EI}\right)\left(\frac{L}{3}\right) \times \left(\frac{L}{3} \times \frac{2}{3}\right) = \frac{PL^3}{162EI}$$

고난이도의 문제이며 풀이에도 상당한 시간이 걸리며 응용되어 출제되는 문제도 아니므로 문제와 답만 외우도록 한다.

20 C점의 처짐이 0이 되려면 P에 의해 발생하는 처짐량과 Q에 의해 발생하는 C점의 처짐량이 서로 동일해야 한다.

P에 의해 발생하는 C점의 처짐량 : $\dfrac{PL^3}{32EI}(\uparrow)$

Q에 의해 발생하는 C점의 처짐량 : $\dfrac{Q(L/2)^2}{3EI}\left(\dfrac{3L}{2}\right) = \dfrac{QL^3}{8EI}(\downarrow)$

$\dfrac{PL^3}{32EI} = \dfrac{QL^3}{8EI}$ 이므로 $P = 4Q$가 된다.

정답 및 해설 19.① 20.③

1 〈보기〉와 같이 동력차가 강성도 k=2TN/m인 스프링으로 구성된 차막이에 100m/s의 속도로 충돌할 때 스프링의 최대 수평 변위량은? (단, 동력차의 무게는 80tf이다.)

〈보기〉

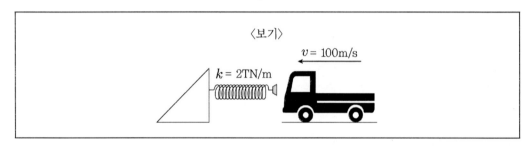

① 0.01m

② 0.015m

③ 0.02m

④ 0.025m

2 〈보기〉와 같이 주어진 문제의 반력으로 가장 옳은 것은?

〈보기〉

① $A_x = 0$, $A_y = 0.5P$, $B_y = 0.5P$

② $A_x = 0$, $A_y = -0.25P$, $B_y = 1.75P$

③ $A_x = 0$, $A_y = -0.5P$, $B_y = 1.5P$

④ $A_x = P$, $A_y = 0.5P$, $B_y = 1.5P$

3 〈보기〉와 같은 구조물의 부정정 차수는?

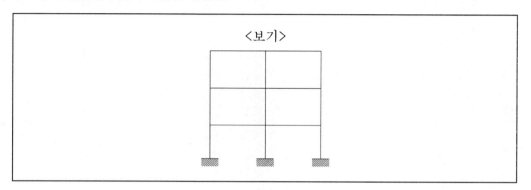

① 15

② 16

③ 17

④ 18

---

1 에너지 보존법칙에 관한 문제이다. 자동차의 운동에너지가 모두 탄성에너지로 전환될 때가 바로 스프링이 최대로 압축된 상태가 된다.

$\frac{1}{2}mv^2 = \frac{1}{2}k(\triangle x)^2$에 따라,

$\triangle x = v\sqrt{\dfrac{m}{k}} = v\sqrt{\dfrac{W}{k}} = 100 \times \sqrt{\dfrac{80 \times 10^3 \times 10}{2 \times 10^{12}}} = 0.02[\text{m}]$

2 A점에 대한 모멘트의 평형조건을 이용하면 손쉽게 구할 수 있다.

$\sum M_A = 0 : P \times 3L - B_y \times 2L = 0$이어야 하므로, $B_y = 1.5P$

$\sum H = 0 : A_x = 0$이며

$\sum V = 0 : A_y + B_y - P = 0$

$A_y = -0.5P$

3 라멘구조물이므로 다음의 식에 따라 손쉽게 산출된다.

$N = 3B - H = 3(6) = 18$

4 〈보기〉와 같은 직사각형 단면의 E점에 하중(P)이 작용할 경우 각 모서리 A, B, C, D의 응력을 바르게 표현한 것은? (단, 압축은 +이고, $I_x = \dfrac{bh^3}{12}$, $I_y = \dfrac{b^3h}{12}$ 이다.)

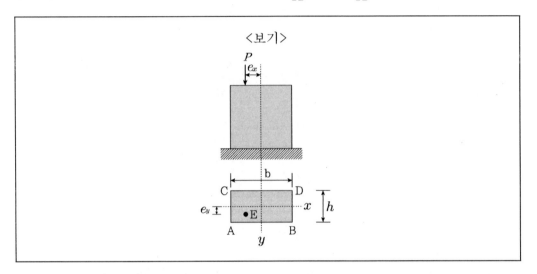

① $f_A = \dfrac{P}{bh} + \dfrac{Pe_x}{I_y}x + \dfrac{Pe_y}{I_x}y$

② $f_B = \dfrac{P}{bh} + \dfrac{Pe_x}{I_y}x - \dfrac{Pe_y}{I_x}y$

③ $f_C = \dfrac{P}{bh} - \dfrac{Pe_x}{I_y}x + \dfrac{Pe_y}{I_x}y$

④ $f_D = \dfrac{P}{bh} + \dfrac{Pe_x}{I_y}x - \dfrac{Pe_y}{I_x}y$

5 〈보기〉와 같은 트러스에서 단면법으로 구한 U의 부재력의 크기는?

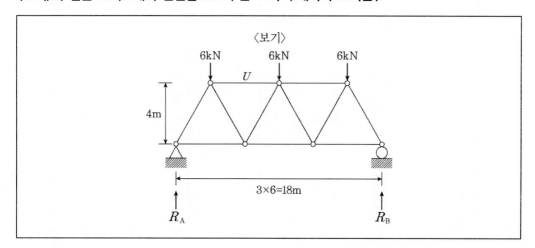

① 9kN

② 11kN

③ 13kN

④ 15kN

4
$$f_A = \frac{P}{bh} + \frac{Pe_x}{I_y}x + \frac{Pe_y}{I_x}y$$

$$f_B = \frac{P}{bh} - \frac{Pe_x}{I_y}x + \frac{Pe_y}{I_x}y$$

$$f_C = \frac{P}{bh} + \frac{Pe_x}{I_y}x - \frac{Pe_y}{I_x}y$$

$$f_D = \frac{P}{bh} - \frac{Pe_x}{I_y}x - \frac{Pe_y}{I_x}y$$

5 절단법(단면법)을 적용하여 다음 그림과 같이 절단을 하면 손쉽게 풀 수 있다.

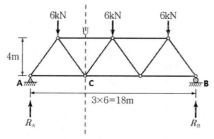

U부재가 인장을 받는 부재라고 가정하면,

$M_{C.L} = R_A \times 6 - 6 \times 3 + F_U \times 4 = 9 \times 6 - 6 \times 3 - F_U \times 4 = 0$이 성립해야 하므로,

$F_U = -9\,[\text{kN}]$이 되며 음(-)의 값이므로 U부재는 압축력을 받는 부재이다.

4.① 5.①

6 〈보기〉와 같이 P_1 인한 B점의 처짐 $\delta_{B1}=0.2\text{m}$, P_2로 인한 B의 처짐 $\delta_{B2}=0.2\text{m}$이다. P_1과 P_2가 동시에 작용했을 때 P_1이 한 일의 크기는?

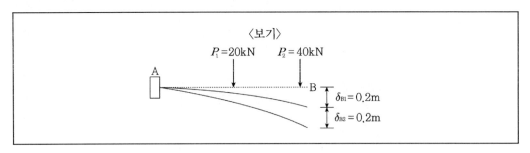

〈보기〉

$P_1=20\text{kN}$ $P_2=40\text{kN}$

A   B $\delta_{B1}=0.2\text{m}$

$\delta_{B2}=0.2\text{m}$

① 4kN · m

② 8kN · m

③ 12kN · m

④ 16kN · m

7 〈보기〉와 같이 모멘트하중을 받는 내민보가 있을 때 C점의 처짐각 θ_c와 처짐 y_c는? (단, EI 는 일정하다.)

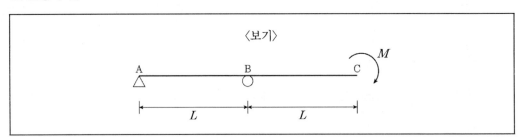

〈보기〉

M

A   B   C

L L

① $\theta_c = \dfrac{4ML}{3EI}\,(\curvearrowright),\ y_c = \dfrac{5ML^2}{6EI}\,(\downarrow)$

② $\theta_c = \dfrac{5ML}{3EI}\,(\curvearrowright),\ y_c = \dfrac{2ML^2}{3EI}\,(\downarrow)$

③ $\theta_c = \dfrac{2ML}{3EI}\,(\curvearrowright),\ y_c = \dfrac{5ML^2}{3EI}\,(\downarrow)$

④ $\theta_c = \dfrac{5ML}{6EI}\,(\curvearrowright),\ y_c = \dfrac{4ML^2}{3EI}\,(\downarrow)$

6 힘이 동시에 작용하였으므로

$$W_{P1} = \frac{P_1 \times (\delta_{B1} + \delta_{B2})}{2} = \frac{40 \times (0.2 + 0.2)}{2} = 8[\text{kN} \cdot \text{m}]$$

(본래 이런 보기가 주어진 문제의 경우 외력을 동시에 가하는 것이 아니라 하나의 외력을 먼저 작용시켜 변위를 작용시킨 다음 또 다른 외력을 추가로 가하여 추가변위를 발생시키는 조건으로 문제가 주어진다.)

※ 보에서 외력이 한 일

㉠ 하나의 집중하중이 작용하는 경우

ⓐ 하중이 서서히 작용할 경우 : $W_E = \dfrac{1}{2} \times$ 작용하중 × 변위

ⓑ 하중이 갑자기 작용할 경우 : $W_E =$ 작용하중 × 변위

㉡ 둘 이상의 집중하중이 작용하는 경우

ⓐ P_1, P_2가 동시에 서서히 작용할 경우의 외적 일

$: W_E = \dfrac{P_1}{2}(\delta_{11} + \delta_{12}) + \dfrac{P_2}{2}(\delta_{21} + \delta_{22})$

δ_{11} : P_1이 작용할 때 P_1 방향의 1점의 처짐

δ_{12} : P_2가 작용할 때 P_1 방향의 1점의 처짐

δ_{21} : P_1가 작용할 때 P_2 방향의 2점의 처짐

δ_{22} : P_2가 작용할 때 P_2 방향의 2점의 처짐

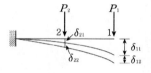

ⓑ P_1이 먼저 서서히 작용하고 P_2가 후에 서서히 작용할 때 외적 일

$: W_E = \dfrac{P_1}{2} \times \delta_{11} + \dfrac{P_2}{2} \times \delta_{22} + P_1 \delta_{12}$

ⓒ P_2이 먼저 서서히 작용하고 P_1이 후에 서서히 작용할 때 외적 일

$: W_E = \dfrac{P_2}{2} \times \delta_{22} + \dfrac{P_1}{2} \times \delta_{11} + P_2 \delta_{21}$

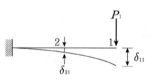

ⓓ P_1이 먼저 서서히 작용하고 P_2가 후에 서서히 작용할 때 P_1이 한 일

$: W_{P1} = \dfrac{P_1}{2} \times \delta_{11} + P_1 \delta_{12}$

ⓔ P_2이 먼저 서서히 작용하고 P_1이 후에 서서히 작용할 때 P_2이 한 일

$: W_{P2} = \dfrac{P_2}{2} \times \delta_{22} + P_2 \delta_{21}$

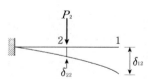

7 C점에 작용하는 모멘트에 의해 AB부재에 발생하는 회전변위와 BC부재에 발생하는 회전변위를 중첩법으로 해석을 해야 한다.

처짐각은 $\theta_C = \theta_B + \theta_{BC(캔틸레버)} = \dfrac{ML}{3EI} + \dfrac{ML}{EI} = \dfrac{4ML}{3EI}(\curvearrowleft)$

처짐은 $\delta_C = \theta_B \times L + \delta_{BC(캔틸레버)} = \dfrac{ML}{3EI} \times L + \dfrac{ML^2}{2EI} = \dfrac{5ML^2}{6EI}(\downarrow)$

8 〈보기〉의 그림(a)와 같이 등분포하중과 단부 모멘트하중이 작용하는 단순지지 보의 휨모멘트도는 그림(b)와 같다. 정모멘트 M_p와 부모멘트 M_n의 차이 M_T의 크기는?

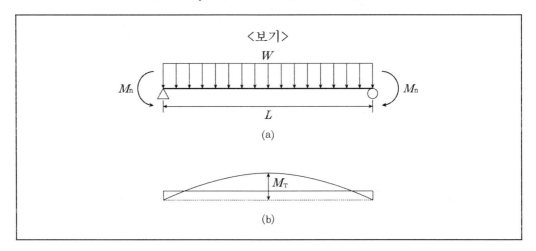

① $\dfrac{wL^2}{24}$

② $\dfrac{wL^2}{6}$

③ $\dfrac{wL^2}{12}$

④ $\dfrac{wL^2}{8}$

9 〈보기〉는 응력과 변형률 곡선을 나타낸 그래프이다. 각 지점의 명칭으로 옳지 않은 것은?

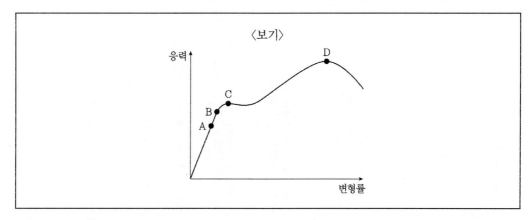

① A점은 비례한도(proportional limit)이다.

② B점은 소성한도(plastic limit)이다.

③ C점은 항복점(yield strength)이다.

④ D점은 한계응력(ultimate stress)이다.

10 〈보기〉와 같은 게르버 보에서 B점의 휨모멘트 크기는? (단, 반시계방향은 +, 시계방향은 −이다.)

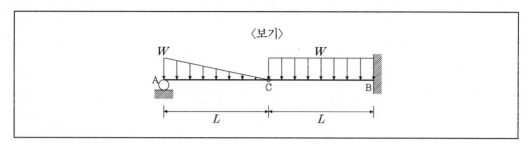

① $-\dfrac{wL^2}{6}$

② $-\dfrac{wL^2}{2}$

③ $-\dfrac{2wL^2}{3}$

④ $-\dfrac{wL^2}{3}$

---

8 직관적으로 양단고정보에 등분포하중이 작용하는 형상이 떠올라야 한다.

등분포하중이 작용하는 양단고정보의 경우 양단에 발생하는 휨모멘트의 크기는 $\dfrac{WL^2}{24}$ 이며,

보 중앙부의 휨모멘트의 크기는 $\dfrac{WL^2}{12}$ 이다. 이 두 값을 합하면 $\dfrac{WL^2}{8}$ 이 도출된다.

휨모멘트의 차이는 전단력도의 면적과 동일하므로 이 점에 착안하여 다음의 결과를 도출할 수 있다.

$M_T = \dfrac{1}{2}\left(\dfrac{wL}{2}\right)\left(\dfrac{L}{2}\right) = \dfrac{wL^2}{8}$

9 A점은 비례한도, B점은 탄성한도, C점은 항복점, D점은 극한강도(한계응력)점이 된다.

10 C지점에 작용하는 되는 하중은 B점에 대하여 부모멘트를 유발한다는 점에 착안한다.

C지점에 작용하는 하중은 $\dfrac{wL}{6}$ 이 되며, 이는 B점에 대하여 반시계방향이므로 부(−)의 모멘트를 발생시킨다. 따

라서 B점의 휨모멘트 $M_B = -\dfrac{wL}{6}(L) - \dfrac{wL^2}{2} = -\dfrac{2wL^2}{3}$

정답 및 해설 8.④ 9.② 10.③

11 〈보기〉와 같은 보의 반력으로 옳은 것은?

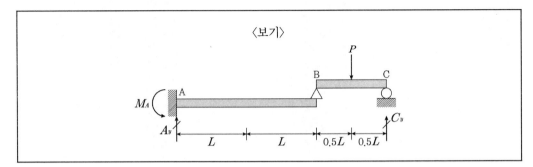

① $A_y = 0.25P$, $M_A = -PL$, $C_y = 0.5P$

② $A_y = 0.5P$, $M_A = -PL$, $C_y = 0.5P$

③ $A_y = -0.25P$, $M_A = PL$, $C_y = 0.25P$

④ $A_y = 0.5P$, $M_A = PL$, $C_y = 0.5P$

12 〈보기〉와 같이 길이가 $7L$인 내민보 위로 길이가 L인 등분포하중 W가 이동하고 있을 때 이 보에 발생하는 최대 반력은?

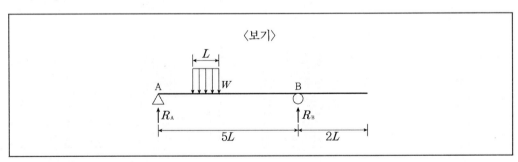

① $R_A = 1.3\,WL$　　　　　　　　② $R_B = 0.9\,WL$

③ $R_A = 0.9\,WL$　　　　　　　　④ $R_B = 1.3\,WL$

13 균일단면을 가지며 높이가 20m인 콘크리트 교각이 압축 하중 P=11MN을 받고 있다. 콘크리트의 허용압축응력이 5.5MPa일 때 필요한 교각의 단면적은? (단, 교각의 자중을 고려하며 콘크리트의 비중량은 25kN/m³이다.)

① 2.0m^2

② 2.2m^2

③ 2.4m^2

④ 2.6m^2

---

11 B점에 $P/2$가 작용하며 캔틸레버인 AB부재에서 A점의 연직반력은 $A_y = 0.5P$, A점의 휨모멘트는
$M_A = 0.5P \times 2L = PL$이며 $C_y = 0.5P$가 성립한다.

12 최대 반력은 등분포하중이 우측 끝단에 저하될 때 B지점에서 발생한다.

$$\sum M_A = 0, \; \curvearrowleft$$

$$-R_B(5L) + (W \times L)\left(5L + L + \frac{L}{2}\right) = 0$$

$$\therefore R_B = 1.3\,WL$$

13 압축응력에 대한 안전을 묻는 단순한 문제이다.

교각의 자중을 고려해야 하므로, 교각의 최하단부에서 가장 큰 압축응력이 발생하게 된다.

$\sigma_c = \dfrac{P}{A} + \gamma \times h \leq \sigma_a$ 가 성립되어야 하므로,

$$A = \frac{P}{\sigma_a - \gamma \times h} = \frac{11 \times 10^6}{5.5 \times 10^6 - 25 \times 10^3 \times 20} = 2.2[\text{m}^2]$$

(σ_c는 콘크리트에 발생하는 응력, σ_a는 콘크리트의 허용압축응력, γ는 콘크리트의 비중량)

14 〈보기〉와 같은 직사각형에서 최소 단면 2차 반경(최소 회전 반경)은? (단, $h > b$이다.)

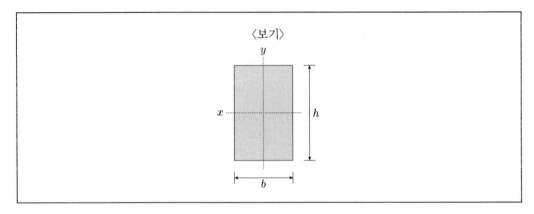

① $\dfrac{b}{2\sqrt{3}}$

② $\dfrac{bh}{2\sqrt{3}}$

③ $\dfrac{b}{\sqrt{6}}$

④ $\dfrac{h}{2\sqrt{3}}$

15 〈보기〉와 같이 타원형 단면을 가진 얇은 두께의 관이 비틀림 우력 T=6N · m를 받고 있을 때 관에 작용하는 전단흐름의 크기는? (단, π=3이다.)

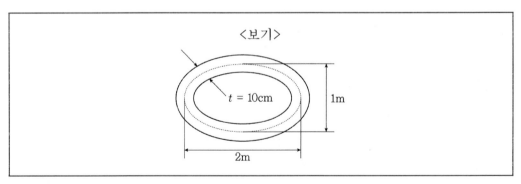

① 20[N/m]

② 10[N/m]

③ 5[N/m]

④ 2[N/m]

14

직사각형 단면의 최소 회전반경은 $r_{\min}\sqrt{\dfrac{I_{\min}}{A}} = \sqrt{\dfrac{\left(\dfrac{b^3h}{12}\right)}{bh}} = \dfrac{b}{2\sqrt{3}}$ 가 된다.

15 전단흐름에 관한 간단한 문제이다.

$$A_m = \pi\frac{d_1}{2}\frac{d_2}{2} = \frac{\pi d_1 d_2}{4} = \frac{3\times 2\times 1}{4} = 1.5[\text{m}^2]$$

$$f = \frac{T}{2A_m} = \frac{6}{2\times 1.5} = 2\text{N/m}$$

※ 타원의 면적은 다음과 같이 산정된다.

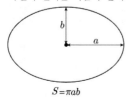

$$S = \pi ab$$

정답 및 해설   14.①   15.④

16 〈보기〉와 같은 부정정 보가 등분포하중을 지지하고 있을 때 B지점 수직반력의 한계는 300kN 이다. B지점의 수직반력이 한계에 도달할 때까지 보에 재하할 수 있는 최대등분포하중 W_{max}의 크기는? (단, EI는 일정하며 단면의 휨성능은 받침 B의 휨성능을 초과한다고 가정한다.)

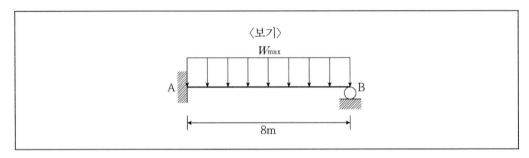

〈보기〉

① 50kN/m
② 100kN/m
③ 200kN/m
④ 300kN/m

17 〈보기〉와 같이 O점에 20kN · m의 모멘트하중이 작용할 때 각 부재의 전달모멘트는?

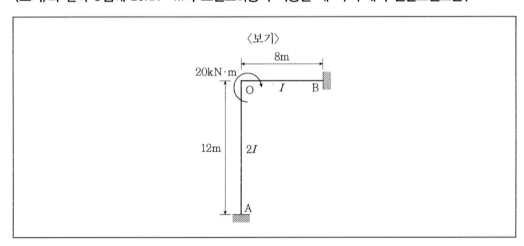

〈보기〉

① M_{AO}=11.4kN · m($\curvearrowright$), M_{BO}=8.5kN · m($\curvearrowright$)
② M_{AO}=5.7kN · m($\curvearrowright$), M_{BO}=4.2kN · m($\curvearrowright$)
③ M_{AO}=8.5kN · m($\curvearrowright$), M_{BO}=11.4kN · m($\curvearrowright$)
④ M_{AO}=4.2kN · m($\curvearrowright$), M_{BO}=5.7kN · m($\curvearrowright$)

18 보에 굽힘이 발생하였을 때 보의 상면과 하면사이에 종방향의 길이가 변하지 않는 어떤 면이 존재하는데, 이 면의 이름은?

① 중립면

② 중심면

③ 중앙면

④ 중간면

16

$$R_{\max} = \frac{3\,W_{\max}\,L}{8} \leq 300\text{kN}$$

$$W_{\max} = \frac{8R_{\max}}{3L} = \frac{8 \times 300}{3 \times 8} = 100\text{kN/m}$$

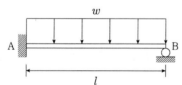

$$M_B = -\frac{wl^2}{8}, \quad R_{By} = \frac{3wl}{8}$$

17 모멘트 분배법에 관한 간단한 문제이다.

강비를 산출하면 $k_{OA} : k_{OB} = \frac{2}{12} : \frac{1}{8} = 4:3$

전달모멘트는

$$M_{AO} = M_{OA} \times \frac{1}{2} = 20 \times \frac{4}{7} \times \frac{1}{2} = 5.7[\text{kN} \cdot \text{m}]$$

$$M_{BO} = M_{OB} \times \frac{1}{2} = 20 \times \frac{3}{7} \times \frac{1}{2} = 4.2[\text{kN} \cdot \text{m}]$$

18 중립면에 대한 설명이다. (중심면, 중앙면, 중간면이 꼭 틀렸다고 볼 수는 없기에 복수정답의 소지가 있다.)

정답 및 해설 16.② 17.② 18.①

19 〈보기〉와 같은 정정라멘구조에 분포하중 W가 작용할 때 최대 모멘트 크기는?

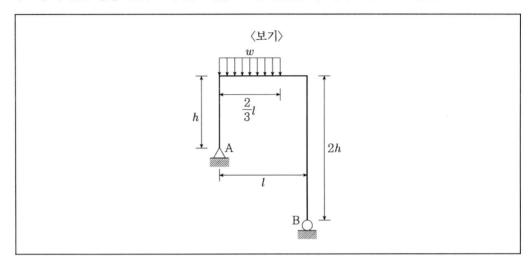

① $\dfrac{2}{3}wl^2$

② $\dfrac{1}{12}wl^2$

③ $\dfrac{8}{81}wl^2$

④ $\dfrac{7}{72}wl^2$

20 원통형 압력용기에 작용하는 원주방향응력이 16MPa이다. 이 때 원통형 압력용기의 종방향응력 크기는?

① 4MPa

② 8MPa

③ 16MPa

④ 32MPa

19 A점의 반력 $R_A = \dfrac{2wl}{3}\left(\dfrac{2}{3}\right) = \dfrac{4wl}{9}$

전단력이 0인 위치 $x = \dfrac{R_A}{w} = \dfrac{4l}{9}$

최대휨모멘트 $M_{\max} = \dfrac{R_A \times x}{2} = \dfrac{1}{2}\left(\dfrac{4wl}{9}\right)\left(\dfrac{4l}{9}\right) = \dfrac{8wl^2}{81}$

20 종방향응력은 원주방향의 응력의 1/2이므로 16MPa의 절반값인 8MPa가 된다.

축(종)방향 인장응력 $\sigma_{t,\text{축방향}} = \dfrac{PD}{4t}$, 원주방향 인장응력 $\sigma_{t,\text{원주방향}} = \dfrac{PD}{2t}$

정답 및 해설   19.③   20.②

1 그림과 같이 변의 길이가 r인 정사각형에서 반지름이 r인 $\dfrac{1}{4}$ 원을 뺀 나머지 부분의 x축에서 도심까지의 거리 $\overline{y}$는?

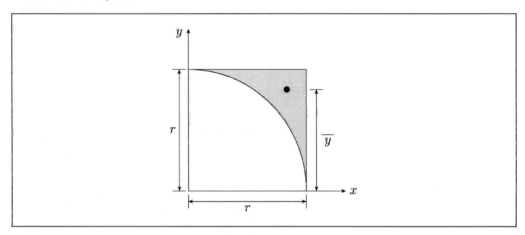

① $\dfrac{2r}{3(4-\pi)}$

② $\dfrac{3r}{4(4-\pi)}$

③ $\dfrac{(3\pi-4)r}{3\pi}$

④ $\dfrac{(\pi-1)r}{\pi}$

2 그림과 같은 봉의 C점에 축하중 P가 작용할 때, C점의 수평변위가 0이 되게 하는 B점에 작용하는 하중 Q의 크기는? (단, 봉의 축강성 EA는 일정하고, 좌굴 및 자중은 무시한다)

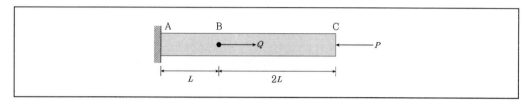

① $1.5P$

② $2.0P$

③ $2.5P$

④ $3.0P$

1

$$A_1 = r^2, \ A_2 = \frac{\pi r^2}{4}$$

$$\therefore \bar{y} = \frac{A_1 y_1 - A_2 y_2}{A_1 - A_2} = \frac{r^2 \times \left(\frac{r}{2}\right) - \frac{\pi r^2}{4} \times \left(\frac{4r}{3\pi}\right)}{r^2 - \frac{\pi r^2}{4}} = \frac{2r - \frac{4r}{3}}{4 - \pi} = \frac{2r}{3(4-\pi)}$$

중공단면의 도심이므로 중첩법을 적용하면 손쉽게 풀 수 있다.

면적비는 $A_{전체} : A_{중공} = 4 : \pi$이며 도심거리는 하단을 기준으로 할 때,

$$\bar{y} = \frac{4\left(\frac{r}{2}\right) - \pi\left(\frac{4r}{3\pi}\right)}{4 - \pi} = \frac{2r}{3(4-\pi)}$$

2 하중 $Q-P$에 의해서 증가되는 길이의 양과 하중 P에 의해 감소되는 길이의 양이 서로 같아야 하므로

$$\frac{(Q-P) \times L}{EA} + \frac{(-P)(2L)}{EA} = 0$$가 성립해야 한다.

$Q-P-2P=0$이므로 $Q=3P$, 각각의 하중에 대하여 중첩법을 적용하면 $\dfrac{QL}{EA} = \dfrac{P(3L)}{EA}$ 이므로, $Q=3P$가 된다.

3 그림과 같은 하중을 받는 단순보에서 B점의 수직반력이 A점의 수직반력의 2배가 되도록 하는 삼각형 분포하중 w[kN/m]는? (단, 보의 자중은 무시한다)

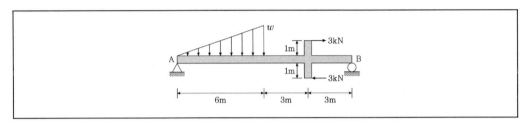

① $\dfrac{1}{2}$

② $\dfrac{1}{3}$

③ $\dfrac{1}{4}$

④ $\dfrac{1}{5}$

4 그림과 같은 보에서 주어진 이동하중으로 인해 B점에서 발생하는 최대 휨모멘트의 크기 [kN · m]는? (단, 보의 자중은 무시한다)

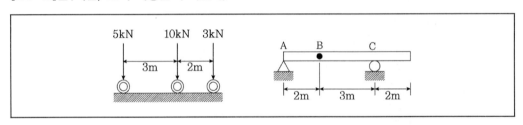

① 9.5

② 10.0

③ 13.2

④ 14.5

3 $\sum V = 0 : R_A + R_B = 3R_A = \dfrac{6w}{2} = 3w \quad \therefore R_A = w, \ R_B = 2R_A = 2w$

$\sum M_A = 0 : \left(\dfrac{1}{2} \times 6 \times w\right)\left(6 \times \dfrac{2}{3}\right) + 3(1) + 3(1) - R_B(12) = 0 \quad \therefore \ w = \dfrac{1}{2}[\text{kN/m}]$

[별해]

중첩의 원리를 적용하면 $R_B = 2R_A$이므로 $\dfrac{wL}{12} + \dfrac{M}{L} = 2\left(\dfrac{wL}{6} - \dfrac{M}{L}\right)$

즉, $\dfrac{w \times 12}{12} + \dfrac{6}{12} = 2\left(\dfrac{w \times 12}{6} - \dfrac{6}{12}\right)$를 만족하는 $w = \dfrac{1}{2}[\text{kN/m}]$

4

영향선에 관한 문제이다. B점에서 발생하는 휨모멘트가 최대일 경우는 다음 그림과 같다.

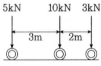
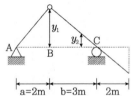

$y_1 = \dfrac{ab}{L} = \dfrac{2 \times 3}{5} = \dfrac{6}{5}[\text{m}]$

$y_2 = y_1 \times \dfrac{1}{3} = \dfrac{6}{5} \times \dfrac{1}{3} = \dfrac{2}{5}[\text{m}]$

$M_{B,\max} = 10 \times \dfrac{6}{5} + 3 \times \dfrac{2}{5} = 13.2[\text{kN} \cdot \text{m}]$

큰 하중이 힌지점에 작용할 때 휨모멘트의 부호가 바뀌지 않으므로 이 때가 최대가 된다.

$M_{B,\max} = \sum \dfrac{Pab}{L} = \dfrac{10 \times 2 \times 3}{5} + \dfrac{3 \times 2 \times 1}{5} = 13.2[\text{kN} \cdot \text{m}]$

(큰 하중이 힌지점에 작용하면 5[kN]은 보에 재하되지 않으므로 무시한다.)

정답 및 해설 3.① 4.③

5 그림과 같은 하중을 받는 단순보에서 최대 휨모멘트가 발생하는 위치가 A점으로부터 떨어진 수평거리[m]는? (단, 보의 자중은 무시한다)

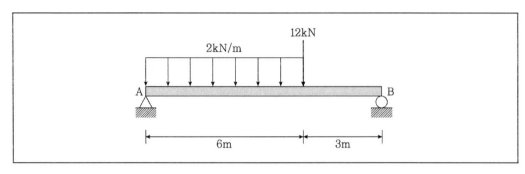

① 3
② 4
③ 5
④ 6

6 그림과 같은 캔틸레버보에서 자유단 A의 처짐각이 0이 되기 위한 모멘트 M의 값은? (단, 보의 휨강성 EI는 일정하고, 자중은 무시한다)

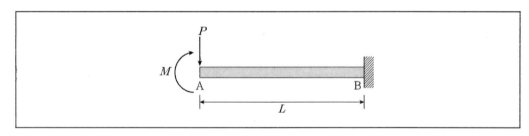

① $\dfrac{PL}{3}$
② $\dfrac{2PL}{3}$
③ $\dfrac{PL}{2}$
④ PL

5 A점의 반력을 산정하려면,

$$M_B = 0 : R_A \times 9 - 2 \times 6 \times \left(\frac{6}{2} + 3 \right) - 12 \times 3 = 0, \ R_A = 12[\text{kN}]$$

$M_{\max}$ 의 위치는 전단력이 0이 되는 점이므로, A점으로부터 6m가 떨어진 곳이다.

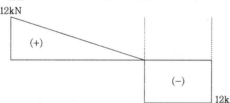

12kN

(+)

(−)

12kN

A점의 반력은 $R_A = \dfrac{12 \times 2 + 12 \times 1}{3} = 12[\text{kN}]$

최대 휨모멘트의 발생위치는 $x = \dfrac{R_A}{w} = \dfrac{12}{2} = 6[\text{m}]$

6 $\theta_A = \dfrac{ML}{EI} - \dfrac{PL^2}{2EI} = 0$이므로, $M = \dfrac{PL}{2}$

하중조건	처짐각	처짐
A ⎯⎯⎯⎯⎯⎯ B, P, L	$\theta_B = \dfrac{PL^2}{2EI}$	$\delta_B = \dfrac{PL^3}{3EI}$
A ⎯⎯⎯⎯⎯⎯ B, M, L	$\theta_B = \dfrac{ML}{EI}$	$\delta_B = \dfrac{ML^2}{2EI}$

7 그림과 같이 양단이 고정되고, 일정한 단면적($200mm^2$)을 가지는 초기 무응력상태인 봉의 온도변화($\triangle T$)가 −10°C일 때, A점의 수평반력의 크기[kN]는? (단, 구조물의 재료는 탄성−완전소성거동을 하고, 항복응력은 200MPa, 초기탄성계수는 200GPa, 열팽창계수는 5×10^{-5}/°C이며 좌굴 및 자중은 무시한다)

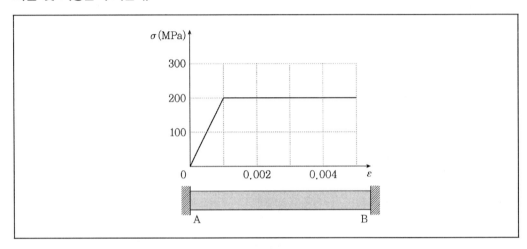

① 20　　　　　　　　　　　　　② 30
③ 40　　　　　　　　　　　　　④ 50

8 그림과 같은 라멘 구조물에서 AB 부재의 수직단면 n−n에 대한 전단력의 크기[kN]는? (단, 모든 부재의 자중은 무시한다)

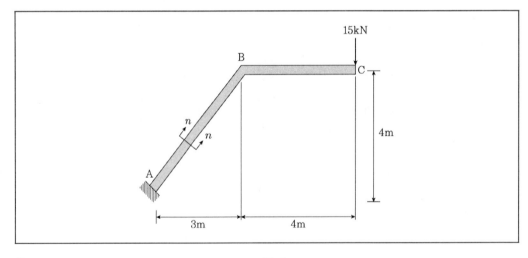

① 6　　　　　　　　　　　　　② 9
③ 12　　　　　　　　　　　　　④ 15

7 온도하강에 의한 반력은

$$R_t = E\alpha(\triangle T)A = 200 \times (5 \times 10^{-5}) \times 10 \times 200 = 20[\text{kN}]$$

8

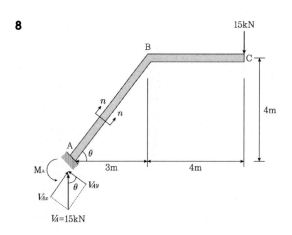

$$V_{n-n} = V_{ny} = 15\cos\theta = 15 \times \frac{3}{5} = 9[\text{kN}]$$

$$S_{n-n} = V_A\left(\frac{3}{5}\right) = 15\left(\frac{3}{5}\right) = 9[\text{kN}]$$

정답 및 해설 7.① 8.②

9 그림과 같은 분포하중을 받는 단순보에서 C점에서 발생하는 휨모멘트의 크기[kN · m]는? (단, 보의 자중은 무시한다)

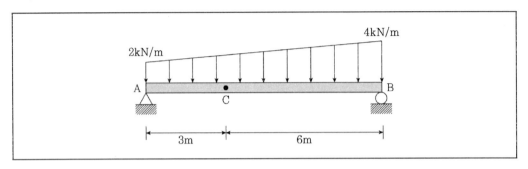

① 25

② 26

③ 27

④ 28

10 그림과 같이 높이가 폭(b)의 2배인 직사각형 단면을 갖는 압축부재의 세장비(λ)를 48 이하로 제한하기 위한 부재의 최대길이는 직사각형 단면 폭(b)의 몇 배인가?

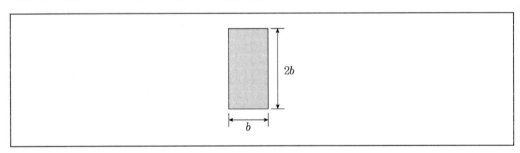

① $6\sqrt{3}$

② $8\sqrt{3}$

③ $10\sqrt{3}$

④ $12\sqrt{3}$

9

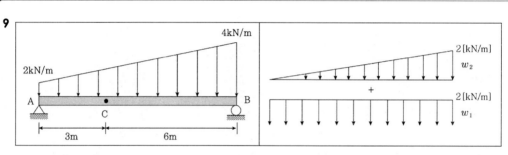

$$R_A = \frac{w_1 L}{2} + \frac{w_2 L}{6} = 12[\text{kN}] \quad (w_1 = 2[\text{kN/m}], \ w_2 = 4 - 2 = 2[\text{kN/m}])$$

$$w_x = \frac{2x}{9} + 2$$

$$V_x = -\frac{x^2}{9} - 2x + R_A$$

$$M_x = -\frac{x^3}{27} - x^2 + R_A x = -\frac{3^3}{27} - 3^2 + 12 \times 3 = 26[\text{kN}]$$

10

$$r_{\min} = \sqrt{\frac{I_{\min}}{A}} = \frac{b}{2\sqrt{3}}$$

$$\lambda_C = \frac{L}{r_{\min}} = \frac{L}{\left(\dfrac{b}{2\sqrt{3}}\right)} = \frac{2\sqrt{3}\,L}{b}$$

$\lambda_C = 48$이므로 $\dfrac{2\sqrt{3}\,L}{b} = 48$이 된다.

$$\therefore \frac{L}{b} = 48 \times \frac{1}{2\sqrt{3}} = \frac{24}{\sqrt{3}} = 8\sqrt{3}$$

정답 및 해설   9.② 10.②

11 그림과 같은 트러스에서 부재 AB의 온도가 10℃ 상승하였을 때 B점의 수평변위의 크기[mm]는? (단, 트러스 부재의 열팽창계수 $\alpha = 4 \times 10^{-5}/℃$ 이고, 자중은 무시한다)

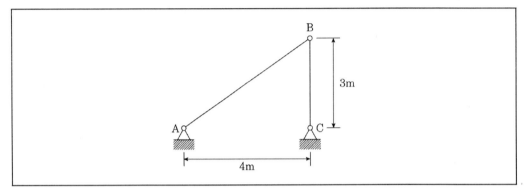

① 1.0
② 1.5
③ 2.0
④ 2.5

12 다음 그림과 같이 B점에 모멘트 M을 받는 캔틸레버보에서 C점의 수직처짐은 B점의 수직처짐의 몇 배인가? (단, 보의 휨강성 EI는 일정하고, 자중은 무시한다)

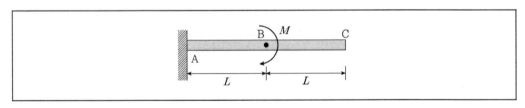

① 3.0
② 3.5
③ 4.0
④ 4.5

13 그림과 같이 동일한 사각형이 각각 다른 위치에 있을 때, 사각형 A, B, C의 x축에 관한 단면 2차모멘트의 비($I_A : I_B : I_C$)는?

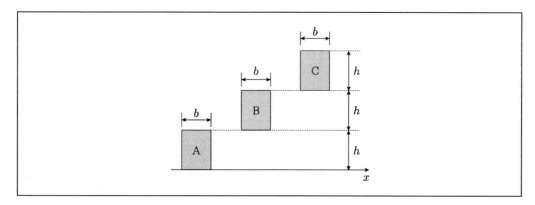

① 1 : 4 : 19

② 1 : 4 : 20

③ 1 : 7 : 19

④ 1 : 7 : 20

---

11 단위하중법(가상일의 방법)을 적용해서 풀면 손쉽게 풀 수 있다. (AB부재의 길이는 5[m]임은 직관적으로 알 수 있다 또한 BC부재는 양단이 핀절점이므로 B점의 위치 변동에 영향을 주지 않는다.)

$$\delta_{Bh} = \sum f\alpha(\triangle T)L = \frac{5}{4} \times (4 \times 10^{-5}) \times 10 \times (5 \times 10^3) = 2.5[\text{mm}]$$

12

A ──────── B ⟲M ──────── C

├────── a ──────┤── b ──┤

├──────────── L ────────────┤

$$\frac{\delta_C}{\delta_B} = \frac{a+2b}{a} = \frac{L+2\times L}{L} = 3$$

13 $I_A = \dfrac{bh^3}{3}$, $I_B = \dfrac{b(2h)^3 - h^3}{3} = \dfrac{7bh^3}{3}$, $I_C = \dfrac{b(3h)^3 - (2h)^3}{3} = \dfrac{19bh^3}{3}$

$I_A : I_B : I_C = 1 : 7 : 19$

정답 및 해설 11.④ 12.① 13.③

14 다음은 평면응력상태의 응력요소를 표시한 것이다. 최대전단응력의 크기가 가장 큰 응력요소는?

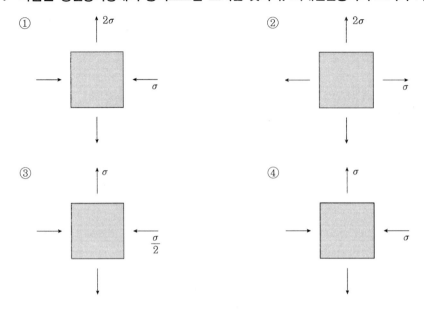

① ② ③ ④

15 그림과 같이 강체보가 길이가 다른 케이블에 지지되어 있다. 보의 중앙에서 수직하중 W가 작용할 때, 케이블 AD에 걸리는 인장력의 크기는? (단, 모든 케이블의 단면적과 탄성계수는 동일하고, 모든 부재의 자중은 무시한다)

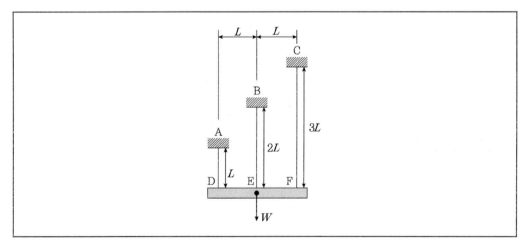

① $\dfrac{1}{2}W$ ② $\dfrac{1}{3}W$

③ $\dfrac{1}{4}W$ ④ $\dfrac{2}{3}W$

14 최단전단응력

$$\tau_{\max} = \sqrt{\left(\frac{\sigma_x - \sigma_y}{2}\right)^2 + \tau_{xy}^2} = \left|\frac{\sigma_x - \sigma_y}{2}\right| \ (\tau_{xy} = 0)$$

① $\tau_{\max} = \left|\dfrac{-\sigma - 2\sigma}{2}\right| = \dfrac{3\sigma}{2}$

② $\tau_{\max} = \left|\dfrac{(\sigma) - (2\sigma)}{2}\right| = \dfrac{\sigma}{2}$

③ $\tau_{\max} = \left|\dfrac{-\dfrac{\sigma}{2} - \sigma}{2}\right| = \dfrac{3\sigma}{4}$

④ $\tau_{\max} = \left|\dfrac{-\sigma - \sigma}{2}\right| = \sigma$

주어진 보기 중 ①의 경우가 가장 큰 모어원을 갖게 된다.

축방향 응력요소는 인장일 때 (+)의 값을 가지고, 압축일 때 (−)값을 가진다.

15 $\delta_D = \dfrac{R_D \times L}{EA}$, $\delta_E = \dfrac{R_E \times 2L}{EA}$, $\delta_F = \dfrac{R_F \times 3L}{EA}$

$\delta_E = \dfrac{\delta_D + \delta_F}{2}$ 이므로 $\dfrac{2R_E \times L}{EA} = \dfrac{R_D \times L}{2EA} + \dfrac{3R_F \times L}{2EA}$ 이다.

$R_D - 4R_E + 3R_F = 0$

$\sum V = 0,\ R_D + R_E + R_F = W$

$\sum M_E = 0,\ R_D \times L = R_F \times L,\ R_D = R_F$

$5R_D + 7R_F = 4W$ 이므로 $5R_D + 7R_D = 4W$

$\therefore R_D = \dfrac{4}{12}W = \dfrac{1}{3}W$

정답 및 해설 14.① 15.②

16 그림과 같은 하중을 받는 길이가 $2L$인 단순보에서 D점의 처짐각 크기는? (단, 보의 휨강성 EI는 일정하고, 자중은 무시한다)

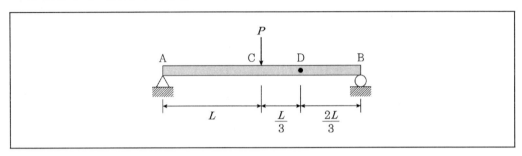

① $\dfrac{5PL^2}{6EI}$

② $\dfrac{5PL^2}{12EI}$

③ $\dfrac{5PL^2}{24EI}$

④ $\dfrac{5PL^2}{36EI}$

17 그림과 같이 C점에 축하중 P가 작용하는 봉의 부재 CD에 발생하는 수직응력은? (단, 부재 BC의 단면적은 $2A$, 부재 CD의 단면적은 A이다. 모든 부재의 탄성계수 E는 일정하고, 자중은 무시한다)

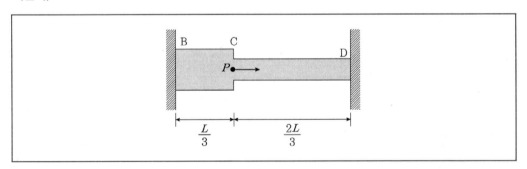

① $\dfrac{P}{3A}$

② $\dfrac{P}{6A}$

③ $\dfrac{2P}{5A}$

④ $\dfrac{P}{5A}$

16 여러 가지 풀이법이 있으나 탄성하중법을 적용하는 것이 가장 용이하다. 탄성하중법을 적용하면 삼각형 분포하중의 임의점에서의 전단력은 처짐각이 된다.

$$\theta_D = S_D{}' = \frac{w(L^2 - a^2 - 3b^2)}{6b} = \frac{\dfrac{PL}{3EI}\left\{(2L)^2 - L^2 - 3\left(\dfrac{2L}{3}\right)^2\right\}}{6\left(\dfrac{2L}{3}\right)} = \frac{5PL^2}{36EI}$$

※ 탄성하중법(Mohr의 정리)

　ㄱ 개념과 적용
- 탄성하중법은 휨모멘트도를 EI로 나눈 값을 하중(탄성하중)으로 취급한다.
- $(+)M$은 하향의 탄성하중, $(-)M$은 상향의 탄성하중으로 한다.
- 탄성하중법은 오직 단순보에만 적용한다.

　ㄴ 탄성하중법의 정리
- 제1정리 : 단순보의 임의점에서 처짐각(θ)은 $\dfrac{M}{EI}$도를 탄성하중으로 한 경우의 그 점의 전단력 값과 같다.
- 제2정리 : 단순보의 임의점에서의 처짐(δ)은 $\dfrac{M}{EI}$도를 탄성하중으로 한 경우의 그 점의 휨모멘트 값과 같다.

　ㄷ 탄성하중법 적용 예

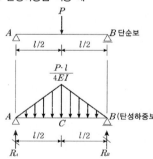

- A지점의 처짐각 $\theta_A = S_A = R_A = \left(\dfrac{1}{2} \times l \times \dfrac{P \times l}{4EI}\right) \times \dfrac{1}{2} = \dfrac{P \times l^2}{16EI}$
- B지점의 처짐각 $\theta_B = S_B = -R_B = -\dfrac{P \times l^2}{16EI}$
- 중앙점의 처짐 $\delta_C = R_A \times \dfrac{l}{2} - \left(\dfrac{l}{2} \times \dfrac{l}{2} \times \dfrac{P \times l}{4EI}\right) \times \left(\dfrac{1}{3} \times \dfrac{l}{2}\right)$

$\qquad\qquad = \dfrac{P \times l^2}{16EI} \times \dfrac{l}{2} - \left(\dfrac{P \times l^2}{16EI}\right)\left(\dfrac{l}{6}\right) = \dfrac{P \times l^3}{48EI}(\downarrow)$

17 직관적으로 BC부재는 CD부재보다 강성이 4배가 큼을 알 수 있다. (BC부재는 CD부재보다 길이는 절반이며 단면적은 2배이기 때문이다.) 따라서 두 부재가 만나는 지점에서 변위가 발생할 경우 BC부재에는 CD부재의 4배의 응력이 발생하게 된다. 그러므로 주어진 보기 중 $\dfrac{P}{5A}$가 답이 될 수 있다.

정답 및 해설 16.④ 17.④

18 그림과 같은 트러스에서 CB부재에 발생하는 부재력의 크기[kN]는? (단, 모든 부재의 자중은 무시한다)

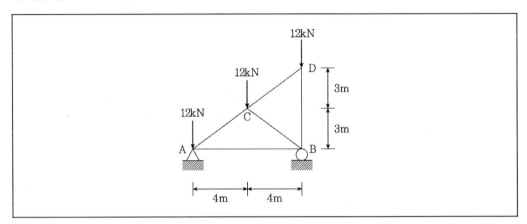

① 5.0   ② 7.5

③ 10.0   ④ 12.5

19 그림과 같은 편심하중을 받는 짧은 기둥이 있다. 허용인장응력 및 허용압축응력이 모두 150MPa일 때, 바닥면에서 허용응력을 넘지 않기 위해 필요한 a의 최솟값[mm]은? (단, 기둥의 좌굴 및 자중은 무시한다)

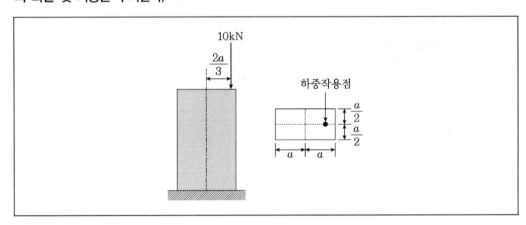

① 5   ② 10

③ 15   ④ 20

18 $\sum M_A = 0 : 12 \times 4 + 12 \times 8 - R_B \times 8 = 0$

따라서, $R_B = 18[\text{kN}]$

B점에 대하여 절점법을 적용하면,

$\sum V = 0 : \dfrac{3}{5} F_{BC} - 12 + 18 = 0$

$F_{BC} = -10.0[\text{kN}]$

BC부재를 절단하여 반력과 하중의 합력에 대해 시력도 폐합조건을 적용하면,

지점반력은 대칭구조이므로 $R_B = \dfrac{\text{전하중}}{2} = 18[\text{kN}]$

BC의 부재력은 $(R_B - 12) \dfrac{5}{3} = 6 \left(\dfrac{5}{3} \right) = 10[\text{kN}]$ (압축)

19 $\sigma_{\max} = \dfrac{P}{A} \left\{ -1 - 3 \times \dfrac{(2a/3)}{a} \times \dfrac{a}{a} \right\} = -\dfrac{3P}{A} = -\dfrac{3P}{2a \times a} = -\dfrac{3P}{2a^2}$

$\sigma_{\max} = -\dfrac{3P}{2a^2} \leq \sigma_a (= -150)$ 이므로, $a^2 \leq \dfrac{3P}{2 \times 150}$

$a = \sqrt{\dfrac{3 \times 10 \times 10^3}{2 \times 150}} = 10[\text{mm}]$

정답 및 해설　18.③　19.②

20 그림과 같이 강체로 된 보가 케이블로 지지되고 있다. F점에 수직하중 P가 작용할 때, F점의 수직변위의 크기는? (단, 케이블의 단면적은 A, 탄성계수는 E라 하고, 모든 부재의 자중은 무시하며 변위는 미소하다고 가정한다)

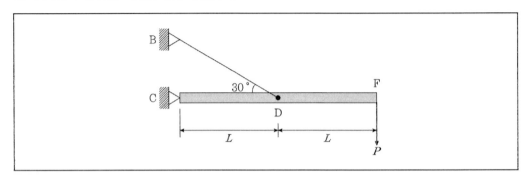

① $\dfrac{4\sqrt{3}\,PL}{3EA}$

② $\dfrac{8\sqrt{3}\,PL}{3EA}$

③ $\dfrac{16\sqrt{3}\,PL}{3EA}$

④ $\dfrac{32\sqrt{3}\,PL}{3EA}$

20 BD를 절단하여 $\sum M_C = 0$을 적용하면 $BD = \dfrac{P(2L)}{L/2} = 4P$

D점의 수직처짐은 Willot 선도에 의해 BD가 늘어나서 직각으로 이동한 점이 D점의 최종변위점이므로

$$\delta_{DV} = \frac{\delta_{BD}}{\sin 30^o} = 2\frac{4P(2L/\sqrt{3})}{EA} = \frac{16PL}{\sqrt{3}\,EA}$$

F점의 수직변위는 강체 보이므로 닮음비를 이용하면,

$$\delta_{FV} = 2\delta_{DV} = \frac{32PL}{\sqrt{3}\,EA} = \frac{32\sqrt{3}\,PL}{3EA}$$

정답 및 해설 20.④

1 그림과 같이 단단한 암반 위에 삼각형 콘크리트 중력식 옹벽을 설치하고 토사 뒤채움을 하였을 때, 옹벽이 전도되지 않을 최소 길이 B[m]는? (단, 뒤채움 토사로 인한 토압의 합력은 24[kN/m]이며, 콘크리트의 단위중량은 24[kN/m³]이다)

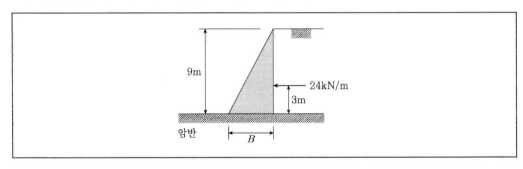

① 0.8 ② 1.0

③ 1.2 ④ 1.4

2 그림과 같이 평면응력상태에 있는 한 점에서 임의로 설정한 x, y축 방향 응력이 각각 $\sigma_x = 450$[MPa], $\sigma_y = -150$[MPa]이다. 이 때 주평면(principal plane)에서의 최대주응력은 $\sigma_1 = 550$[MPa]이고, x축에서 각도 θ만큼 회전한 축 x_θ방향 응력이 $\sigma_{x\theta} = 120$[MPa]이었다면, 최소주응력 σ_2[MPa]및 y축에서 각도 θ만큼 회전한 축 y_θ 방향 응력 $\sigma_{y\theta}$[MPa]는?

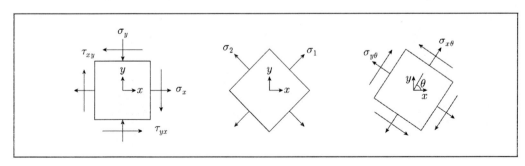

	σ_2	$\sigma_{y\theta}$
①	−150	180
②	250	90
③	−250	180
④	150	−90

---

1 옹벽이 전도가 되지 않으려면 저항모멘트가 전도모멘트 이상이어야 한다.

콘크리트 옹벽의 자중은 $V_c = \gamma_c \times A = 24 \times \left(\dfrac{1}{2} \times B \times 9\right) = 108B$ 콘크리트 옹벽의 중심점 x좌표는 삼각형 왼쪽

모서리로부터 $\dfrac{2B}{3}$ 이다. 따라서 다음의 식을 만족해야 옹벽이 전도되지 않는다.

$\dfrac{\text{저항모멘트}}{\text{전도모멘트}} = \dfrac{108B \times \dfrac{2B}{3}}{24 \times 3} \geq 1$ 이어야 하므로, $B \geq 1.0[\text{m}]$

2 $\sigma_x + \sigma_y = \sigma_1 + \sigma_2 = \sigma_{x\theta} + \sigma_{y\theta}$

$\sigma_2 = (\sigma_x + \sigma_y) - \sigma_1 = (450 - 150) - 550 = -250[\text{MPa}]$

$\sigma_{y\theta} = (\sigma_x + \sigma_y) - \sigma_{x\theta} = (450 - 150) - 120 = +180[\text{MPa}]$

정답 및 해설 1.② 2.③

3 그림과 같이 캔틸레버 보에 하중 P와 Q가 작용하였을 때, 캔틸레버 보 끝단 A점의 처짐이 0이 되기 위한 P와 Q의 관계는? (단, 보의 휨강성 EI는 일정하고, 자중은 무시한다)

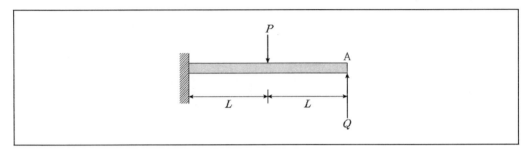

① $Q = \dfrac{3}{16} P$

② $Q = \dfrac{1}{4} P$

③ $Q = \dfrac{5}{16} P$

④ $Q = \dfrac{3}{8} P$

4 그림 (a)와 같은 양단이 힌지로 지지된 기둥의 좌굴하중이 10[kN]이라면, 그림 (b)와 같은 양단이 고정된 기둥의 좌굴하중[kN]은? (단, 두 기둥의 길이, 단면의 크기 및 사용 재료는 동일하다)

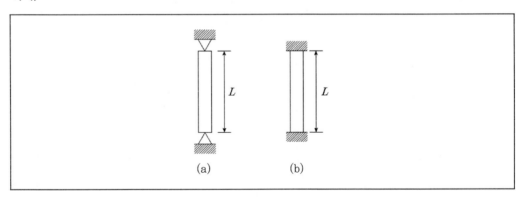

① 10

② 20

③ 30

④ 40

3 변위일치법을 이용하여 푼다.

하중 P에 의한 A점의 처짐량과 하중 Q에 의한 A점의 처짐량이 서로 동일해야 하므로

적합조건은 $\dfrac{PL^3}{3EI} \times \dfrac{5}{2} = \dfrac{Q(2L)^3}{3EI}$ 이므로 $Q = \dfrac{5}{16}P$가 된다.

	$\theta_B = \dfrac{PL^2}{8EI}$, $\theta_C = \dfrac{PL^2}{8EI}$	$\delta_B = \dfrac{PL^3}{24EI}$, $\delta_C = \dfrac{5PL^3}{48EI}$

4 $P_{cr(A)} = \dfrac{\pi^2 EI}{L^2} = 10[\text{kN}]$, $P_{cr(A)} = \dfrac{\pi^2 EI}{(0.5L)^2} = \dfrac{4\pi^2 EI}{L^2} = 40[\text{kN}]$

정답 및 해설 3.③ 4.④

5 그림과 같이 동일한 높이 L을 갖는 3개의 기둥 위에 강판(rigid plate)을 대고 압축력 P를 가하고 있다. 좌·우측 기둥 (가), (다)의 축강성은 $E_1 \cdot A_1$으로 동일하고, 가운데 기둥 (나)의 축강성은 $E_2 \cdot A_2$일 때, 기둥 (가)와 기둥 (나)에 가해지는 압축력 P_1과 P_2는? (단, $r = \dfrac{E_1 A_1}{E_2 A_2}$ 이고, 강판 및 기둥의 자중은 무시한다)

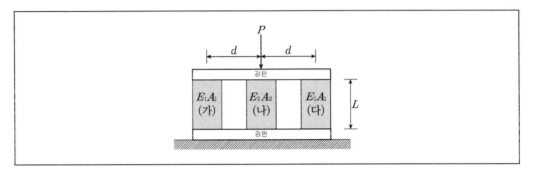

$\qquad \underline{P_1} \qquad\qquad\qquad\qquad\qquad \underline{P_2}$

① $\left(\dfrac{r}{2r+1}\right)P$ $\qquad\qquad\qquad \left(\dfrac{1}{2r+1}\right)P$

② $\left(\dfrac{1}{2r+1}\right)P$ $\qquad\qquad\qquad \left(\dfrac{r}{2r+1}\right)P$

③ rP $\qquad\qquad\qquad\qquad\quad (2r-1)P$

④ $r(r+1)P$ $\qquad\qquad\qquad\quad (r+1)P$

6 그림과 같이 양단이 고정된 부재에서 두 재료의 열팽창계수의 관계가 $\alpha_A = 2\alpha_B$, 탄성계수의 관계가 $2E_A = E_B$일 때, 온도변화에 의한 두 재료의 축방향 변형률의 관계는? (단, ϵ_A와 ϵ_B는 각각 A 부재와 B 부재의 축방향 변형률이며, 부재의 자중은 무시한다)

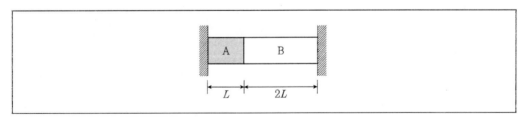

① $2\epsilon_A = -\epsilon_B$ $\qquad\qquad\qquad$ ② $\epsilon_A = -2\epsilon_B$

③ $2\epsilon_A = \epsilon_B$ $\qquad\qquad\qquad\quad$ ④ $\epsilon_A = 2\epsilon_B$

7 그림과 같이 양단이 고정된 부재에 하중 P가 C점에 작용할 때, 부재의 변형에너지는? (단, 부재의 축강성은 EA이고, 부재의 자중은 무시한다)

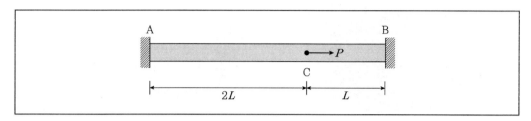

① $\dfrac{P^2L}{EA}$

② $\dfrac{2P^2L}{3EA}$

③ $\dfrac{P^2L}{3EA}$

④ $\dfrac{P^2L}{6EA}$

---

5 강성의 크기에 비례하여 하중이 분배되는 점을 이용하면 직관적으로도 쉽게 풀 수 있는 문제이다.

$$k_{(가)} : k_{(나)} : k_{(다)} = \frac{E_1 A_1}{L} : \frac{E_2 A_2}{L} : \frac{E_1 A_1}{L} = r : 1 : r$$

$$P_{(가)} = \frac{k_{(가)}}{k_{(가)} + k_{(나)} + k_{(다)}} \times P = \left(\frac{r}{2r+1}\right) \times P$$

$$P_{(나)} = \frac{k_{(나)}}{k_{(가)} + k_{(나)} + k_{(다)}} \times P = \left(\frac{1}{2r+1}\right) \times P$$

6 $\epsilon_A = \dfrac{\delta}{L}, \ \epsilon_B = -\dfrac{\delta}{2L}$

$\therefore \ \epsilon_A = -2\epsilon_B$

7 강성에 비례하여 하중이 분배된다는 점을 이용하면 하중 P에 의한 변위는 다음 식에 의해서 산정할 수 있다.

$$\delta = \frac{P}{k_{AB} + k_{BC}} = \frac{P}{\left(\dfrac{EA}{2L}\right) + \left(\dfrac{EA}{L}\right)} = \frac{2PL}{3EA}$$

하중 P는 서서히 작용을 하므로 하중 P에 의한 변형에너지 $U = W = \dfrac{1}{2} \times P \times \delta = \dfrac{1}{2} \times P \times \dfrac{2PL}{3EA} = \dfrac{P^2L}{3EA}$

정답 및 해설 5.① 6.② 7.③

8 그림 (a)와 같이 막대구조물에 $P=2,500$[N]의 축방향력이 작용하였을 때, 막대구조물 끝단 A점의 축방향 변위[mm]는? (단, 막대구조물 재료의 응력–변형률 관계는 그림 (b)와 같고, 막대구조물의 단면적은 10[mm²]이다)

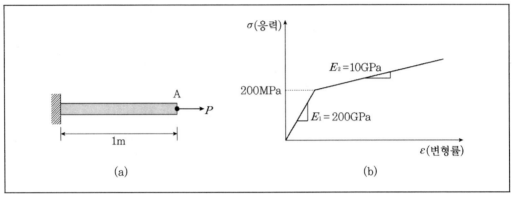

(a)

(b)

① 3

② 4

③ 5

④ 6

9 그림과 같은 하중을 받는 라멘구조에서 C점의 모멘트가 0이 되기 위한 집중하중 P[kN]는? (단, 라멘구조의 자중은 무시한다)

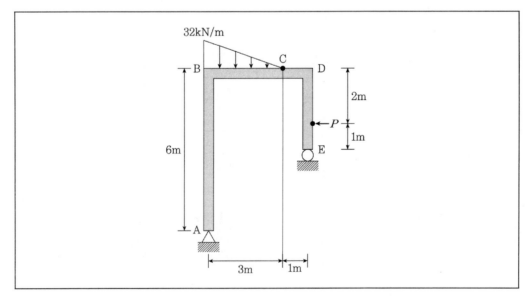

① 2

② 4

③ 6

④ 8

8

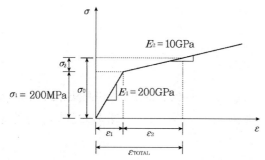

$$\sigma_o = \frac{P}{A} = \frac{2,500}{10} = 250[\text{MPa}]$$

$$\sigma_2 = \sigma_0 - \sigma_1 = 250 - 200 = 50[\text{MPa}]$$

$$\varepsilon_1 = \frac{\sigma_1}{E_1} = \frac{200}{200 \times 10^3} = 0.001$$

$$\varepsilon_2 = \frac{\sigma_2}{E_2} = \frac{50}{10 \times 10^3} = 0.005$$

$$\varepsilon_o = \varepsilon_1 + \varepsilon_2 = 0.001 + 0.005 = 0.006$$

따라서 전체 변형량은 $\delta_{total} = 0.006 \times L = 0.006 \times 1,000 = 6\text{mm}$

9 모멘트 평형법칙을 적용하면 손쉽게 풀 수 있다.

$$\sum M_A = 0 : \left(\frac{1}{2} \times 3 \times 32\right)\left(3 \times \frac{1}{3}\right) - P(6-2) - R_E(3+1) = 0$$

$$P + R_E = 12$$

$$\sum M_C = 0 : P \times 2 - R_E \times 1 = 0 \text{이므로, } 2P - R_E = 0$$

두 식을 연립하여 계산하면

$$\therefore P = 4[\text{kN}]$$

정답 및 해설 8.④ 9.②

10 그림과 같이 두 스프링에 매달린 강성이 매우 큰 봉(bar) AB의 중간 지점에 하중 100[N]을 작용시켰더니 봉이 수평이 되었다. 이 때 스프링의 강성 k_2[N/m]는? (단, k_1, k_2는 스프링의 강성이며, 봉과 스프링의 자중은 무시한다)

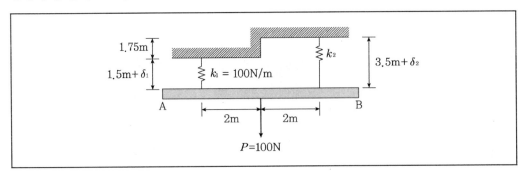

① 350

② 300

③ 250

④ 200

11 그림과 같은 직사각형 단면을 갖는 단주에 하중 P =10,000[kN]이 상단중심으로부터 1.0[m] 편심된 A점에 작용하였을 때, 단주의 하단에 발생하는 최대응력(σ_{max})과 최소응력(σ_{min})의 응력차 $(\sigma_{max} - \sigma_{min})$[MPa]는? (단, 단주의 자중은 무시한다)

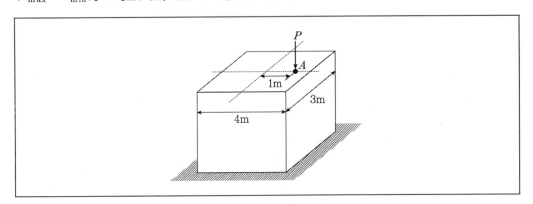

① 1.25

② 2.0

③ 2.5

④ 4.0

10

$$P_1 = P_2 = \frac{P}{2} = \frac{100}{2} = 50[\text{N}]$$

$$\delta_1 = \frac{P_1}{k_1} = \frac{50}{100} = 0.5[\text{m}], \quad \delta_2 = \frac{P_2}{k_2} = \frac{50}{k_2}[\text{m}]$$

$$\delta_A = 1.75 + (1.5 + \delta_1) = 3.75[\text{m}]$$

$$\delta_B = 3.5 + \delta_2 = 3.5 + \frac{50}{k_2}$$

$$\delta_A = \delta_B \text{이어야 하므로, } 3.75 = 3.5 + \frac{50}{k_2}$$

따라서, $k_2 = 200[\text{N/m}]$

11

$$\sigma_{\max} = \frac{P}{A}\left\{-1 - 3 \times \frac{1}{2}\right\} = -\frac{5P}{2A}$$

$$\sigma_{\min} = \frac{P}{A}\left\{-1 + 3 \times \frac{1}{2}\right\} = \frac{P}{2A}$$

$$\sigma_{\max} - \sigma_{\min} = -\frac{5P}{2A} - \frac{P}{2A} = -\frac{3P}{A} = -\frac{3 \times (10,000 \times 10^3)}{4,000 \times 3,000} = 2.5[\text{MPa}]$$

정답 및 해설 10.④ 11.③

12 그림과 같이 평면응력을 받고 있는 평면요소에 대하여 주응력이 발생되는 주각[°]은? (단, 주각은 x축에 대하여 반시계방향으로 회전한 각도이다)

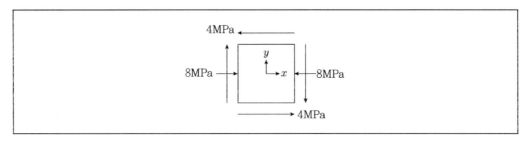

① 15.0

② 22.5

③ 30.0

④ 45.0

13 그림과 같이 집중하중, 모멘트하중 및 등분포하중을 받는 보에서 벽체에 고정된 지점 A에서의 수직반력이 0이 되기 위한 a의 최소 길이[m]는? (단, 자중은 무시한다)

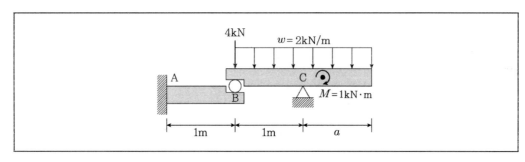

① 2

② 3

③ 4

④ 5

12 모어원을 그리면 손쉽게 풀 수 있는 문제이다

밑변$=\left|\dfrac{\sigma_x-\sigma_y}{2}\right|=\left|\dfrac{-8-0}{2}\right|=4[\text{MPa}]$

초기응력 좌표

$(\sigma_x,\ r_{xy})=(-8,\ -4)$

$(\sigma_y,\ r_{yx})=(0,\ 4)$

높이$=|\tau_{xy}|=4[\text{MPa}]$

$\tan2\theta_P=\dfrac{4}{4}=1$이므로, $2\theta_P=45^o$이다.

따라서, $\theta_P=\dfrac{45^o}{2}=22.5^o$

13 $R_A=0$이므로 $R_B=0$임을 직관적으로 알 수 있다.

C점을 중심으로 회전이 발생하지 않아야 하므로 C점에서의 모멘트 평형법칙을 적용하면,

$\sum M_C=0 : 2\times a\times\dfrac{a}{2}-2\times1\times\dfrac{1}{2}+1-4\times1=0$

따라서, $a^2=4$이므로 $a=2[\text{m}]$

14 그림 (a)와 같이 30° 각도로 설치된 레이커로 지지된 옹벽을 그림 (b)와 같이 모사하였다. 옹벽에 작용하는 토압의 합력이 그림 (b)와 같이 하부의 지지점 A로부터 1[m] 높이에 $F=100$[kN]일 때, 레이커 BC에 작용하는 압축력[kN]은? (단, 옹벽 및 레이커의 자중은 무시한다)

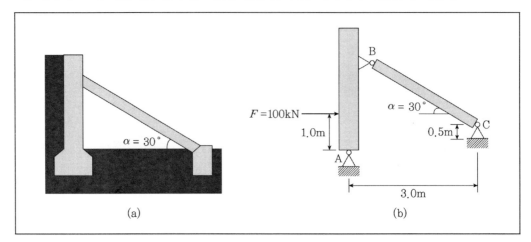

(a)   (b)

① $\dfrac{400}{6+\sqrt{3}}$

② $\dfrac{200}{6+\sqrt{3}}$

③ $\dfrac{200}{3+\sqrt{3}}$

④ $\dfrac{400}{3+\sqrt{3}}$

15 그림과 같이 정사각형의 변단면을 갖는 캔틸레버 보의 중앙 지점 단면 C에서의 최대 휨응력은? (단, 캔틸레버 보의 자중은 무시한다)

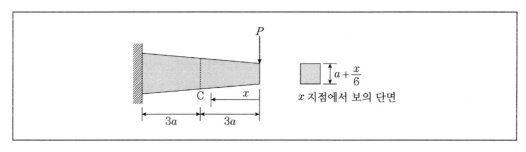

x 지점에서 보의 단면

① $\dfrac{14P}{3a^2}$

② $\dfrac{16P}{3a^2}$

③ $\dfrac{18P}{3a^2}$

④ $\dfrac{20P}{3a^2}$

14

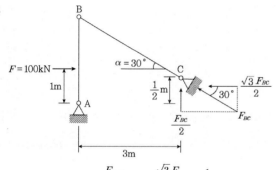

$$\sum M_A = 0 : 100 \times 1 - \frac{F_{BC}}{2} \times 3 - \frac{\sqrt{3}\,F_{BC}}{2} \times \frac{1}{2} = 0$$

$400 - 6F_{BC} - \sqrt{3}\,F_{BC} = 0$ 이므로, $F_{BC} = \dfrac{400}{6+\sqrt{3}}\,[\text{kN}]$

15 단면 C에서의 최대휨응력을 산정하려면 단면 C에서의 폭과 높이를 구해야 한다.
정사각형 단면 C에서의 폭은 높이와 같으며 그 크기는

$$C = a + \frac{3a}{6} = \frac{3a}{2}$$

단면 C에서의 최대 휨응력은

$$Z_C = \frac{C^3}{6} = \frac{\left(\dfrac{3a}{2}\right)^3}{6} = \frac{9a^3}{16}$$

$$M_C = P \times 3a = 3Pa$$

따라서, $\sigma_{c,\max} = \dfrac{M_C}{Z_C} = \dfrac{3Pa}{\left(\dfrac{9a^3}{16}\right)} = \dfrac{16P}{3a^2}$

정답 및 해설 14.① 15.②

16 그림과 같이 한 변의 길이가 100[mm]인 탄성체가 강체블록(rigid block)에 의해 x방향 및 바닥면 방향으로의 변형이 구속되어 있다. 탄성체 상부에 그림과 같은 등분포하중 $w=$ 0.1[N/mm²]이 작용할 때 포아송 효과를 고려한 y방향으로의 변형률은? (단, 탄성체와 강체사이는 밀착되어 있고 마찰은 작용하지 않는 것으로 가정한다. 탄성체의 포아송비 및 탄성계수는 각각 $\mu=0.4$, $E=10^3$[N/mm²]이다)

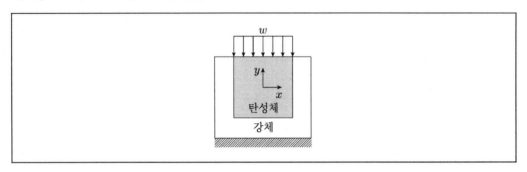

① -8.4×10^{-4}
② -8.4×10^{-5}
③ -7.6×10^{-4}
④ -7.6×10^{-5}

17 그림과 같이 동일한 길이의 캔틸레버 보 (a), (b), (c)에 각각 그림과 같은 분포하중이 작용하였을 때, 캔틸레버 보 (a), (b), (c)의 고정단에 작용하는 휨모멘트 크기의 비율은? (단, 캔틸레버 보의 자중은 무시한다)

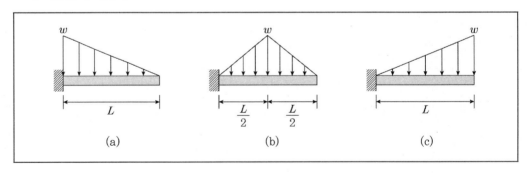

(a)　　　　　　　　(b)　　　　　　　　(c)

① $1:2:3$
② $2:3:4$
③ $4:3:2$
④ $3:2:1$

18 그림과 같이 각각 (a)와 (b)의 단면을 가진 두 부재가 서로 다른 순수 휨모멘트, M_a와 M_b를 받는다. 각각의 단면에서 최대 휨응력의 크기가 같을 때, 각 부재에 작용하는 휨모멘트의 비 ($M_a : M_b$)는?

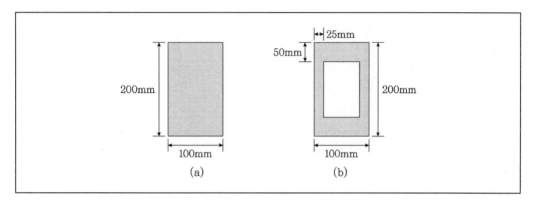

① $M_a : M_b = 4 : 3$

② $M_a : M_b = 8 : 7$

③ $M_a : M_b = 16 : 15$

④ $M_a : M_b = 24 : 23$

16

$\varepsilon_x = \dfrac{\sigma_x - \mu\sigma_y}{E} = 0$이므로, $\sigma_x = \mu\sigma_y$

$\sigma_x = 0.4 \times (-0.1) = -0.04[\text{N/mm}^2]$

$\varepsilon_y = \dfrac{\sigma_y - \mu\sigma_x}{E} = \dfrac{(-0.1) - (0.4)(-0.04)}{10^3} = -\dfrac{8.4 \times 10^{-2}}{10^3} = -8.4 \times 10^{-5}$

17

$M_a : M_b : M_c = x_a : x_b : x_c = \dfrac{L}{3} : \dfrac{L}{2} : \dfrac{2L}{3} = 2 : 3 : 4$

(매우 자주 출제가 되는 문제이며 정해진 유형의 문제이므로 문제를 보자마자 답이 떠올라야 한다.)

18

$Z_{(a)} = \dfrac{BH^2}{6}, \quad Z_{(b)} = \dfrac{\left(\dfrac{BH^3 - bh^3}{12}\right)}{\dfrac{H}{2}} = \dfrac{BH^3 - bh^3}{6H}$

$\dfrac{M_{(a)}}{M_{(b)}} = \dfrac{Z_{(a)}}{Z_{(b)}} = \dfrac{BH^3}{BH^3 - bh^3} = \dfrac{100 \times 200^3}{100 \times 200^3 - 50 \times 100^3} = \dfrac{16}{15}$

정답 및 해설 16.② 17.② 18.③

19 그림과 같이 각 부재의 길이가 4[m], 단면적이 0.1[m²]인 트러스 구조물에 작용할 수 있는 하중 P[kN]의 최댓값은? (단, 부재의 좌굴강도는 6[kN], 항복강도는 100[kN/m²]이다)

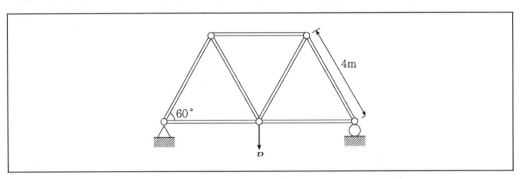

① $6\sqrt{3}$

② $8\sqrt{3}$

③ $10\sqrt{3}$

④ $12\sqrt{3}$

20 그림과 같이 B점에 내부힌지가 있는 게르버 보에서 C점의 전단력의 영향선 형태로 가장 적합한 것은?

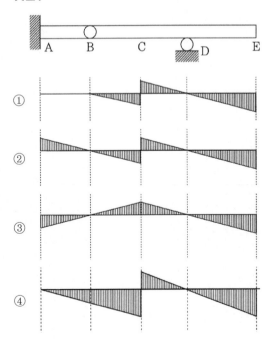

19 트러스 각 부재에 발생하게 되는 하중을 그리면 다음과 같다.

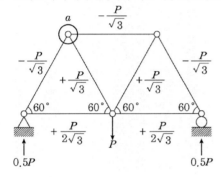

우선 a점을 기준으로 살펴볼 경우, a점과 연결된 모든 부재에 발생하는 힘의 크기는 $\dfrac{P}{\sqrt{3}}$ 이다.

이 때, 발생가능한 최대인장응력은 $\sigma_{\max} = \dfrac{P}{\sqrt{3}\,A} \le \sigma_a$ 이므로,

$P_a \le \sqrt{3}\,\sigma_a A$ 에 따라 $P_{t,\max} = \sqrt{3} \times 100 \times 0.1 = 10\sqrt{3}\,[\mathrm{kN}]$

a점과 연결된 부재 중 다른 하나는 압축력을 받고 있으므로, 이는 좌굴하중의 지배를 받게 된다. (항복응력보다 좌굴하중이 더 크므로 좌굴하중을 먼저 고려한다.)

$P_{c,\max} = \sqrt{3} \times P_{cr} = 6\sqrt{3}\,[\mathrm{kN}]$

위의 두 값 중 작은 값의 지배를 받으므로, 최대허용하중은 $6\sqrt{3}\,[\mathrm{kN}]$ 이 된다.

20 C점의 전단력의 영향선 형태가 된다.

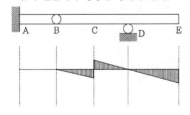

정답 및 해설 19.① 20.①

1 〈보기〉와 같은 단면 (a), (b)를 가진 단순보에서 중앙에 같은 크기의 집중하중을 받을 때, 두 보의 최대처짐비($\triangle a/\triangle b$)는? (단, 각 단순보의 길이와 탄성계수는 서로 동일하며 (a)의 두 보는 서로 분리되어 있다.)

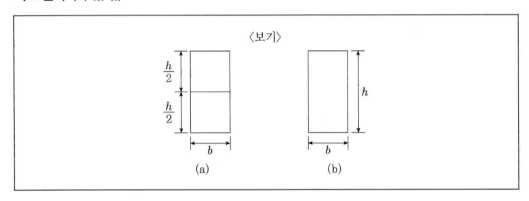

〈보기〉

(a)　　　　(b)

① 2　　　　　　　　　　　　② 3
③ 4　　　　　　　　　　　　④ 5

2 〈보기〉와 같은 3힌지 라멘의 A점에서 발생하는 수평 반력은?

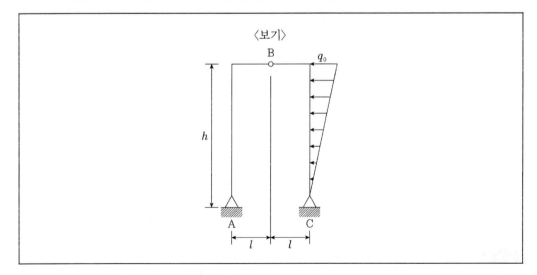

〈보기〉

① $\dfrac{q_o h}{6}$

② $\dfrac{q_o h}{4}$

③ $\dfrac{q_o h}{3}$

④ $\dfrac{q_o h}{2}$

---

1 (a) 단면의 경우는 두 부재가 일체화가 되지 않았으므로 강성은 2배가 된다. 즉, 각 부재의 단면2차모멘트값을 구하고 이것의 2배를 한 것이 (a) 단면의 단면2차모멘트가 된다.

$$I_{(a)} = 2 \times \dfrac{b\left(\dfrac{h}{2}\right)^3}{12} = \dfrac{bh^3}{48}, \ I_{(b)} = \dfrac{bh^3}{12}$$

$$\therefore \dfrac{\triangle a}{\triangle b} = 4$$

2 C점의 연직반력을 우선 상향(+)으로 잡으면,

$$\sum M_A = 0 : R_C \times 2l + \dfrac{q_o h}{2} \times \dfrac{2}{3}h = 0 \text{이 성립해야 하므로,}$$

$$R_C = \dfrac{q_o h^2}{6l}(\downarrow)$$

$$\sum M_B = 0 : R_C \times l - H_C \times h + \dfrac{wh}{2} \times \dfrac{1}{3}h = 0$$

(H_C의 방향은 직관적으로 우측방향임을 알 수 있다.)

$$\sum M_B = 0 : \dfrac{wh^2}{6l} \times l - H_C \times h + \dfrac{wh}{2} \times \dfrac{1}{3}h = 0$$

$$\dfrac{wh^2}{6} - H_C \times h + \dfrac{wh^2}{6} = 0 \text{이며, } H_C = \dfrac{wh}{3}(\rightarrow)$$

수평방향성분의 합이 0이 되어야 하므로,

$$H_A + H_C = H_A + \dfrac{wh}{3} = \dfrac{wh}{2}$$

따라서 $H_A = \dfrac{q_o h}{6}(\rightarrow)$

정답 및 해설 1.③ 2.①

3 〈보기〉와 같이 구조물에 외력이 ($P_1 = 2t$, $P_2 = 2t$, $W = 30t$) 작용하여 평형상태에 있을 때, 합력의 작용선이 x축을 지나는 점의 위치 $\bar{x}$값(m)은?

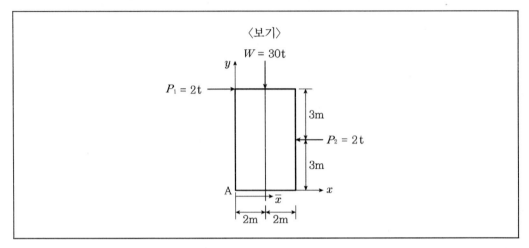

① 2.0m

② 2.2m

③ 2.6m

④ 2.8m

4 〈보기〉와 같은 높이가 h인 캔틸레버보에 열을 가하여 윗부분과 아랫부분의 온도 차이가 $\triangle T$가 되었을 때, 보의 끝점 B에서의 처짐은?

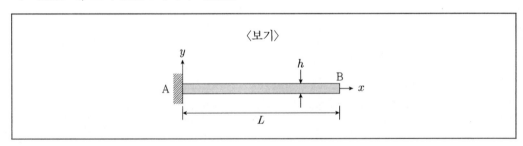

① $\dfrac{\alpha L^2 \triangle T}{2h}$

② $\dfrac{\alpha L^2 \triangle T}{h}$

③ $\dfrac{3\alpha L^2 \triangle T}{2h}$

④ $\dfrac{2\alpha L^2 \triangle T}{h}$

3 A점을 기준으로 모멘트 평형이 이루어져야 하므로,

$$\sum M_A = 2\text{t} \times 6 + 30\text{t} \times 2 - 2\text{t} \times 3 - P_{\overline{x}} \times \overline{x} = 0$$

$$P_{\overline{x}} \times \overline{x} = 66\text{t}$$

수직방향의 힘이 평형을 이루어야 하므로,

$$\sum V = 30\text{t} - P_{\overline{x}} = 0 \text{이어야 하므로}, \quad P_{\overline{x}} = 30\text{t}(\uparrow)$$

$$\sum M_A = 66 - 30 \times \overline{x} = 0 \text{이므로}, \quad \overline{x} = 2.2[\text{m}]$$

4 길이가 L이며, 높이가 h인 캔틸레버보에 열을 가하여 윗부분과 아랫부분의 온도 차이가 $\triangle T$가 되었을 때, 보

의 끝점 B에서의 처짐은 $\dfrac{\alpha L^2 \triangle T}{2h}$ 이 된다. (기본적인 공식이므로 필히 암기해 두어야 한다.)

※ 공액보법 이용

$$k = \frac{\alpha \triangle T}{h}$$

$$\delta_B = \frac{kL^2}{2} = \frac{\alpha \triangle T}{h} \times \frac{L^2}{2} = \frac{\alpha L^2 \triangle T}{2h}$$

정답 및 해설 3.② 4.①

5 〈보기〉와 같이 트러스의 B점에 연직하중 P가 작용할 때 B점의 연직처짐은? (단, 모든 부재의 축강성도 EA는 일정하다.)

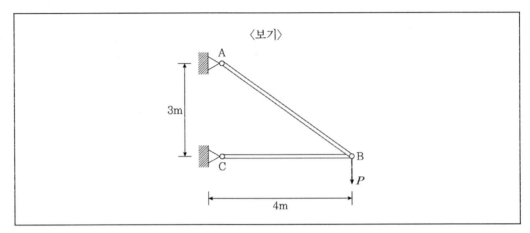

① $\dfrac{76PL}{8EA}$

② $\dfrac{189PL}{9EA}$

③ $\dfrac{125PL}{16EA}$

④ $\dfrac{91PL}{25EA}$

6 〈보기〉와 같은 원형단면과 튜브단면을 갖는 보에서 원형단면 보와 튜브단면 보의 소성모멘트 (plastic moment)의 비 ($M_{p(a)}/M_{p(b)}$)는? (단, 두 단면은 동일한 강재로 제작되었다.)

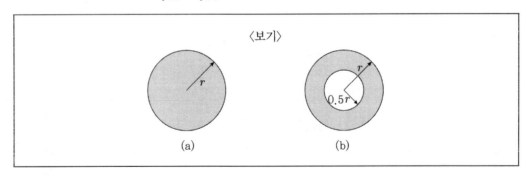

① 15/16

② 8/7

③ 6/5

④ 4/3

5 단위하중법으로 손쉽게 계산할 수 있는 문제이다.

$$\delta_C = \sum \frac{N \times n}{EA} \times L$$

여기서, N은 실하중 P에 의해 발생하는 부재력, n은 단위하중 $P=1$에 의해 발생하는 부재력이다.

$$N_{AB} = \frac{5}{3}P, \ N_{CB} = -\frac{4}{3}P, \ n_{AB} = \frac{5}{3}, \ n_{CB} = -\frac{4}{3}$$

$$\frac{\frac{5}{3}P \times \frac{5}{3} \times 5 + \left(-\frac{4}{3}P \times -\frac{4}{3} \times 4\right)}{EA} \times L = \frac{189PL}{9EA}$$

6 • 소성모멘트 : 탄소성 재료로 구성된 보에서 전단면의 휨응력이 항복응력에 도달할 때의 휨모멘트
• 단면계수 : 도심축에 대한 단면2차 모멘트를 도심에서 단면의 상단 또는 하단까지의 거리로 나눈 것

$$I_a = \frac{\pi(2r)^3}{32} = \frac{8\pi r^3}{32}$$

$$I_b = \frac{\pi(2r)^3}{32} - \frac{\pi(r)^3}{32} = \frac{7\pi r^3}{32}$$

소성모멘트는 탄소성 재료로 구성된 보에서 전단면의 휨응력이 항복응력에 도달할 때의 휨모멘트로서 단면2차 모멘트에 비례한다.

$$I_a = \frac{\pi(2r)^4}{32} = \frac{8\pi r^4}{32}, \ I_b = \frac{\pi(2r)^4}{32} - \frac{\pi(r)^4}{32} = \frac{7\pi r^4}{32}$$

따라서 $\dfrac{M_{p(a)}}{M_{p(b)}} = \dfrac{8}{7}$ 이 된다.

정답 및 해설 5.② 6.②

7 〈보기〉와 같은 비대칭 삼각형 y축에서 도심까지의 거리 $\bar{x}$는?

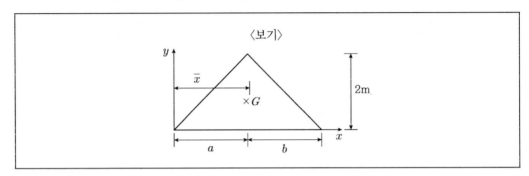

① $\dfrac{a+b}{2}$

② $\dfrac{a+b}{3}$

③ $\dfrac{a+2b}{2}$

④ $\dfrac{2a+b}{3}$

8 〈보기〉와 같은 단면에 4,000[kgf · cm] 비틀림 모멘트(T)가 작용할 때, 최대 전단응력은?

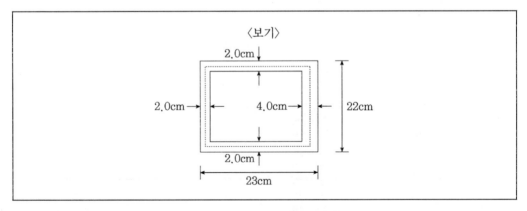

① 2.5kgf/cm^2

② 3.5kgf/cm^2

③ 4.5kgf/cm^2

④ 5.5kgf/cm^2

9 P_1이 단순보의 C점에 단독으로 작용했을 때 C점, D점의 수직변위가 각각 4mm, 3mm이었고, P_2가 D점에 단독으로 작용했을 때 C점, D점의 수직변위가 각각 3mm, 4mm이었다. P_1이 C점에 먼저 작용하고 P_2가 D점에 나중에 작용할 때 P_1과 P_2가 한 전체 일은? (단, $P_1 = P_2 = 4[\text{N}]$이다.)

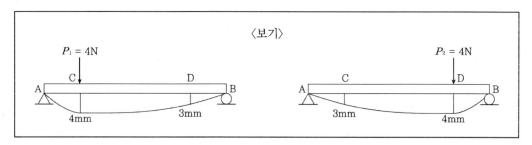

⟨보기⟩

① $22\text{N} \cdot \text{mm}$

② $28\text{N} \cdot \text{mm}$

③ $30\text{N} \cdot \text{mm}$

④ $32\text{N} \cdot \text{mm}$

---

7 주어진 비대칭삼각형의 도심의 x좌표는

$$\bar{x} = \frac{a + (a+b)}{3} = \frac{2a+b}{3}$$

8
$$\tau_{\max} = \frac{T}{2A_m t_{\min}} = \frac{4,000}{2 \times 400 \times 2} = 2.5[\text{kg/cm}^2]$$

A_m : 중심선으로 둘러싸인 면적 $= \left(23 - \frac{2}{2} - \frac{4}{2}\right)\left(22 - \frac{2}{2} - \frac{2}{2}\right) = 20 \times 20 = 400\text{cm}^2$

9 베티의 법칙 … 재료가 탄성적이고 Hooke의 법칙을 따르는 구조물에서 지점침하와 온도변화가 없을 때 한 역계 P_n에 의해 변형되는 동안에 다른 역계 P_m이 하는 외적인 가상일은 P_m역계에 의해 변형하는 동안에 P_n역계가 하는 외적인 가상일과 같다.

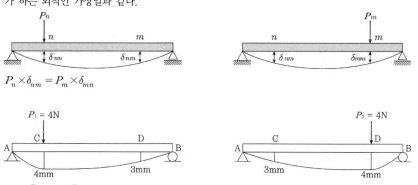

$$P_n \times \delta_{nm} = P_m \times \delta_{mn}$$

$$W = \frac{P_1}{2} \times 4 + \frac{P_2}{2} \times 4 + P_1 \times 4 = \frac{4}{2} \times 4 + \frac{4}{2} \times 4 + 4 \times 3 = 28[\text{N} \cdot \text{mm}]$$

정답 및 해설 **7.**④ **8.**① **9.**②

10 〈보기〉와 같이 캔틸레버보 AB에서 끝점 B는 강성이 $k = \dfrac{9EI}{L^3}$인 스프링으로 지지되어 있다. B점에 하중 P가 작용할 때, B점에서 처짐의 크기는? (단, 보의 휨강성도 EI는 전 길이에 걸쳐 일정하다.)

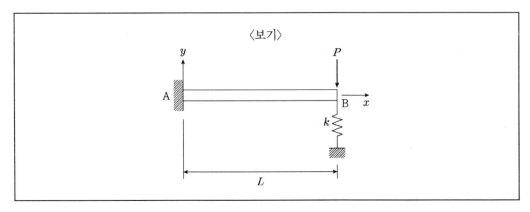

〈보기〉

① $\dfrac{PL^3}{24EI}$

② $\dfrac{PL^3}{12EI}$

③ $\dfrac{PL^3}{6EI}$

④ $\dfrac{PL^3}{3EI}$

11 길이가 1[m]인 축부재에 인장력을 가했더니 길이가 3[mm] 늘어 났다. 축부재는 완전탄소성 재료(perfectly elasto-plastic material)로 항복응력은 200MPa, 탄성계수는 200GPa이다. 인장력을 제거하고 나면 축부재의 길이는?

① 1,000mm

② 1,001mm

③ 1,002mm

④ 1,003mm

10 길이가 L이며 강성이 EI인 보가 하중 P를 받으면 처짐은 $\delta = \dfrac{PL^3}{3EI}$가 된다.

보부재의 스프링상수는 $k_b = \dfrac{3EI}{L^3}$이 되며, 스프링의 스프링상수는 $k_s = \dfrac{9EI}{L^3}$이므로,

이 두 스프링의 합성스프링 강성은 $k_{total} = k_b + k_s = \dfrac{3EI}{L^3} + \dfrac{9EI}{L^3} = \dfrac{12EI}{L^3}$

B점의 변위 $\delta_B = \dfrac{P}{k_{total}} = \dfrac{PL^3}{12EI}$

11 잔류변형률은 총 변형률에서 탄성변형률을 뺀 값이다.

$\varepsilon_r = \varepsilon_g - \varepsilon_e = \dfrac{\delta_g}{L} - \dfrac{\sigma_y}{E} = \dfrac{3}{1,000} - \dfrac{200[\text{MPa}]}{200[\text{GPa}]} = \dfrac{3}{1,000} - \dfrac{200}{200,000} = 0.002$

따라서 인장력을 제거한 후의 축부재의 길이는 1,002mm가 된다.

정답 및 해설 10.② 11.③

12 〈보기〉와 같은 한 변의 길이가 자유단에서 b, 고정단에서 $2b$인 정사각형 단면 봉이 인장력 P를 받고 있다. 봉의 탄성계수가 E일 때, 변단면 봉의 길이 변화량은?

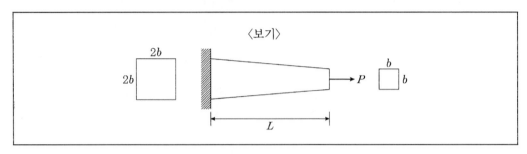

〈보기〉

① $\dfrac{PL}{4Eb^2}$

② $\dfrac{PL}{2Eb^2}$

③ $\dfrac{2PL}{3Eb^2}$

④ $\dfrac{3PL}{4Eb^2}$

13 〈보기〉와 같은 평면 트러스에서 B점에서의 반력의 크기와 방향은? (단, $\sqrt{3} = 1.7$로 계산한다.)

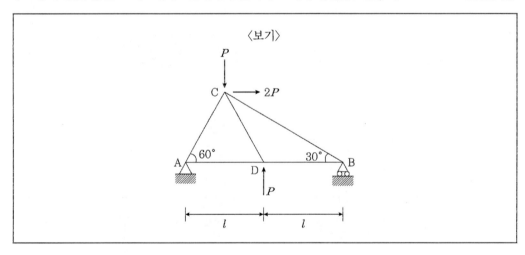

〈보기〉

① 0.6P ↑

② 0.6P ↓

③ 1.1P ↑

④ 1.1P ↓

12 교점을 원점으로 하면, 교점으로부터의 거리를 x라고 하고, 이 위치의 단면의 한 변의 길이를 b_x라고 하면

$b_x = 2b \times \dfrac{x}{2L} = \dfrac{bx}{L}$ 가 된다.

응력은 $\sigma_x = \dfrac{P}{A_x} = \dfrac{P}{b_x^2}$

자유단의 변위는

$$\delta_A = \int_L^{2L} \frac{P}{EA_x}dx = \int_L^{2L} \frac{P}{E \times b_x^2}dx = \int_L^{2L} \frac{P}{E \times \dfrac{b^2 x^2}{L^2}}dx$$

$$\delta_A = \int_L^{2L} \frac{P}{E \times \dfrac{b^2 x^2}{L^2}}dx = \frac{PL^2}{Eb^2} \int_L^{2L} \frac{1}{x^2}dx = \frac{PL^2}{Eb^2}\left[\frac{1}{-2+1}x^{-2+1}\right]_L^{2L} = \frac{PL^2}{Eb^2}\left[-\frac{1}{x}\right]_L^{2L}$$

$$= \frac{PL^2}{Eb^2}\left[-\frac{1}{2L}+\frac{1}{L}\right] = \frac{PL}{2Eb^2}$$

13 B점을 기준으로 모멘트 평형이 이루어져야 하므로,

$$\sum M_B = -P \times \frac{3}{2}l + 2P \times \frac{\sqrt{3}}{2}l + P \times l + R_B \times 2l = 0$$

$$R_B = \frac{2\sqrt{3}-1}{4} = \frac{(2 \times 1.7)-1}{4} = 0.6P \uparrow$$

정답 및 해설 12.② 13.①

14 〈보기〉와 같이 단순보 위를 이동 하중이 통과할 때, A점으로부터 절대 최대 모멘트가 발생하는 위치는?

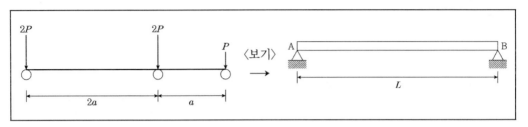

① $\dfrac{L}{2} - \dfrac{3}{5}a$

② $\dfrac{L}{2} - \dfrac{3}{10}a$

③ $\dfrac{L}{2} + \dfrac{3}{10}a$

④ $\dfrac{L}{2} + \dfrac{3}{5}a$

15 〈보기〉는 상부 콘크리트 슬래브와 하부 강거더로 구성된 합성단면으로 강재와 콘크리트의 탄성계수는 각각 E_s=200GPa, E_c=25GPa이다. 이 단면에 정모멘트가 작용하여 콘크리트 슬래브에는 최대 압축응력 5MPa, 강거더에는 최대 인장응력 120MPa이 발생하였다. 합성 단면의 중립축의 위치(C)는?

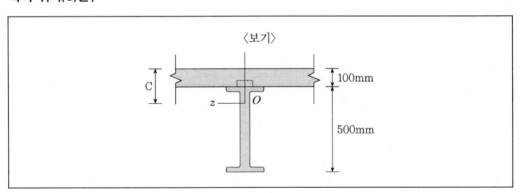

① 150mm

② 160mm

③ 170mm

④ 180mm

14 바리뇽의 정리를 이용하여 합력의 작용위치를 구해야 한다.

$2P$가 작용하는 가운데 부분을 기준으로 하여 작용점을 구하면 $e = \dfrac{2 \times 2a - a}{2 + 2 + 1} = \dfrac{3}{5}a$

A점으로부터의 최대 휨모멘트 발생위치는 $x = \dfrac{L}{2} + \dfrac{1}{2} \times \dfrac{3}{5}a = \dfrac{L}{2} + \dfrac{3}{10}a$가 된다.

15

$$n = \frac{E_s}{E_c} = \frac{200}{25} = 8$$

$$\sigma_s = 120 = n \times \frac{M}{I} \times (600 - C)$$

$$\sigma_c = 5 = \frac{M}{I} \times C$$

$$\frac{\sigma_s}{\sigma_c} = \frac{120}{5} = 24$$

$$= \frac{n(600 - C)}{C}$$

$$= \frac{600 - C}{C} = \frac{24}{n} = 3$$

$$\therefore C = 150$$

16 〈보기〉와 같은 길이가 10m인 캔틸레버보에 분포하중 $q_x = 50 - 10x + \dfrac{x^2}{2}$ 이 작용하고 있을 때 지점 A에서부터 6m 떨어진 지점 B에서의 전단력 V_B의 크기로 가장 옳은 것은?

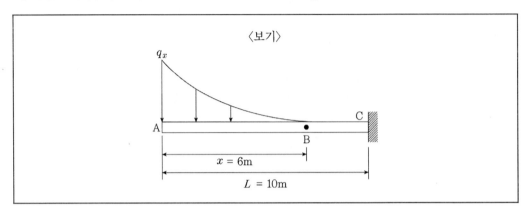

① 84N
② 156N
③ 444N
④ 516N

17 〈보기〉와 같은 연속보의 지점 B에서 침하가 δ만큼 발생하였다면 B지점의 휨모멘트 M_B는? (단, 모든 부재의 휨 강성도 EI는 일정하다.)

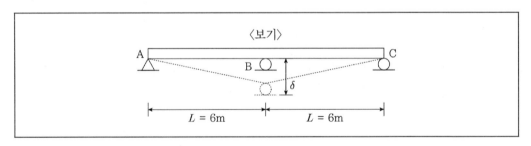

① $\dfrac{\delta}{6}EI$
② $\dfrac{\delta}{12}EI$
③ $\dfrac{\delta}{24}EI$
④ $\dfrac{\delta}{36}EI$

18 〈보기〉와 같은 부정정 기둥의 하중 작용점에서 처짐양은? (단, 축 강성은 EA 이다.)

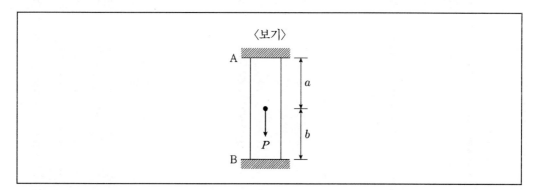

① $\dfrac{Pa}{AE(a+b)}$

② $\dfrac{Pb}{AE}$

③ $\dfrac{Pab}{AE(a+b)}$

④ $\dfrac{Pab}{AE}$

---

16 A점에서 B점까지 분포한 등분포하중을 모두 점 B에서 지지하고 있는 것과 같으므로, AB구간의 면적을 적분을 통해서 구해야 한다.

$$\int_0^6 q_x dx = \int_0^6 \left(50 - 10x + \frac{x^2}{2}\right) dx = \left[50x - \frac{10}{2}x^2 + \frac{x^3}{3\times2}\right]_0^6 = 156[\text{kN}]$$

17 2경간 연속보에서 중간지점의 침하가 있는 경우 중간지점에서 발생하는 휨모멘트

$$M_B = \frac{3EI\delta}{L_1 L_2} = \frac{3EI\delta}{6\times6} = \frac{\delta}{12}EI$$

18 하중 P가 작용하는 점을 C라고 하면, C점의 처짐량은

$$\delta_c = \frac{P}{k_{상} + k_{하}} = \frac{P}{\dfrac{EA}{a} + \dfrac{EA}{b}} = \frac{P}{\dfrac{bEA + aEA}{ab}} = \frac{Pab}{EA(b+a)}$$

정답 및 해설 16.② 17.② 18.③

19 A단이 고정이고, B단이 이동단인 부정정보에서 A점 수직 반력의 크기와 방향은?

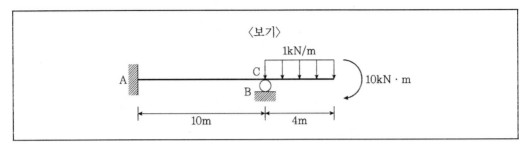

① 2.7kN($\uparrow$)

② 2.7kN($\downarrow$)

③ 3.7kN($\uparrow$)

④ 3.7kN($\downarrow$)

20 〈보기〉와 같은 정사각형 단면을 갖는 짧은 기둥의 측면에 홈이 패어 있을 때 작용하는 하중 P로 인해 단면 m-n에 발생하는 최대압축응력은?

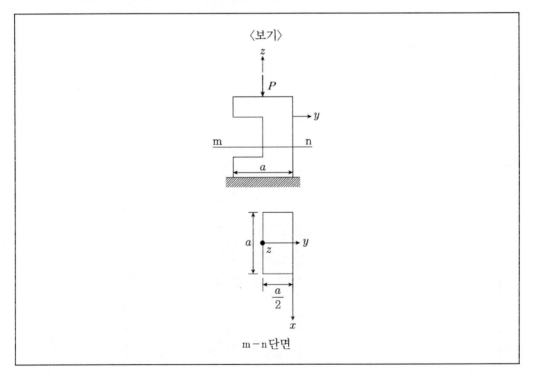

① $\dfrac{2P}{a^2}$

② $\dfrac{4P}{a^2}$

③ $\dfrac{6P}{a^2}$

④ $\dfrac{8P}{a^2}$

19 B점에 작용하는 모멘트는 $M_B = 10 + 4 \times 1 \times 2 = 18[\text{kN} \cdot \text{m}]$

B점에 작용하는 모멘트의 1/2이

A단으로 전달되므로 $M_A = 9[\text{kN} \cdot \text{m}]$

$M_A = 9\text{kN} \cdot \text{m}$ $M_B = 18\text{kN} \cdot \text{m}$

A단의 반력은 $R_A = \dfrac{M_A + M_B}{L} = \dfrac{9 + 18}{10} = 2.7[\text{kN}](\downarrow)$

(작용하는 모멘트가 시계방향이므로 이에 대한 반력이 형성되기 위해서는 A점의 반력은 하향이어야 함을 직관
적으로 알 수 있다.)

20 $M_{m-n} = P \times e = P \times \dfrac{a}{4}$

$Z_{m-n} = \dfrac{bh^2}{6} = \dfrac{a \times \left(\dfrac{a}{2}\right)^2}{6} = \dfrac{a^3}{24}$

$A_{m-n} = a \times \dfrac{a}{2} = \dfrac{a^2}{2}$

$\sigma_{\max} = -\dfrac{P}{A_{m-n}} - \dfrac{M_{m-n}}{Z_{m-n}} = -\dfrac{P}{\left(\dfrac{a^2}{2}\right)} - \dfrac{\left(\dfrac{P \times a}{4}\right)}{\left(\dfrac{a^3}{24}\right)} = -\dfrac{8P}{a^2}$

정답 및 해설   19.② 20.④

1 재료의 거동에 대한 설명으로 옳지 않은 것은?

① 탄성거동은 응력–변형률 관계가 보통 직선으로 나타나지만 직선이 아닌 경우도 있다.

② 크리프(creep)는 응력이 작용하고 이후 그 크기가 일정하게 유지되더라도 변형이 시간 경과에 따라 증가하는 현상이다.

③ 재료가 항복한 후 작용하중을 모두 제거한 후에도 남는 변형을 영구변형이라 한다.

④ 포아송비는 축하중이 작용하는 부재의 횡방향 변형률(ε_h)에 대한 축방향 변형률(ε_v)의 비 ($\varepsilon_v/\varepsilon_h$)이다.

2 그림과 같이 임의의 형상을 갖고 단면적이 A인 단면이 있다. 도심축($x_0 - x_0$)으로부터 d만큼 떨어진 축($x_1 - x_1$)에 대한 단면 2차 모멘트가 I_{X1}일 때, $2d$만큼 떨어진 축($x_2 - x_2$)에 대한 단면 2차 모멘트 값은?

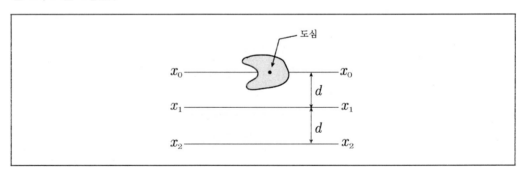

① $I_{x1} + Ad^2$

② $I_{x1} + 2Ad^2$

③ $I_{x1} + 3Ad^2$

④ $I_{x1} + 4Ad^2$

3 그림과 같이 보 구조물에 집중하중과 삼각형 분포하중이 작용할 때, 지점 A와 B에 발생하는 수직방향 반력 R_A[kN]와 R_B[kN]의 값은? (단, 구조물의 자중은 무시한다)

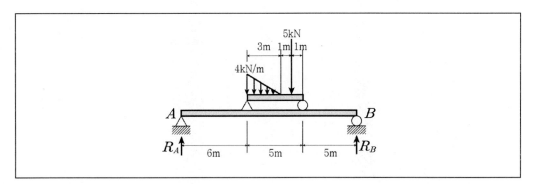

	R_A	R_B
①	$\dfrac{19}{4}$	$\dfrac{25}{4}$
②	$\dfrac{23}{4}$	$\dfrac{21}{4}$
③	$\dfrac{21}{4}$	$\dfrac{23}{4}$
④	$\dfrac{25}{4}$	$\dfrac{19}{4}$

---

1 포아송비는 축하중이 작용하는 부재의 축방향 변형률(ε_v)에 대한 횡방향 변형률(ε_h)의 비($\varepsilon_h/\varepsilon_v$)이다.

2 $I_{x1} = I_{x0} + Ad^2$ 이며 $I_{x0} = I_{x1} - Ad^2$
따라서
$I_{x2} = I_{x0} + A(2d)^2 = [I_{x1} - Ad^2] + A(2d)^2 = I_{x1} + 3Ad^2$

3 등변분포하중의 합력을 구한 후 수직반력을 구한다.
등변분포하중의 크기는 6[kN]이 되며 이는 위쪽에 위치한 보의 좌측단으로부터 1[m] 떨어진 곳에 작용하게 된다.
따라서 지점 A와 B의 반력은
$$R_A = \frac{6 \times (10-1) + 5 \times (5+1)}{16} = \frac{21}{4} [\text{kN}]$$
$$R_B = (6+5) - \frac{21}{4} = \frac{23}{4} [\text{kN}]$$

정답 및 해설   1.④   2.③   3.③

4 그림과 같이 모멘트 M, 분포하중 w, 집중하중 P가 작용하는 캔틸레버 보에 대해 작성한 전단력도 또는 휨 모멘트도의 대략적인 형태로 적절한 것은? (단, 구조물의 자중은 무시한다)

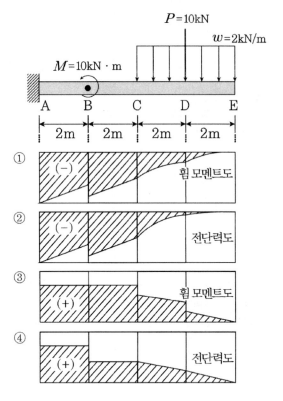

5 그림과 같이 양단에서 각각 x만큼 떨어져 있는 B점과 C점에 내부힌지를 갖는 보에 분포하중 w가 작용하고 있다. A점 고정단 모멘트의 크기와 중앙부 E점 모멘트의 크기가 같아지기 위한 x값은? (단, 구조물의 자중은 무시한다)

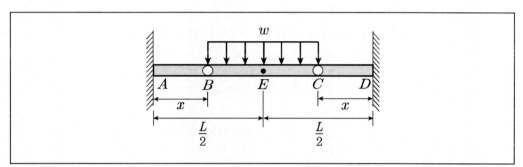

① $\dfrac{L}{6}$

② $\dfrac{L}{5}$

③ $\dfrac{L}{4}$

④ $\dfrac{L}{3}$

---

4 ② 전단력선도에서 (+)값이 있어야 함에도 없으므로 이는 잘못된 그래프이다.

③ CDE를 보면 부재가 위로 볼록한 형상을 하게 되어 (−)모멘트가 발생하는데 그래프에는 이것이 반영되어 있지 않다.

④ 전단력은 집중하중이 발생하는 곳인 D에서 급격히 변해야 하나 이것이 반영되어 있지 않다.

5 주어진 그림에서 양단이 힌지인 부재 BC를 없애보면 양쪽부재는 AB, CD부재로서 캔틸레버의 구조이다.

또한 BC부재는 단순보(단 양쪽 지점이 핀지점임에 유의)로 볼 수 있다.

A점과 E점의 휨모멘트 값은 $M_A = -\left(\dfrac{wL}{2} - wx\right)x$, $M_E = \dfrac{w}{8}(L - 2x)^2$

그러나 문제에서는 모멘트의 크기만을 묻고 있으므로 방향은 고려하지 않으므로 $\left(\dfrac{wL}{2} - wx\right)x = \dfrac{w}{8}(L - 2x)^2$ 이다.

$(L - 6x)(L - 2x) = 0$ 이므로 $x = \dfrac{L}{6}$ 이 된다.

정답 및 해설 4.① 5.①

6 그림과 같이 수평으로 놓여 있는 보의 B점은 롤러로 지지되어 있고 이 롤러의 아래에 강체 블록이 놓여 있을 때, 블록이 움직이지 않도록 하기 위해 허용할 수 있는 힘 P[kN]의 최댓 값은? (단, 블록, 보, 롤러의 자중은 무시하고 롤러와 블록 사이의 마찰은 없으며, 블록과 바닥 접촉면의 정지마찰계수는 0.3으로 가정한다)

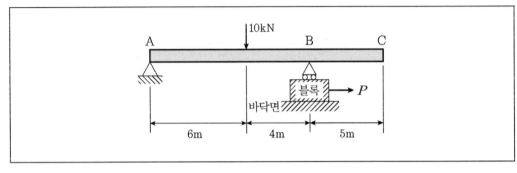

① 1.2   ② 1.8

③ 2.4   ④ 3.0

7 그림과 같은 하중이 작용하는 게르버 보에 대해 작성된 전단력도의 빗금 친 부분의 면적 [kN·m]은? (단, 구조물의 자중은 무시한다)

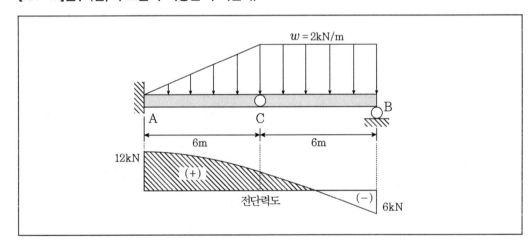

① 9   ② 51

③ 60   ④ 69

6 B지점에 발생하는 반력의 크기를 구하면

$$R_B = \frac{10 \times 6}{10} = 6[\text{kN}]$$

이는 블록에 작용하는 수직항력이 되며 이 값에 마찰계수를 곱한 값이 마찰력이 된다.

$$F = \mu \times N = \mu \times R_B = 0.3 \times 6 = 1.8[\text{kN}]$$

이 마찰력이 작용하중 P 이상이어야만 블록이 움직이지 않는다.

따라서 작용하중 P의 최댓값은 1.8[kN]이 된다.

7 임의의 두 점 사이의 휨모멘트의 차이는 전단력도의 면적과 같다는 점에 착안하면 손쉽게 구할 수 있는 문제이다. CB점의 중앙점까지가 전단력선도에서 양의 값이므로 전단력이 0이 되는 중앙점을 D로 하면 D점의 휨모멘트와 A점의 휨모멘트의 차이는 제시된 전단력선도에서 (+)부분의 면적이 된다.

따라서 전단력선도의 빗금친 부분의 면적은

$$M_D - M_A = \frac{2 \times 6^2}{8} - \left(-6 \times 6 - \frac{2 \times 6^2}{3}\right) = 69[\text{kN} \cdot \text{m}]$$

CB 부재의 경우 단순보로 볼 수 있으므로 부재 중앙의 D점에 작용하는 휨모멘트는 $M_D = \dfrac{wL^2}{8} = \dfrac{2 \times 6^2}{8} = 9$가 된다.

A점에 작용하는 휨모멘트는 AC 부재상의 등변분포하중과 가상의 단순보 CD에서 C점에 작용하는 반력에 의한 것임에 착안하면

$$M_A = -\frac{2 \times L^2}{3} - R_C \times L = -\frac{2 \times 6^2}{3} - 6 \times 6 = -24 - 36 = -60$$

정답 및 해설 6.② 7.④

8 그림과 같이 절점 D에 내부힌지를 갖는 게르버 보의 A점에는 수평하중 P가 작용하고 F점에는 무게 W가 매달려 있을 때, 지점 C에서 수직 반력이 발생하지 않도록 하기 위한 하중 P와 무게 W의 비(P/W)는? (단, 구조물의 자중은 무시한다)

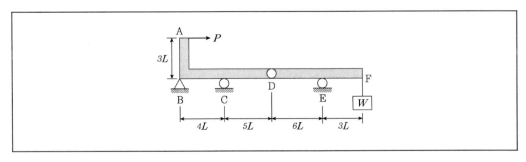

① $\dfrac{3}{2}$

② $\dfrac{5}{2}$

③ $\dfrac{2}{3}$

④ $\dfrac{5}{2}$

9 그림과 같이 축하중 P를 받고 있는 기둥 ABC의 중앙 B점에서는 x방향의 변위가 구속되어 있고 양끝단 A점과 C점에서는 x방향과 z방향의 변위가 구속되어 있을 때, 기둥 ABC의 탄성좌굴을 발생시키는 P의 최솟값은? (단, 탄성계수 $E = \dfrac{L^2}{\pi^2}$, 단면 2차 모멘트 $I_x = 20\pi$, $I_z = \pi$로 가정한다)

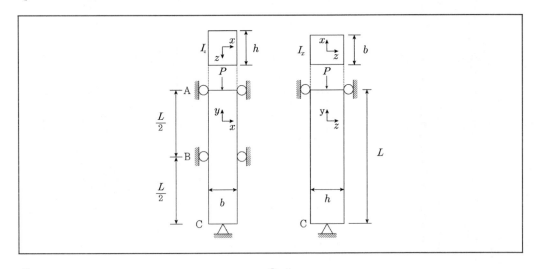

① 2π

② 4π

③ 5π

④ 20π

8 힌지절점 D를 기준으로 좌측부재와 우측부재를 분리하여 자유물체도를 그리면 손쉽게 풀 수 있는 문제이다.

우측부재의 경우 E점에 대해서 모멘트평형을 이루어야 하므로 D에 작용하는 연직반력은 $R_D = \dfrac{3WL}{6L} = \dfrac{W}{2}$이 된다.

지점 C에서 반력이 0이라고 하고 B점에 대해 모멘트를 취하면 $\sum M_B = 0 : P \times 3L - \dfrac{W}{2} \times 9L = 0$

$\therefore \dfrac{W}{P} = \dfrac{2}{3}$

9 좌굴하중은 다음의 두 가지 경우 중 작은 값으로 정한다.

x축 방향으로 좌굴이 일어난다고 가정하면 좌굴하중은

$$P_{cr} = \frac{n^2 \pi^2 E^2 \times I_z}{L^2} = \frac{2^2 \times \pi^2 \times \dfrac{L^2}{\pi^2} \times \pi}{L^2} = 4\pi$$

z축 방향으로 좌굴이 일어난다고 가정한다면 좌굴하중은

$$P_{cr} = \frac{n^2 \pi^2 \times E \times I_x}{L^2} = \frac{1^2 \pi^2 \times \dfrac{L^2}{\pi^2} \times 20\pi}{L^2} = 20\pi$$

정답 및 해설 8.① 9.②

10 그림과 같이 집중하중 P를 받는 캔틸레버 보에서 보의 높이 h가 폭 b와 같을 경우($h = b$) B점의 수직방향 처짐량이 8mm라면, 동일한 하중조건에서 B점의 수직방향 처짐량이 27mm가 되기 위한 보의 높이 h는? (단, 구조물의 자중은 무시하고 단면폭 b는 일정하게 유지한다)

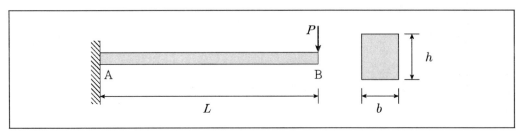

① $\dfrac{1}{3}b$

② $\dfrac{2}{3}b$

③ $\dfrac{3}{4}b$

④ $\dfrac{4}{5}b$

11 그림과 같은 트러스에서 부재 BC의 부재력의 크기는? (단, 모든 부재의 자중은 무시하고, 모든 내부 절점은 힌지로 이루어져 있다)

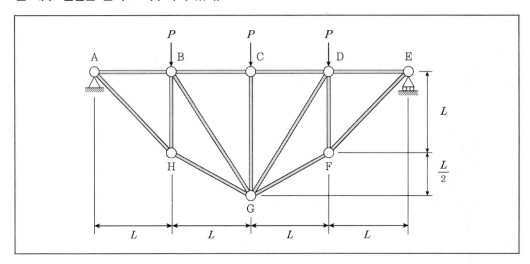

① $\dfrac{P}{3}$

② P

③ $2P$

④ $\dfrac{4}{3}P$

12 그림과 같이 천장에 수직으로 고정되어 있는 길이 L, 지름 d인 원형 강철봉에 무게가 W인 물체가 달려있을 때, 강철봉에 작용하는 최대응력은? (단, 원형 강철봉의 단위중량은 γ이다)

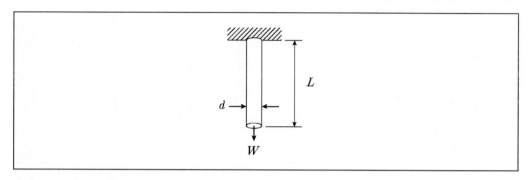

① $\dfrac{4W}{\pi d^2} + \gamma L$

② $\dfrac{4W}{\pi d^2} + \dfrac{\pi d^2 \gamma L}{4}$

③ $\dfrac{2W}{\pi d^2} + \gamma L$

④ $\dfrac{2W}{\pi d^2} + \dfrac{\pi d^2 \gamma L}{2}$

---

10 $\delta = \dfrac{PL^3}{3EI} = \dfrac{PL^3}{3E \times \dfrac{bh^3}{12}}$ 이므로 $\delta \propto \dfrac{1}{h^3}$, $\dfrac{27}{8} = \dfrac{h^3}{y^3}$

따라서 $y = \dfrac{2}{3}h = \dfrac{2}{3}b$

11 전형적인 절단법(단면법) 적용문제이다. 하중이 $3P$이고 좌우 대칭이므로 $R_A = R_B = \dfrac{3}{2}P$이며 BC의 부재력을 구해야 하므로 BC점을 자르는 절단선을 긋고 G점에 대하여 모멘트의 합이 0임을 이용하여 문제를 푼다.

$\sum M_G = 0 : R_A \times 2L - P \times L + F_{BC} \times \dfrac{3}{2}L = \dfrac{3}{2}P \times 2L - P \times L + F_{BC} \times \dfrac{3}{2}L = 0$

$F_{BC} = -\dfrac{4}{3}P$ (음의 부호는 압축을 의미한다.)

12 최대수직응력은 고정단에서 발생하게 되며 이는 자중과 하중을 합한 값이다. 따라서

$\sigma_{\max} = \dfrac{W}{A} + \dfrac{\gamma A L}{A} = \dfrac{4W}{\pi d^2} + \gamma L$

정답 및 해설 10.② 11.④ 12.①

13 그림과 같은 분포하중을 받는 보에서 B점의 수직반력(R_B)의 크기는? (단, 구조물의 자중은 무시한다)

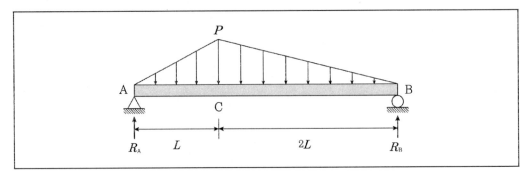

① $\dfrac{1}{6}PL$

② $\dfrac{1}{3}PL$

③ $\dfrac{2}{3}PL$

④ $\dfrac{5}{6}PL$

14 그림과 같이 한 쪽 끝은 벽에 고정되어 있고 다른 한 쪽 끝은 벽과 1mm 떨어져 있는 수평부재가 있다. 부재의 온도가 20℃ 상승할 때, 부재 내에 발생하는 압축응력의 크기[kPa]는? (단, 보 부재의 탄성계수 E=2GPa, 열팽창계수 α=1.0 × 10^{-5}/℃이며, 자중은 무시한다)

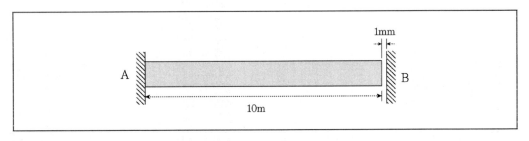

① 100

② 200

③ 300

④ 400

15 그림과 같이 단위중량 γ, 길이 L인 캔틸레버 보에 자중에 의한 분포하중 w가 작용할 때, 보의 고정단 A점에 발생하는 휨 응력에 대한 설명으로 옳지 않은 것은? (단, 보의 단면은 사각형이고 전구간에서 동일하다)

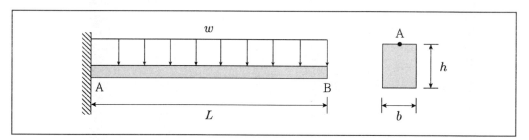

① 폭 b가 2배가 되면 휨 응력값은 2배가 된다.

② 높이 h가 2배가 되면 휨 응력값은 $\frac{1}{2}$배가 된다.

③ 단위중량 γ가 2배가 되면 휨 응력값은 2배가 된다.

④ 길이 L이 2배가 되면 휨 응력값은 4배가 된다.

---

13 등변분포하중의 경우 집중하중으로 변환을 시켜야 한다.

합력의 크기는 $R = \frac{1}{2} \times 3L \times P = \frac{3PL}{2}$

합력의 작용위치는 $a = \frac{b+c}{3} = \frac{3L+L}{3} = \frac{4L}{3}$

따라서 $R_B = \frac{Ra}{3L} = \frac{\dfrac{3PL}{2} \times \dfrac{4L}{3}}{3L} = \frac{2PL}{3}$

14
$$\sigma = \alpha \times \triangle T \times E - \frac{E}{L} \times \delta = 1 \times 10^{-5} \times 20 \times 2 \times 10^6 - \frac{2 \times 10^6}{10} \times 1 \times 10^{-3} = 400 - 200 = 200$$

15 자중에 의한 등분포하중은 $w = \gamma bh$

고정단의 휨모멘트는 $M_A = \frac{wL^2}{2} = \frac{\gamma bhL^2}{2}$

A점은 고정단의 상연으로서 휨 응력은 $\sigma_A = \frac{6M_A}{bh^2} = \frac{3\gamma L^2}{h}$

따라서 폭 b의 크기는 A점의 휨 응력에 영향을 주지 않는다.

16 그림과 같이 길이가 각각 1.505m, 1.500m이고 동일한 단면적을 갖는 부재 ⓐ와 ⓑ를 폭이 3.000m인 강체 벽체 A와 C 사이에 강제로 끼워 넣었다. 이 때 부재 ⓐ는 δ_1, 부재 ⓑ는 δ_2 만큼 길이가 줄어들었다면, 줄어든 길이의 비($\delta_1 : \delta_2$)는? (단, 부재의 자중은 무시하고, ⓑ의 탄성계수 E_2가 부재 ⓐ의 탄성계수 E_1의 3배이다)

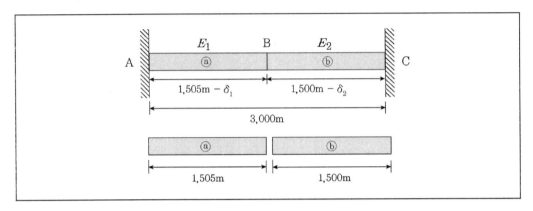

① 0.723 : 1.000

③ 3.010 : 1.000

② 1.505 : 1.000

④ 4.515 : 1.000

17 그림과 같은 부정정보에서 B점의 고정단 모멘트[kN · m]의 크기는? (단, 구조물의 자중은 무시한다)

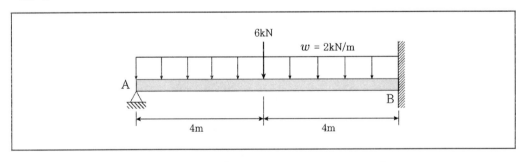

① 20

③ 30

② 25

④ 35

18 그림과 같이 두 벽면 사이에 놓여있는 강체 구(질량 m = 1kg)의 중심(O)에 수평방향 외력(P = 20N)이 작용할 때, 반력 R_A의 크기[N]는? (단, 벽과 강체 구 사이의 마찰은 없으며, 중력 가속도는 10m/s²로 가정한다)

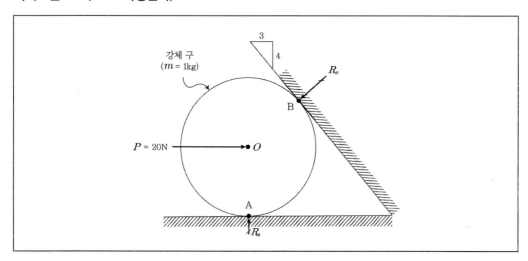

① 15 ② 20
③ 25 ④ 30

---

16 같은 크기의 힘 P가 두 부재에 작용할 때 각각의 변위는

$$\delta_1 = \frac{PL_1}{E_1 A}, \quad \delta_2 = \frac{PL_2}{3E_1 A}$$

$$\delta_1 : \delta_2 = L_1 : \frac{L_2}{3} = 3L_1 : L_2 = 3 \times 1,505 : 1,500 = 3.01 : 1$$

17 중첩의 원리를 적용하여 손쉽게 풀 수 있는 문제이다.

$$M_A = -\frac{3PL}{16} - \frac{wL^2}{8} = -\frac{3 \times 6 \times 8}{16} - \frac{2 \times 8^2}{8} = -25[\mathrm{kN \cdot m}]$$

18 힘의 평형에 관한 문제이다.
그림에 제시된 3개의 힘이 폐합삼각형을 이루어야 한다.
구의 무게는 $W = mg = 10[\mathrm{N}]$이 된다.
힘이 평형을 이루기 위해서는 폐합삼각형이어야 하며,
이 때 $R_A - 10 = \frac{3}{4} \times 20 = 15$가 되므로 $R_A = 25[\mathrm{kN}]$가 된다.

정답 및 해설 16.③ 17.② 18.③

19 그림과 같이 재료와 길이가 동일하고 단면적이 각각 $A_1 = 1,000\text{mm}^2$, $A_2 = 500\text{mm}^2$인 부재가 있다. 부재의 양쪽 끝은 고정되어 있고 온도가 최초 대비 10℃ 올라갔을 때, 이로 인해 유발되는 A점에서의 반력 변화량[kN]은? (단, 부재의 자중은 무시하고 탄성계수 $E = 210\text{GPa}$, 열팽창계수 $\alpha = 1.0 \times 10^{-5}/℃$이다)

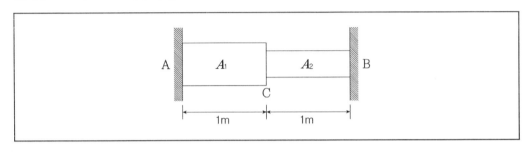

① 8.0
② 14.0
③ 24.0
④ 42.0

20 그림과 같은 평면응력상태에 있는 미소요소에서 발생할 수 있는 최대 전단응력의 크기[MPa]는? (단, $\sigma_x = 36\text{MPa}$, $\tau_{xy} = 24\text{MPa}$)

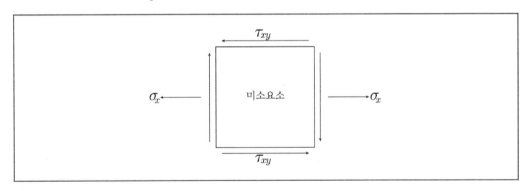

① 30
② 40
③ 50
④ 60

19

$$R_T = \frac{\alpha \times \triangle T \times (2L)}{\dfrac{L}{A_1 E} + \dfrac{L}{A_2 E}} = \frac{\alpha \times \triangle T \times (2L)}{\dfrac{L}{2A_2 E} + \dfrac{L}{A_2 E}} = \frac{4\alpha \times \triangle T \times EA_2}{3}$$

$$= \frac{4 \times 10^{-5} \times 10 \times 210 \times 10^6 \times 0.5}{3} = 14,000[\text{N}] = 14.0[\text{kN}]$$

20

$$\tau_{\max} = \sqrt{\left(\frac{\sigma_x - \sigma_y}{2}\right)^2 + \tau_{xy}^2} = \sqrt{\left(\frac{36 - 0}{2}\right)^2 + 24^2} = 30$$

정답 및 해설   19.②   20.①

1 그림과 같이 $x - y$ 평면 상에 있는 단면 중 도심의 y좌표 값이 가장 작은 것은?

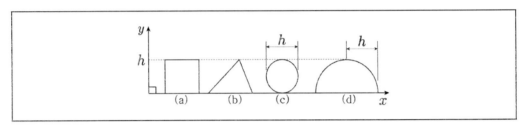

① (a)

② (b)

③ (c)

④ (d)

2 그림과 같이 강체로 된 보가 케이블로 B점에서 지지되고 있다. C점에 수직하중이 작용할 때, 부재 AB에 발생되는 축력의 크기[kN]는? (단, 모든 부재의 자중은 무시한다)

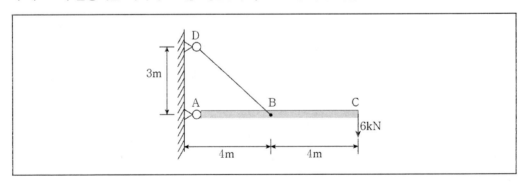

① 12 (압축)

② 12 (인장)

③ 16 (압축)

④ 16 (인장)

3 그림과 같이 C점에 내부힌지가 있는 보의 지점 A와 B에서 수직반력의 비 R_A / R_B는? (단, 보의 휨강성 EI는 일정하고, 자중은 무시한다)

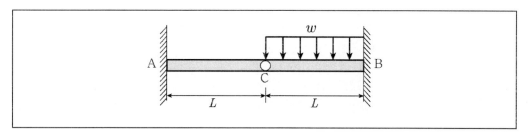

① $\dfrac{3}{16}$

② $\dfrac{3}{15}$

③ $\dfrac{3}{14}$

④ $\dfrac{3}{13}$

---

1 $\overline{y_{(a)}} = \dfrac{h}{2}$, $\overline{y_{(b)}} = \dfrac{h}{3}$, $\overline{y_{(c)}} = \dfrac{h}{2}$, $\overline{y_{(d)}} = \dfrac{4h}{3\pi}$

2 $\sum M_D = 0 : -H_A \times 3 + 6 \times 8 = 0$이므로 $H_A = 16[\text{kN}]$

$\therefore F_{AB} = -H_A = -16[\text{kN}]$

3 변위일치법에 관한 문제이다.

$\dfrac{4wL^4}{8EI} - \dfrac{R_C L^3}{3EI} = \dfrac{R_C L^3}{3EI}$ 이어야 하므로 $R_C = \dfrac{3wL}{16}$

AB 부재에서 $\sum V = 0$이어야 하므로 $R_A = R_C = \dfrac{3wL}{16}$

BC 부재에서 $\sum V = 0 : R_B = (w \times L) - R_C = wL - \dfrac{3wL}{16} = \dfrac{13wL}{16}$

$\dfrac{R_A}{R_B} = \dfrac{3}{13}$

정답 및 해설 1.② 2.③ 3.④

4 그림과 같은 분포하중과 집중하중을 받는 단순보에서 지점 A의 수직반력 크기[kN]는? (단, 보의 휨강성 EI는 일정하고, 자중은 무시한다)

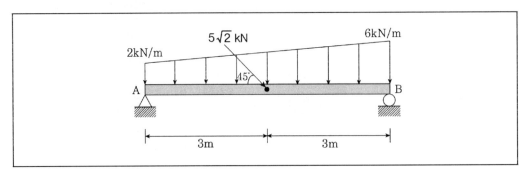

① 10.0
② 12.5
③ 15.0
④ 17.5

5 그림과 같은 부정정보에서 지점 B에 발생하는 수직반력 R_B의 크기[kN]는? (단, 보의 휨강성 EI는 일정하며, 자중은 무시한다)

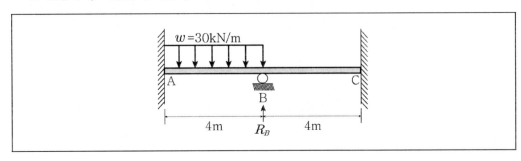

① 55
② 60
③ 65
④ 70

6 그림과 같은 트러스 구조물에서 부재 BC의 부재력 크기[kN]는? (단, 모든 자중은 무시한다)

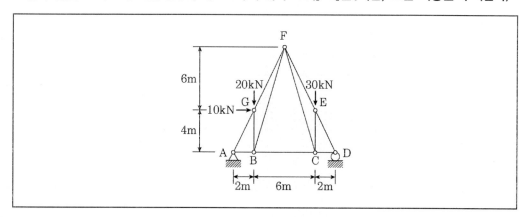

① 5(압축)

② 5(인장)

③ 7(압축)

④ 7(인장)

4

$$P_y = P(\sin 45^o) = 5\sqrt{2} \times \frac{\sqrt{2}}{2} = 5[\text{kN}]$$

$$w_1 = 2[\text{kN/m}], \ w_2 = 6 - 2 = 4[\text{kN/m}]$$

$$R_A = \frac{P_y}{2} + \frac{w_1 L}{2} + \frac{w_2 L}{6} = \frac{5}{2} + \frac{2 \times 6}{2} + \frac{4 \times 6}{6} = 12.5[\text{kN}]$$

5 전형적인 부정정구조물의 변위일치법 문제이다.

(자주 출제되는 정형화된 문제이므로 보자마자 답을 찾아내야 한다.)

중앙의 지지부가 없고, 등분포하중만이 작용하고 있는 경우의 처짐은 $\delta_1 = \frac{wL^4}{384EI} \times \frac{1}{2}$

등분포하중이 없고 부재 중앙에 반력이 발생할 때의 처짐은 $\delta_2 = \frac{R_B L^3}{192EI}$

따라서 $\delta_1 = \frac{wL^4}{384EI} \times \frac{1}{2} = \delta_2 = \frac{R_B L^3}{192EI}$ 가 성립해야 하므로

$$R_B = \frac{30 \times 8}{4} = 60[\text{kN}]$$

6 지점의 반력을 구하면

$$\sum M_A = 0 : 10 \times 4 + 20 \times 2 + 30 \times 8 - R_D \times 10 = 0 \text{이므로}$$

$$R_D = 32[\text{kN}](\uparrow)$$

BC 부재는 절단법을 적용하여 구한다.

F점에 대한 모멘트의 합이 0이 되어야 하므로

$$\sum M_F = 0 : 30 \times 3 - 32 \times 5 + F_{BC} \times 10 = 0$$

$$F_{BC} = 7[\text{kN}]$$

정답 및 해설 4.② 5.② 6.④

7 그림과 같은 등분포하중이 작용하는 단순보에서 최대휨모멘트가 발생되는 거릿값(x)과 최대 휨모멘트 값(M)의 비 $\dfrac{x}{M}$는? (단, 보의 휨강성 EI는 일정하고, 자중은 무시하며, 최대휨모 멘트의 발생지점은 지점 A로부터의 거리이다)

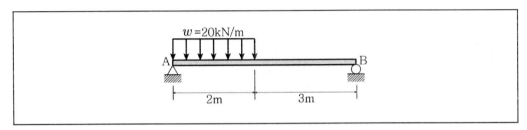

① $\dfrac{1}{8}$

② 8

③ $\dfrac{1}{16}$

④ 16

8 그림과 같은 단순보에 하중이 작용할 때 지점 A, B에서 수직반력 R_A 및 R_B가 $2R_A = R_B$로 성립되기 위한 거리 x[m]는? (단, 보의 휨강성 EI는 일정하고, 자중은 무시한다)

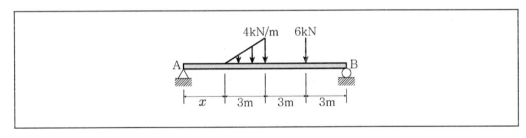

① 3

② 4

③ 5

④ 6

9 그림과 같이 폭 300mm, 높이 400mm의 직사각형 단면을 갖는 단순보의 허용 휨응력이 6MPa이라면, 단순보에 작용시킬 수 있는 최대 등분포하중 w의 크기[kN/m]는? (단, 보의 휨강성 EI는 일정하고, 자중은 무시한다)

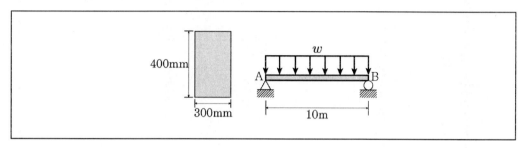

① 3.84

② 4.84

③ 5.84

④ 6.84

---

7 $\sum M_B = 0 : R_A \times 5 - 20 \times 2 \left(\dfrac{2}{2} + 3 \right) = 0$ 이므로 $R_A = 32[\text{kN}]$

$x = \dfrac{R}{w}$ 이며 $M = \dfrac{R^2}{2w}$ 이므로 $\left| \dfrac{x}{M} \right| = \dfrac{\dfrac{R}{w}}{\dfrac{R^2}{2w}} = \dfrac{2}{R} = \dfrac{2}{32} = \dfrac{1}{16}$

8 $\sum V = 0 : (R_A + R_B) = \left(\dfrac{1}{2} \times 3 \times 4 \right) + 6 = 12[\text{kN}]$

$R_B = 2R_A$ 이므로 $R_A + 2R_A = 12[\text{kN}]$

$R_A = 4[\text{kN}]$, $R_B = 8[\text{kN}]$ 이므로

$\sum M_C = 0 : 4 \times x + \left(\dfrac{1}{2} \times 3 \times 4 \right) \left(3 \times \dfrac{2}{3} \right) + 6 \times 6 - 8 \times 9 = 0$

$x = 6[\text{m}]$

9 $\sigma_{\max} = \dfrac{M_{\max}}{Z} = \dfrac{\dfrac{wL^2}{8}}{\dfrac{bh^2}{6}} = \dfrac{3wL^2}{4bh^2}$

$\sigma_{\max} = \dfrac{3wL^2}{4bh^2} \le \sigma_a$ 이므로 $w_{\max} = \dfrac{4bh^2\sigma_a}{3L^2}$

따라서 $w_{\max} = \dfrac{4 \times 300 \times 400^2 \times 6}{3 \times (10 \times 10^3)^2} = 3.84[\text{N/mm}] = 3.84[\text{kN/m}]$

정답 및 해설 7.③ 8.④ 9.①

10 그림과 같이 내부힌지가 있는 보에서, 지점 B의 휨모멘트와 CD구간의 최대휨모멘트가 같게 되는 길이 a는? (단, 보의 휨강성 EI는 일정하고, 자중은 무시한다)

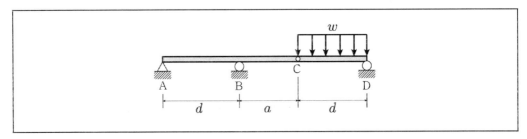

① $\dfrac{1}{6}d$

② $\dfrac{1}{5}d$

③ $\dfrac{1}{4}d$

④ $\dfrac{1}{3}d$

11 그림과 같은 음영 부분 A단면에서 $x-x$축으로부터 도심까지의 거리 y는?

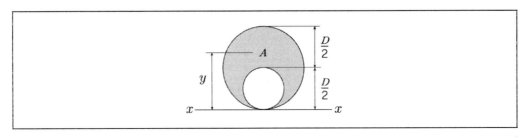

① $\dfrac{5D}{12}$

② $\dfrac{6D}{12}$

③ $\dfrac{7D}{12}$

④ $\dfrac{8D}{12}$

12 다음 그림과 같이 재료와 길이가 동일하고 단면적이 다른 수직 부재가 축하중 P를 받고 있을 때, A점에서 발생하는 변위는 B점에 발생하는 변위의 몇 배인가? (단, 구간 AB와 BC의 축강성 각각 EA와 $2EA$이고, 부재의 자중은 무시한다)

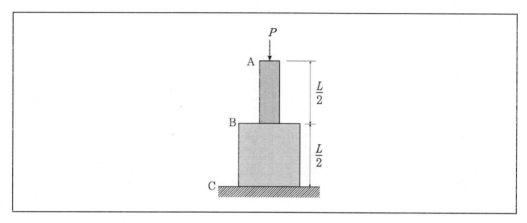

① 1.5

② 2.0

③ 2.5

④ 3.0

10

$$M_{CD,\max} = \frac{wd^2}{8}$$

$$M_B = R_C \times a = \frac{wd}{2} \times a = \frac{wda}{2}$$

$$M_{CD,\max} = \frac{wd^2}{8} = M_B = \frac{wda}{2}$$

$$a = \frac{d}{4}$$

11

$$A_1 : A_2 = \frac{\pi D^2}{4} : \frac{\pi\left(\dfrac{D}{2}\right)^2}{4} = 4 : 1$$

$$y = \frac{A_1 y_1 - A_2 y_2}{A_1 - A_2} = \frac{4 \times \dfrac{D}{2} - 1 \times \dfrac{D}{4}}{4 - 1} = \frac{7D}{12}$$

12

$$\delta_B = \frac{P \times \dfrac{L}{2}}{2EA} = \frac{PL}{4EA}, \quad \delta_A = \frac{P \times \dfrac{L}{2}}{2EA} + \frac{P \times \dfrac{L}{2}}{EA} = \frac{3PL}{4EA}$$

정답 및 해설   10.③   11.③   12.④

13 그림과 같은 삼각형 단면의 $x-x$축에 대한 단면 2차 모멘트 $I_{x-x}[\text{mm}^4]$는?

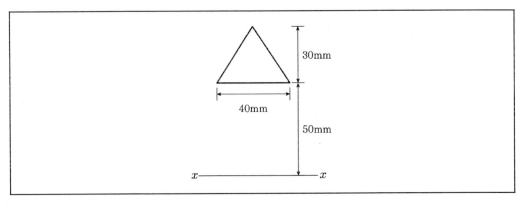

① 155×10^4

② 219×10^4

③ 345×10^4

④ 526×10^4

14 그림과 같이 캔틸레버보에 집중하중(P), 등분포하중(w), 모멘트하중(M)이 작용하고 있다. 자유단 A에 최대 수직처짐을 발생시키는 하중은 이 세 가지 중 어느 것이며, 보에 세 하중이 동시에 작용할 때 발생하는 수직처짐 δ의 크기[mm]는? (단, P=10[kN], w=10[kN/m], M=10[kN · m], 휨강성 EI=2×10^{10}[kN · mm^2]이 자중은 무시한다)

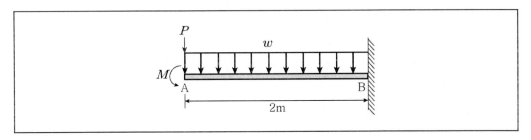

① $w=10[\text{kN/m}]$, $\delta=1[\text{mm}]$

② $M=10[\text{kN} \cdot \text{m}]$, $\delta=1[\text{mm}]$

③ $P=10[\text{kN}]$, $\delta=\dfrac{10}{3}[\text{mm}]$

④ $M=10[\text{kN} \cdot \text{m}]$, $\delta=\dfrac{10}{3}[\text{mm}]$

13
$$I_{x-x} = I_{X-X} + A \times e^2 = \frac{40 \times 30^3}{36} + \left(\frac{1}{2} \times 40 \times 30\right) \times 60^2 = 219 \times 10^4 [\text{mm}^4]$$

$$e = 50 + 30 \times \frac{1}{3} = 60 [\text{mm}]$$

I_{X-X}는 단면의 도심에서 교차하는 축에 대한 단면2차모멘트이며 I_{x-x}는 x축에 대한 단면2차모멘트이다.

14 전형적인 중첩의 원리에 관한 문제이다.

모멘트하중에 의한 처짐은

$$\delta_M = \frac{ML^2}{2EI} = \frac{(10 \times 10^3) \times (2 \times 10^3)^2}{2(2 \times 10^{10})} = 1 [\text{mm}]$$

하중 P에 의한 처짐은

$$\delta_P = \frac{PL^3}{3EI} = \frac{(10 \times 2 \times 10^3)^3}{3(2 \times 10^{10})} = \frac{4}{3} [\text{mm}]$$

등분포 하중 w에 의한 처짐은

$$\delta_w = \frac{wL^4}{8EI} = \frac{(10 \times 10^{-3}) \times (2 \times 10^3)^4}{8(2 \times 10^{10})} = 1 [\text{mm}]$$

따라서 하중 P가 작용할 때 가장 큰 처짐이 발생하게 된다.

또한 세 하중이 동시에 작용할 때 발생하는 수직처짐은 위의 세 값을 합한 값이므로 $\frac{10}{3} [\text{mm}]$가 된다.

정답 및 해설 13.② 14.③

15 그림과 같은 단순보에서 집중하중이 작용할 때, O점에서의 수직처짐 δ_o의 크기[mm]는? (단, 휨강성 $EI = 2 \times 10^{12} \text{N} \cdot \text{mm}^2$이며, 자중은 무시한다)

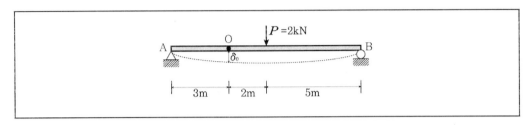

① 14.5

② 15.5

③ 16.5

④ 17.5

16 그림과 같은 하중을 받는 트러스에 대한 설명으로 옳지 않은 것은? (단, 모든 부재의 자중은 무시한다)

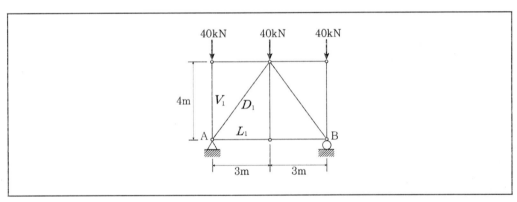

① V_1은 40kN의 압축을 받는다.

② L_1은 15kN의 인장을 받는다.

③ 내적안정이고 외적안정이면서 정정이다.

④ D_1은 16kN의 압축을 받는다.

17 그림과 같이 두 개의 재료로 이루어진 합성 단면이 있다. 단면 하단으로부터 중립축까지의 거리 C[mm]는? (단, 각각 재료의 탄성계수는 $E_1 = 0.8 \times 10^5$MPa, $E_2 = 3.2 \times 10^5$MPa이다)

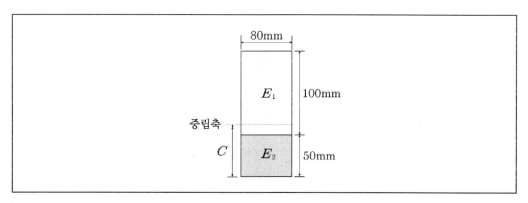

① 50

② 60

③ 70

④ 80

---

15 $EI = 2 \times 10^{12} [\text{N} \cdot \text{mm}^2] = 2 \times 10^3 [\text{kN} \cdot \text{m}^2]$

$\delta_C = \dfrac{Pbx(L^2 - b^2 - x^2)}{6LEI} = \dfrac{2 \times 5 \times 3 \times (10^2 - 5^2 - 3^2)}{6 \times 10 \times (2 \times 10^3)} = 0.0165[\text{m}] = 16.5[\text{mm}]$

17 ① C점을 기준으로 절점법을 적용하면 $V_1 = -40[\text{kN}]$

② D점을 기준으로 절단법을 적용하면 D점에 대한 모멘트합이 0이어야 하므로

$\sum M_D = 0 : 60 \times 3 - 40 \times 3 - L_1 \times 4 = 0$이므로 $L_1 = 15[\text{kN}]$

④ $\sum V = 0 : 60 - 40 + D_1 \times \dfrac{4}{5} = 0$이므로 $D_1 = -25[\text{kN}]$

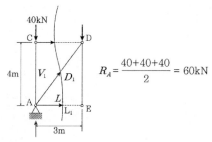

$R_A = \dfrac{40 + 40 + 40}{2} = 60\text{kN}$

17 $E_2 A_2 : E_1 A_1 = (3.2 \times 10^5) \times 80 \times 50 : (0.8 \times 10^5) \times 80 \times 100 = 2 : 1$

$\bar{y} = \dfrac{E_2 A_2 \times y_2 + E_1 A_1 \times y_1}{E_2 A_2 + E_1 A_1} = \dfrac{2 \times 25 + 1\left(50 + \dfrac{100}{2}\right)}{2 + 1} = 50[\text{mm}]$

정답 및 해설 15.③ 16.④ 17.①

18 그림과 같은 부재에 2개의 축하중이 작용할 때 구간 D_1, D_2, D_3의 변위의 비($\delta_1 : \delta_2 : \delta_3$)는? (단, 모든 부재의 단면적은 A로 나타내며, 탄성계수 E는 일정하고, 자중은 무시한다)

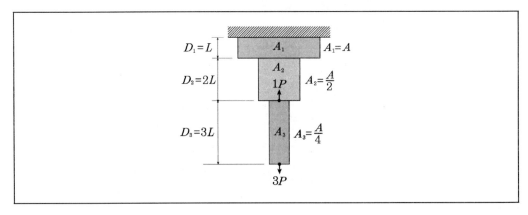

① $1 : 2 : 18$

③ $1 : 2 : 24$

② $1 : 4 : 18$

④ $1 : 4 : 24$

19 그림과 같이 양단이 고정지지된 직사각형 단면을 갖는 기둥의 최소 임계하중의 크기[kN]는? (단, 기둥의 탄성계수 E=210GPa, π^2은 10으로 계산하며, 자중은 무시한다)

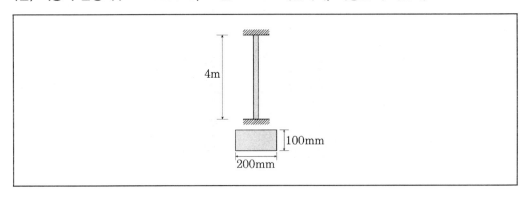

① $8,750$

③ $9,250$

② $9,000$

④ $9,750$

20 그림과 같은 변단면 캔틸레버보에서 A점의 수직처짐의 크기는? (단, 모든 부재의 탄성계수 E는 일정하고, 자중은 무시한다)

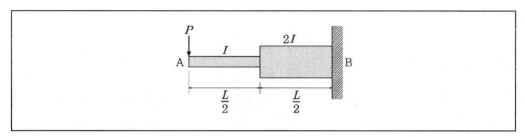

① $\dfrac{PL^3}{32EI}$

② $\dfrac{3PL^3}{32EI}$

③ $\dfrac{PL^3}{16EI}$

④ $\dfrac{3PL^3}{16EI}$

18
$$\delta_1 = \frac{F_1 L_1}{EA_1} = \frac{(3P-P) \times L}{EA} = \frac{2PL}{EA}$$

$$\delta_2 = \frac{F_2 L_2}{EA_2} = \frac{(3P-P) \times 2L}{E \times \dfrac{A}{2}} = \frac{8PL}{EA}$$

$$\delta_3 = \frac{F_3 L_3}{EA_3} = \frac{3P \times 3L}{E \times \dfrac{A}{4}} = \frac{36PL}{EA}$$

$$\delta_1 : \delta_2 : \delta_3 = 2 : 8 : 36 = 1 : 4 : 18$$

19 $L_e = kL = 0.5 \times 4,000 = 2,000[\text{mm}]$

(양단고정 $k = 0.5$)

$$P_{cr} = \frac{\pi^2 \times EI_{\min}}{L_e^2} = \frac{10 \times 210}{2,000^2} \left(\frac{200 \times 100^3}{12} \right) = 8,750[\text{kN}]$$

20
$$\delta_A = \frac{PL^3}{3EI} \left(\frac{1}{2} \right) + \frac{P \times \left(\dfrac{L}{2} \right)^3}{3EI} \left(1 - \frac{1}{2} \right) = \frac{3PL^3}{16EI}$$

정답 및 해설　18.② 　19.①　20.④

1 그림과 같이 외팔보에 등분포하중과 변분포하중이 작용하고 있다. 두 분포하중의 합력은 200kN이고 이 합력의 작용위치와 방향이 B점의 왼쪽 2m에서 하향이라면 거리 b는?

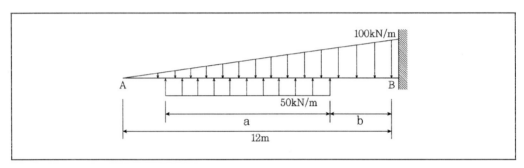

① 1m
② 2m
③ 3m
④ 4m

2 그림과 같은 단순보의 전단력도(S.F.D)와 휨모멘트도(B.M.D)를 이용하여 C점에 작용하는 집중하중 P_1의 크기는?

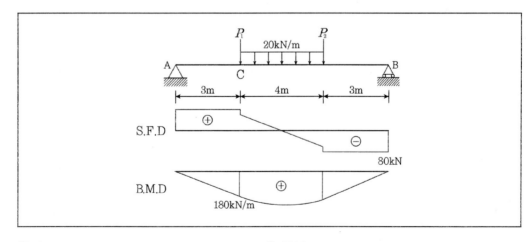

① 4kN
② 5kN
③ 6kN
④ 8kN

3 그림과 같은 삼각함수로 둘러싸인 단면을 x축 중심으로 $90°$ 회전시켰을 때 만들어지는 회전체의 부피는?

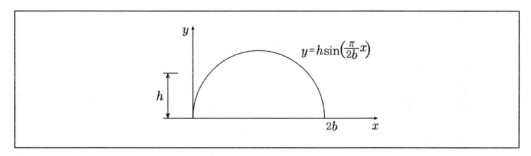

① $\dfrac{1}{4}\pi bh^2$

② $\dfrac{1}{3}\pi bh^2$

③ $\dfrac{1}{2}\pi bh^2$

④ πbh^2

---

1 바리뇽의 정리에 관한 단순한 문제이다.

$R = R_1 - R_2 = 200 = \left(\dfrac{1}{2} \times 12 \times 100\right) - (50 \times a)$ 이므로 $a = 8[\text{m}]$

B점에 대하여 바리뇽의 정리를 적용하면

$200 \times 2 = \left(\dfrac{1}{2} \times 12 \times 100\right) \times \dfrac{12}{3} - (50 \times 8) \times \left(\dfrac{8}{2} + b\right)$ 이므로

이를 만족하는 $b = 1[\text{m}]$

2 $M_C = 180[\text{kN} \cdot \text{m}] = R_A \times 3[\text{m}]$ 이므로 $R_A = 60[\text{kN}]$

$V_B = -80[kN] = -R_B$ 이므로 $R_B = 80[\text{kN}]$

$\sum M_D = 0 : 60(3+4) - P_1(4) - (20 \times 4) \times \dfrac{4}{2} - 80 \times 3 = 0$

$P_1 = 5[\text{kN}]$

3 파푸스의 정리를 이용한다.

단면적 $A = (2b \cdot h) \cdot \dfrac{2}{\pi} = \dfrac{4bh}{\pi}$

도심의 위치 $y_c = \dfrac{\pi h}{8}$

회전체의 체적 $V = A \cdot y_c \cdot \theta = \dfrac{4bh}{\pi} \times \dfrac{\pi h}{8} \times \dfrac{\pi}{2} = \dfrac{1}{4}\pi bh^2$

정답 및 해설 1.① 2.② 3.①

4 그림과 같이 하중을 받고 있는 케이블에서 A지점의 수평반력의 크기는? (단, 구조물의 자중은 무시한다)

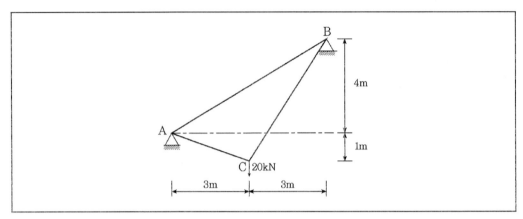

① 6kN   ② 8kN

③ 10kN   ④ 12kN

5 그림에 나타난 트러스에서 부재력이 0인 부재의 수는?

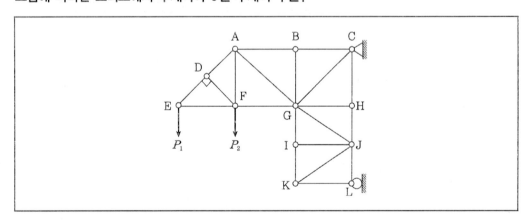

① 4개   ② 5개

③ 6개   ④ 7개

4 케이블의 정리를 이용하는 문제이다.

케이블은 $y_c = \dfrac{4}{2}+1 = 3[\text{m}]$

등가보 $M_e = \dfrac{PL}{4} = \dfrac{20 \times 6}{4} = 30[\text{kN} \cdot \text{m}]$

$H = \dfrac{M_e}{y_c} = \dfrac{30}{3} = 10[\text{kN}]$

[별해]

$H \cdot y_c = M_c$이므로 $H \times \left(1 + \dfrac{4}{6} \times 3\right) = \dfrac{20 \times 6}{4}$ 이므로 $H = 10[\text{kN}]$ 이 된다.

5

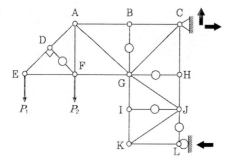

정답 및 해설   4.③   5.②

6 그림과 같은 게르버보에 임의의 길이 x를 갖는 등분포하중이 작용하고 있다. 이때 D점의 최대 수직부반력($\downarrow$)을 발생시키는 등분포하중의 길이 x와 D점의 최대수직부반력 R_D($\downarrow$)는?

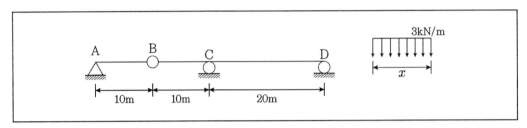

① $x = 10\text{m}$, $R_D = 30\text{kN}(\downarrow)$

② $x = 10\text{m}$, $R_D = 15\text{kN}(\downarrow)$

③ $x = 20\text{m}$, $R_D = 30\text{kN}(\downarrow)$

④ $x = 20\text{m}$, $R_D = 15\text{kN}(\downarrow)$

7 보 CD 위에 보 AB가 단순히 놓인 후에 등분포하중이 작용하였을 때, 보 AB에서 정모멘트가 최대가 되는 x는? (단, EI는 모든 부재에서 일정하며 $0 \leq x \leq \dfrac{L}{2}$이고, x는 A점으로부터의 거리이다)

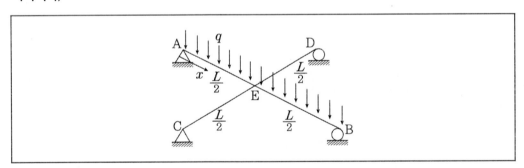

① $\dfrac{11}{16}L$

② $\dfrac{15}{32}L$

③ $\dfrac{11}{32}L$

④ $\dfrac{11}{48}L$

6 전형적인 영향선 문제이다. 영향선을 작도하면 다음과 같이 그려진다.

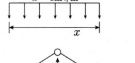

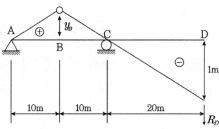

B점의 크기는 $y_B = y_D \times \dfrac{L_{BC}}{L_{CD}} = 1 \times \dfrac{10}{20} = 0.5[\text{m}]$

x는 영향선의 (+)인 폭이므로 20[m]가 된다.

따라서 $R_D = w \times A_{AC} = 3 \times \left(\dfrac{1}{2} \times 20 \times 0.5 \right) = 15[\text{kN}]$

7 변위일치법에 대한 기본적인 문제이다.

B지점에 대한 모멘트합이 0이 되어야 하므로,

$R_A \times L + \dfrac{5qL}{16} \times \dfrac{L}{2} - q \times L \times \dfrac{L}{2} = 0$, $R_A = \dfrac{11qL}{32}$

최대정모멘트는 전단력이 0인 곳에서 발생하므로

$V_x = R_A - q \times x = 0$이므로 $x = \dfrac{R_A}{q} = \dfrac{11L}{32}$

[별해]

E점의 반력은 AB보와 BC보의 강성은 같고 등가하중은 $\dfrac{5q(L/2)}{4} = \dfrac{5qL}{8}$이므로

$R_E = k \cdot \dfrac{8}{k+k} = \dfrac{5qL}{16}$이다. 또한 $R_A = \dfrac{qL}{2} - \dfrac{R_E}{2} = \dfrac{11qL}{32}$

정답 및 해설 6.④ 7.③

8 두께가 8mm인 보를 두께가 24mm인 보의 위와 아래에 접착시켜 제작한 단순보의 지간 중앙에 20kN의 하중이 작용할 때, 단순보의 접착면에서 전단파괴가 발생하였다면 접착면의 접착 응력은? (단, 보의 자중은 무시하고, 전단 파괴 이전의 접착면에서는 미끄러짐이 발생하지 않는다)

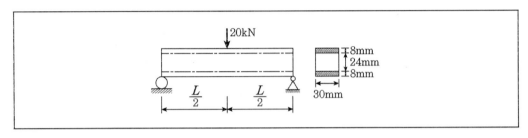

① 2MPa

② 4MPa

③ 6MPa

④ 8MPa

9 그림과 같은 스프링 시스템에 하중 P=100N이 작용할 때, 강체 CF의 변위는? (단, 모든 스프링의 강성은 k=5,000N/m이며, 강체는 수평을 이루면서 이동하고, 시스템의 자중은 무시한다)

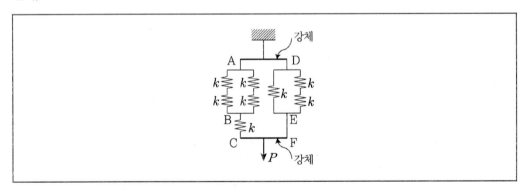

① 10mm

② 20mm

③ 30mm

④ 40mm

8 접촉면의 전단응력은

$$\tau = \frac{6h_1 h_2}{h^2} \times \frac{V}{A} = \frac{6 \times 8 \times 32}{40^2} \times \frac{V}{A} = \frac{24}{25} \times \frac{V}{A}$$

$$V = \frac{P}{2} = 10[\text{kN}]$$

$$\tau = \frac{24}{25} \times \frac{10 \times 10^3}{30 \times 40} = 8[\text{MPa}]$$

[별해]

접착응력은 전단응력과 같은 개념으로 이해하면 되며, 접합면은 중립축으로부터 $\frac{3}{10}h$만큼 떨어진 단면이다.

전단응력은 $\tau = \tau_{\max}\left[1 - 4\left(\frac{y}{h}\right)^2\right]$가 되므로 접합면에서의 전단응력은 $y = \frac{3}{10}h$를 식에 대입한 값이므로

$$\tau = \frac{24S}{25A} = \frac{24 \times 10 \times 10^3}{25 \times 30 \times 40} = 8[\text{MPa}]$$

9

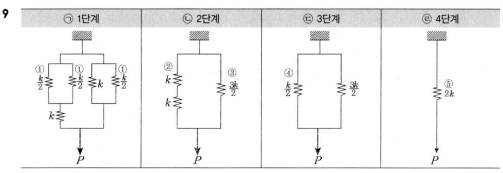

㉠ 1단계	㉡ 2단계	㉢ 3단계	㉣ 4단계

등가스프링에 관한 단순 문제이다.

① 직렬이므로 $k_{eq} = \frac{k \cdot k}{k + k} = \frac{k}{2}$

② 병렬이므로 $k_{eq} = \frac{k}{2} + \frac{k}{2} = k$

③ 병렬이므로 $k_{eq} = k + \frac{k}{2} = \frac{3}{2}k$

④ 직렬이므로 $k_4 = \frac{k \cdot k}{k + k} = \frac{k}{2}$

⑤ 병렬이므로 $k_{eq} = \frac{k}{2} + \frac{3k}{2} = 2k$

따라서 $\delta = \frac{P}{k_0} = \frac{P}{2k} = \frac{100}{2 \times 5,000} = 0.01[\text{m}] = 10[\text{mm}]$

정답 및 해설 8.④ 9.①

10 그림과 같은 구조물에서 휨모멘트도의 면적의 합이 120kN·m일 때, M_1의 크기는? (단, M_1 > 0이다)

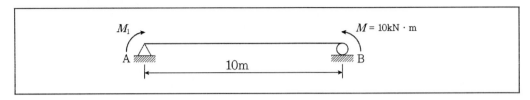

① 24kN·m

② 18kN·m

③ 14kN·m

④ 12kN·m

11 그림과 같은 구조물에서 발생하는 최대 휨응력과 최대 전단응력의 비 $\left(\dfrac{\sigma_{\max}}{\tau_{\max}}\right)$는 얼마인가?

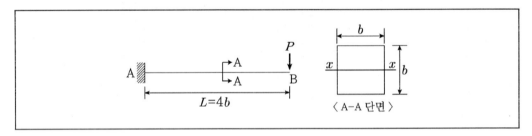

① 4

② 8

③ 12

④ 16

12 그림과 같은 보의 A지점에서 발생하는 반력모멘트 M_A는? (단, 탄성계수 E는 모든 부재에서 동일하며 AB 및 BC 부재의 단면 2차 모멘트는 각각 I와 $2I$이다)

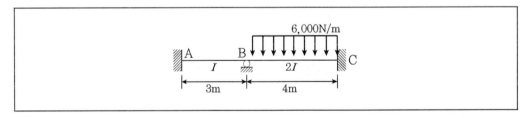

① 800N·m

② 1,600N·m

③ 3,200N·m

④ 10,400N·m

10 휨모멘트도의 면적의 합을 구하면

$$A_{AB} = 120 = \frac{(M_1 + 10) \times 10}{2} = 5M_1 + 50$$

$$M_1 = \frac{120 - 50}{5} = 14[\text{kN} \cdot \text{m}]$$

11

$$\sigma_{\max} = \frac{M_A}{Z} = \frac{P \times 4b}{\frac{b^3}{6}} = \frac{24P}{b^2}$$

$$\tau_{\max} = \frac{3V}{2A} = \frac{3P}{2b^2} \text{이므로} \quad \frac{\sigma_{\max}}{\tau_{\max}} = \frac{\frac{24P}{b^2}}{\frac{3P}{2b^2}} = 16$$

고정단 A의 중앙부에서 휨응력이 최대가 된다. 부재 전 부위에서 전단력이 동일하며 최대전단응력은 단면의 중앙부이며 그 크기는 정사각형 단면인 경우, 평균전단응력의 1.5배이다.

12 모멘트분배법에 관한 문제이다.

$$K_{AB} = \frac{4EI}{L_{AB}} = \frac{4EI}{3} \text{이며} \quad K_{BC} = \frac{4E \times 2I}{L_{BC}} = \frac{4E \times 2I}{4} = 2EI$$

$$DF_{AB} = \frac{K_{AB}}{K_{AB} + K_{BC}} = \frac{2}{5}, \quad DF_{BC} = \frac{K_{BC}}{K_{AB} + K_{BC}} = \frac{3}{5}$$

$$FEM_{BC} = \frac{-wL_{BC}^2}{12} = \frac{-6,000 \times 4^2}{12} = -8,000[\text{N} \cdot \text{m}]$$

$$FEM_{CB} = \frac{wL_{BC}^2}{12} = 8,000[\text{N} \cdot \text{m}]$$

$$F = 8,000[\text{N} \cdot \text{m}] \text{이므로}$$

$$M_A = \frac{F}{5} = \frac{8,000}{5} = 1,600[\text{N} \cdot \text{m}]$$

정답 및 해설 10.③ 11.④ 12.②

13 다음 그림 ㈎와 같이 하중 P를 받고 힌지와 케이블로 지지된 강체봉이 있다. 케이블 재료의 응력-변형률 선도가 그림 ㈏와 같을 때, 케이블이 견딜 수 있는 최대하중의 크기는 $B_1(f_y A_s)$이다. B_1은? (단, F_1과 F_2는 케이블의 장력, f_y는 케이블의 항복강도, A_s는 케이블의 단면적이며 자중은 무시한다)

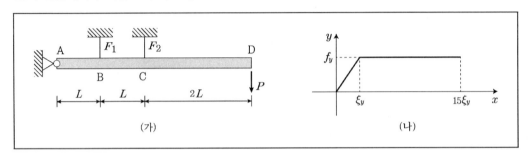

① $\dfrac{1}{4}$

② $\dfrac{1}{2}$

③ $\dfrac{3}{4}$

④ 1

14 그림과 같이 하중을 받는 구조물에서 고정단 C의 반력 모멘트의 크기는? (단, 구조물 자중은 무시하고, 휨강성 EI는 일정하며, 축방향 변형은 무시한다)

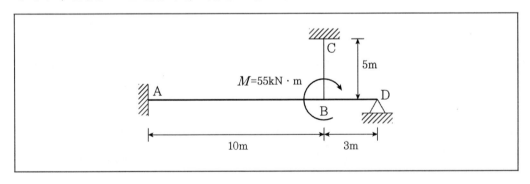

① 10kN · m

② 11kN · m

③ 12kN · m

④ 13kN · m

15 높이 h=400mm, 폭 b=500mm, 두께 t=5mm인 강판의 양면이 마찰이 없는 강체벽에 y방향으로 구속되어 있다. x방향의 변형량이 0.36mm라면 압력 p의 크기는? (단, 강판의 포아송비는 0.2이고, 탄성계수는 200GPa이며, 강판의 자중은 무시한다)

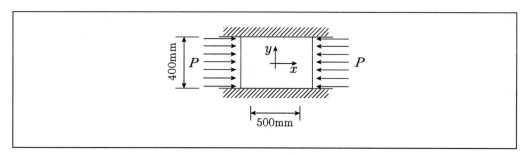

① 60MPa   ② 90MPa

③ 120MPa   ④ 150MPa

---

13 $\sum M_A = 0 : - B_1 \times L - B_1 \times 2L + P_u \times 4L = 0$

$P_u = \dfrac{3}{4} B_1$

14 $k_{BA} : k_{BC} : k_{BD} = \dfrac{4EI}{10} : \dfrac{4EI}{5} : \dfrac{3EI}{3} = 2 : 4 : 5$

(BD부재의 한쪽이 힌지단이므로 강성은 3/4배가 된다.)

$DF_{BC} = \dfrac{k_{BC}}{k_{BA} + k_{BC} + k_{BD}} = \dfrac{4}{2+4+5} = \dfrac{4}{11}$

$M_{BC} = M \times DF_{BC} = 55 \times \dfrac{4}{11} = 20[\text{kN} \cdot \text{m}]$

$M_{CB} = M_{BC} \times COF = 20 \times \dfrac{1}{2} = 10[\text{kN} \cdot \text{m}]$

(DF는 분배율, COF는 전달율이다.)

15 $\varepsilon_x = \dfrac{\delta_x}{L_x} = \dfrac{-0.36}{500} = -0.0072$이며

강체벽에 구속되어 있으므로 $\varepsilon_y = 0$

$\sigma_x = \dfrac{E(\varepsilon_x + \nu\varepsilon_y)}{1 - \nu^2} = \dfrac{(200 \times 10^3) \times (-0.00072 + 0.2 \times 0)}{1 - 0.2^2} = -150[\text{MPa}]$

16 그림과 같은 단순보에서 외측의 두께 t가 내측의 두께 h보다 매우 작은 경우($t \ll h$), C점에서 발생하는 평균 전단응력의 표현으로 옳은 것은?

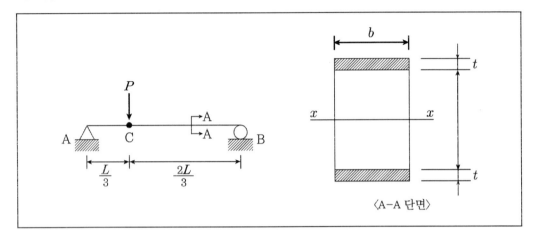

① $\dfrac{P}{3bh}$

② $\dfrac{2P}{3bh}$

③ $\dfrac{PL}{3bh}$

④ $\dfrac{2PL}{3bh}$

17 다음 그림과 같은 구조물에서 스프링이 힘을 받지 않은 상태에서 δ는 5mm이다. 봉 Ⅰ과 봉 Ⅱ의 온도가 증가하여 δ가 3mm로 되었다면, 온도의 증가량 $\triangle T$는?

(단, 열팽창계수 $\alpha=10^{-5}/℃$, $E=200\text{GPa}$, $L=1\text{m}$, A=100mm², $k=2,000\text{N/mm}$)

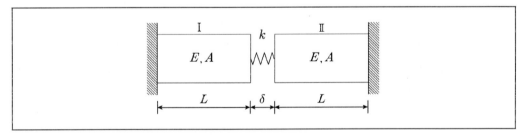

① 60℃

② 80℃

③ 100℃

④ 120℃

16 논란의 여지가 있는 문제이다.

우선, 지점의 반력을 구하면 $R_A = \dfrac{2}{3}P$, $R_B = \dfrac{1}{3}P$이며

전단력선도는 다음과 같이 그려지게 된다.

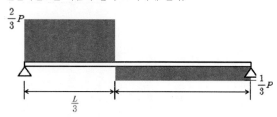

이 문제에서는 C지점에 작용하는 전단력을 $V_C = R_A = \dfrac{2}{3}P$로 보아야 답이 $\dfrac{2P}{3bh}$로 도출되는데

C지점은 전단력의 부호가 바뀌는 불연속점이므로 문제 자체가 성립되기 어렵다.

$$\gamma_{aver} = \frac{V_c}{A} = \frac{V_c}{b \times (h+2t)} = \frac{V_c}{b \times h} \quad (\because t \ll h)$$

$$= \frac{\left(\dfrac{2P}{3}\right)}{b \times h} = \frac{2P}{3bh}$$

17 변위일치법에 관한 문제이다.

$k_s = 2[\text{kN/mm}]$이며 $R = k_s \cdot \triangle\delta = 2 \times (5-3) = 4[\text{kN}]$

$$k_b = \frac{EA}{L} = \frac{200 \times 100}{1,000} = 20[\text{kN/m}]$$

$$\alpha(\triangle T)L + \alpha(\triangle T)L = \frac{R}{k_b} + \frac{R}{k_b} + \frac{R}{k_s} = \frac{4}{20} + \frac{4}{20} + \frac{4}{2} = 2.4[\text{mm}]$$

따라서 $\triangle T = \dfrac{2.4}{2\alpha L} = \dfrac{2.4}{2 \times 10^{-5} \times 1,000} = 120[\text{℃}]$

[별해]

$R_T = \dfrac{2\alpha\triangle TL}{\dfrac{2L}{EA} + \dfrac{1}{k}}$ 이므로 $4,000 = \dfrac{2 \times 10^{-5} \times \triangle T \times 1,000}{\dfrac{2 \times 1,000}{200 \times 10^3 \times 100} + \dfrac{1}{2,000}}$ 를 만족하는

$\triangle T = 120[\text{℃}]$

정답 및 해설 16.② 17.④

18 그림 ⑺에서 외부하중 P에 의하여 B점에 발생한 처짐이 $\dfrac{PL^3}{8EI}$이고, 그림 ⑻에서 받침 B점에 발생한 침하가 $\dfrac{PL^3}{24EI}$일 때, B점에 작용하는 반력(R_B)의 크기는? (단, 그림 ⑺와 ⑻는 동일한 구조물로 B점의 경계조건만 다름)

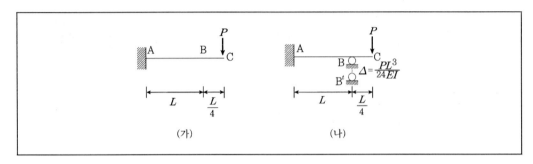

(가) (나)

① $\dfrac{P}{4}$

② $\dfrac{1}{2}P$

③ P

④ $2P$

19 그림과 같은 외팔보의 자유단 C점에서의 처짐은? (단, 보의 자중은 무시하며 휨강성 EI는 일정하다)

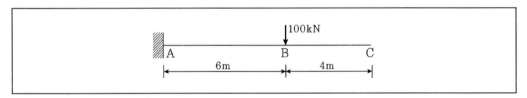

① $\dfrac{10,800}{EI}[\text{kN} \cdot \text{m}^3]$ (하향)

② $\dfrac{12,000}{EI}[\text{kN} \cdot \text{m}^3]$ (하향)

③ $\dfrac{13,200}{EI}[\text{kN} \cdot \text{m}^3]$ (하향)

④ $\dfrac{14,400}{EI}[\text{kN} \cdot \text{m}^3]$ (하향)

18 B점에서 변위일치법을 적용하면

$$\triangle = \frac{PL^3}{8EI} - \frac{R_B L^3}{3EI} = \frac{PL^3}{24EI} \text{ 이므로 } R_B = \frac{P}{4}$$

19 중첩의 원리를 적용해서 푼다.

$$\delta_C = \delta_B + \theta_B \times b = \frac{100 \times 6^3}{3EI} + \frac{100 \times 6^2}{2EI} \times 4 = \frac{14,400}{EI}(\downarrow)$$

$$\delta_C = \delta_B \times \frac{2a + 3b}{2a} = \delta_B \times \frac{2 \times 6 + 3 \times 4}{2 \times 6} = 2\delta_B$$

$$\delta_C = 2\delta_B = 2 \times \frac{PL_{AB}^3}{3EI} = 2 \times \frac{100 \cdot 6^3}{3EI} = \frac{14,400}{EI}[\text{kN} \cdot \text{m}^3]$$

정답 및 해설 18.① 19.④

20 그림과 같이 수평하중을 받는 트러스 구조물의 B점에서 발생하는 최대 수평변위 $\delta_{\max} = 3\delta$ 일 때, 허용 가능한 최대 수평하중(P)은? (단, 모든 부재의 단면적 A와 탄성계수 E는 동일하다)

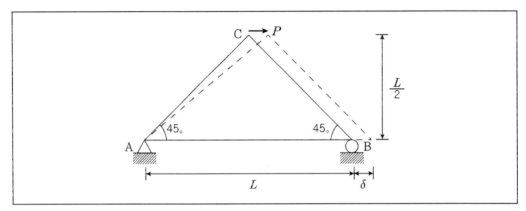

① $\dfrac{2AE}{L}\delta$

② $\dfrac{4AE}{L}\delta$

③ $\dfrac{6AE}{L}\delta$

④ $\dfrac{8AE}{L}\delta$

20 A지점에 대한 모멘트의 합이 0이어야 하므로,

$$\sum M_A = 0 : P \times \frac{L}{2} - R_B \times L = 0 을 \ 만족하는 \ R_B = \frac{P}{2}$$

B점에 대해 힘의 평형을 이루어야 하므로,

AB 부재에는 $F_{AB} = R_B \times \frac{1}{1} = \frac{P}{2}$ 가 작용하게 된다.

B점에 발생하게 되는 수평변위는

$$\delta_B = \sum \frac{F_{AB} \times L}{EA} = \frac{\frac{P}{2} \times L}{EA} = \frac{PL}{2EA}$$

$$\delta_{Bh}\left(= \frac{PL}{2EA} \right) \leq \delta_{\max}(= 3\delta) \ 이므로$$

$$P_{\max} = \frac{6EA}{L}\delta$$

정답 및 해설 20.③

1 그림과 같은 단순보에서 다음 항목 중 0의 값을 갖지 않는 것은? (단, 단면은 균일한 직사각형이다)

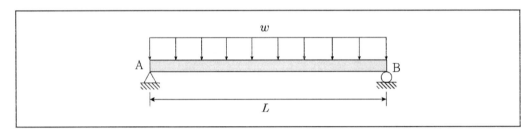

① 중립축에서의 휨응력(수직응력)
② 단면의 상단과 하단에서의 전단응력
③ 양단지점에서의 휨응력(수직응력)
④ 양단지점의 중립축에서의 전단응력

2 그림과 같은 단순보에서 다음 설명 중 옳은 것은? (단, 단면은 균일한 직사각형이고, 재료는 균질하다)

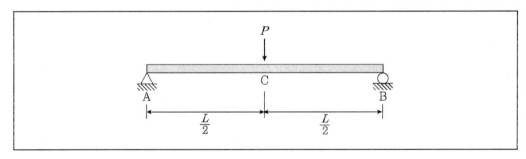

① 탄성계수 값이 증가하면 지점 처짐각의 크기는 증가한다.
② 지점 간 거리가 증가하면 지점 처짐각의 크기는 증가한다.
③ 휨강성이 증가하면 C점의 처짐량은 증가한다.
④ 지점 간 거리가 증가하면 C점의 처짐량은 감소한다.

3 그림과 같은 게르버보에 하중이 작용하고 있다. A점의 수직반력 R_A가 B점의 수직반력 R_B의 2배($R_A = 2R_B$)가 되려면, 등분포하중 w[kN/m]의 크기는? (단, 보의 자중은 무시한다)

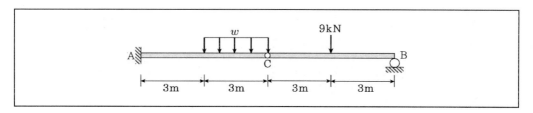

① 0.5

② 1.0

③ 1.5

④ 2.0

---

1 등분포하중이 작용하는 단면적이 일정한 단순보에서는 양단지점에서 가장 큰 전단력이 발생되므로 양단지점의 중립축에서 전단응력이 최댓값이 된다.

2 ① 탄성계수 값이 증가하면 지점 처짐각의 크기는 감소한다.
③ 휨강성이 증가하면 C점의 처짐량은 감소한다.
④ 지점 간 거리가 증가하면 C점의 처짐량은 증가한다.

3 BC부재의 경우 $R_B = R_C = \dfrac{9}{2} = 4.5$[kN]

AC부재의 경우

$\sum V = 0 : 9 - (w \times 3) - 4.5 = 0$이므로 $w = 1.5$[kN/m]

정답 및 해설 1.④ 2.② 3.③

4 그림과 같이 등분포 고정하중이 작용하는 단순보에서 이동하중이 작용할 때 절대 최대 전단력의 크기[kN]는? (단, 보의 자중은 무시한다)

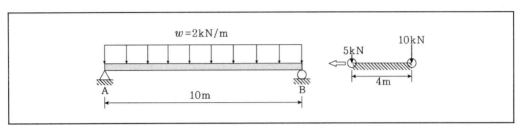

① 20

② 21

③ 22

④ 23

5 그림과 같이 폭이 b이고 높이가 h인 직사각형 단면의 x축에 대한 단면 2차 모멘트 I_{x1}과 빗금친 직사각형 단면의 x축에 대한 단면 2차 모멘트 I_{x2}의 크기의 비 $\left(\dfrac{I_{x2}}{I_{x1}}\right)$는?

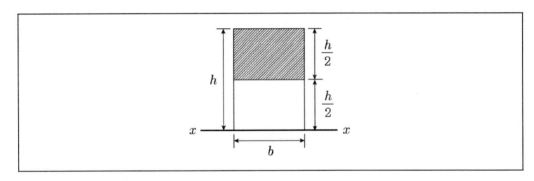

① $\dfrac{1}{2}$

② $\dfrac{2}{3}$

③ $\dfrac{7}{8}$

④ 1

4 절대 최대 전단력은 이동하중 10[kN]이 B점 바로 왼쪽을 지날 때 10[kN]과 B점 사이에서 발생한다.

따라서 $\sum M_A = 0 : 5 \times 6 + 10 \times 10 + (2 \times 10) \times \dfrac{10}{2} - R_B \times 10 = 0$

$R_B = 23[\text{kN}]$이며 절대 최대 전단력은 이와 같은 값이 된다.

[별해]

후륜하중이 더 크므로 절대 최대 전단력은 B점에서 발생하게 되며 B점의 전단력은 지점반력과 같다.

따라서 B점의 전단력 영향선도를 이용하여 절대 최대 전단력을 구하면

$S_B = -\left(\dfrac{1}{2} \times 10 \times 1 \right) \times 2 - 0.6 \times 5 - 1 \times 10 = -23[\text{kN}]$

5

$$\frac{I_{x2}}{I_{x1}} = \frac{\dfrac{bh^3}{12} - \dfrac{b\left(\dfrac{h}{2}\right)^3}{12}}{\dfrac{bh^3}{12}} = \frac{\dfrac{7bh^3}{96}}{\dfrac{bh^3}{12}} = \frac{7}{8}$$

정답 및 해설 4.④ 5.③

6 그림과 같이 하중을 받는 구조물에서 고정단 C점의 모멘트 반력의 크기[kN · m]는? (단, 구조물의 자중은 무시하고, 휨강성 EI는 일정, M_B = 84kN · m이다)

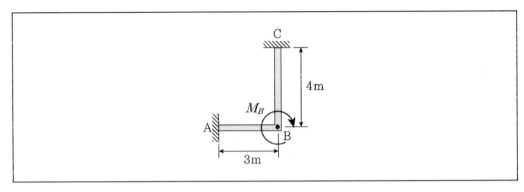

① 9

② 18

③ 27

④ 36

7 그림과 같이 두 개의 우력모멘트를 받는 단순보 AE에서 A 지점 처짐각의 크기($a\dfrac{PL^2}{EI}$)와 C점 처짐의 크기($b\dfrac{PL^3}{EI}$)를 구하였다. 상수 a와 b의 값은? (단, 보 AE의 휨강성 EI는 일정하고, 보의 자중은 무시한다)

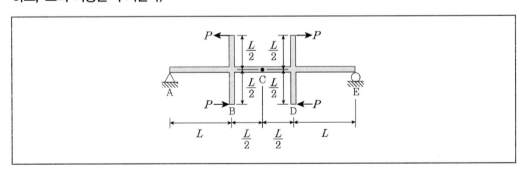

	$\underline{a}$	$\underline{b}$
①	$\dfrac{1}{2}$	$\dfrac{5}{8}$
②	$\dfrac{1}{2}$	$\dfrac{3}{2}$
③	$\dfrac{1}{6}$	$\dfrac{5}{8}$
④	$\dfrac{1}{6}$	$\dfrac{3}{2}$

6 모멘트분배법에 관한 문제이다.

우선 부재의 강비를 구하면 $k_{BA} : k_{BC} = \dfrac{4EI}{3} : \dfrac{4EI}{4} = 4 : 3$

BC부재의 분배율은 $DF_{BC} = \dfrac{k_{BC}}{k_{BA} + k_{BC}} = \dfrac{3}{4+3} = \dfrac{3}{7}$

BC부재에 분배되는 모멘트는

$M_{BC} = M_B \times DF_{BC} = 84 \times \dfrac{3}{7} = 36[\text{kN} \cdot \text{m}]$

고정단인 경우 도달모멘트는 분배모멘트의 1/2가 되므로

$M_{CB} = M_{BC} \times COF = 36 \times \dfrac{1}{2} = 18[\text{kN} \cdot \text{m}]$

7 매우 까다로운 문제이며 시간이 상당히 소요되므로 과감히 넘어갈 것을 권하는 문제이다. 문제를 풀기 위해서 우력의 개념이 바로 떠올라야 하지만 이를 파악한 후 공액보법으로 풀어야 하는 등 시간소모가 많은 문제이다.

$\theta_A = \dfrac{L \cdot \dfrac{PL}{EI}}{2} = \dfrac{PL^2}{2EI}$ 이므로 $a = \dfrac{1}{2}$

$\delta_C = \dfrac{PL^2}{2EI}\left(\dfrac{3L}{2}\right) - \left(\dfrac{L}{2} \times \dfrac{PL}{EI}\right)\dfrac{L}{4} = \dfrac{5PL^3}{8EI}$ 이므로 $b = \dfrac{5}{8}$

[별해]

B점과 D점에 같은 크기의 우력모멘트 PL이 작용하여 중앙단면에서 서로 반대방향으로 작용하고 있으므로 대칭변형구조물이다. 휨모멘트도를 이용한 탄성하중법이나 공액보법을 적용하여 푼다.

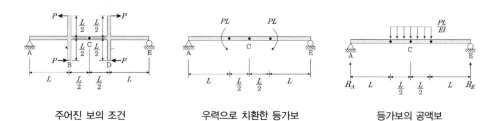

| 주어진 보의 조건 | 우력으로 치환한 등가보 | 등가보의 공액보 |

8 그림과 같은 하중을 받는 단순보에서 인장응력이 발생하지 않기 위한 단면 높이 h의 최솟값 [mm]은? (단, $h = 2b$, 50kN의 작용점은 단면의 도심이고, 보의 자중은 무시한다)

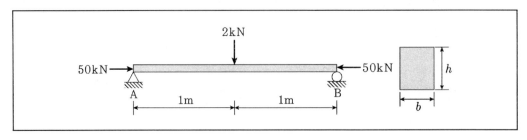

① 100

② 110

③ 120

④ 130

9 그림과 같은 단순보의 C점에 스프링을 설치하였더니 스프링에서의 수직 반력이 $\dfrac{P}{2}$가 되었다. 스프링 강성 k는? (단, 보의 휨강성 EI는 일정하고 보의 자중은 무시한다)

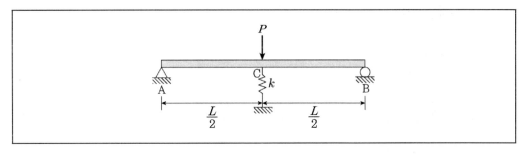

① $\dfrac{24EI}{L^3}$

② $\dfrac{48EI}{L^3}$

③ $\dfrac{96EI}{L^3}$

④ $\dfrac{120EI}{L^3}$

10 보의 탄성처짐을 해석하는 방법에 대한 다음 설명으로 옳지 않은 것은?

① 휨강성 EI가 일정할 때, 모멘트 방정식 $EI\dfrac{d^2v}{dx^2} = M(x)$를 두 번 적분하여 처짐 ν를 구할 수 있는데, 이러한 해석법을 이중적분법(Double Integration Method)이라고 한다.

② 모멘트면적정리(Moment Area Theorem)에 의하면, 탄성 곡선상의 점 A에서의 접선과 점 B로부터 그은 접선 사이의 점 A에서의 수직편차 $t_{B/A}$는 $\dfrac{M}{EI}$ 선도에서 이 두 점 사이의 면적과 같다.

③ 공액보를 그린 후 $\dfrac{M}{EI}$ 선도를 하중으로 재하하였을 때, 처짐을 결정하고자 하는 곳에서 공액보의 단면을 자르고 그 단면에서 작용하는 휨모멘트를 구하여 처짐을 구할 수 있으며, 이러한 해석법을 공액보법(Conjugated Beam Method)이라고 한다.

④ 카스틸리아노의 정리(Castigliano's Theorem)에 의하면, 한 점에 처짐의 방향으로 작용하는 어느 힘에 관한 변형 에너지의 1차 편미분 함수는 그 점에서의 처짐과 같다.

---

8 $M_C = \dfrac{QL}{4} = \dfrac{2 \times 2}{4} = 1[\text{kN} \cdot \text{m}] = 1{,}000[\text{kN} \cdot \text{mm}]$

단순보에서 인장응력이 발생하지 않으려면 중앙부 하단의 응력이 0이 되어야 하므로

$\sigma_{C,\text{하단}} = -\dfrac{P}{A} + \dfrac{6M_C}{Ah} \le 0$이므로 $h \ge \dfrac{6M_C}{P}$

$h_{\min} = \dfrac{6M_C}{P} = \dfrac{6 \times 1{,}000}{50} = 120[\text{mm}]$

9 변위일치법에 관한 기본적인 문제이다.

$\dfrac{PL^3}{48EI} - \dfrac{\left(\dfrac{P}{2}\right)L^3}{48EI} = \dfrac{\dfrac{P}{2}}{k}$ 이므로 $k = \dfrac{48EI}{L^3}$

10 모멘트면적정리(Moment Area Theorem)에 의하면, 탄성 곡선상의 점 A에서의 접선과 점 B로부터 그은 접선 사이의 접선각 차이는 $\dfrac{M}{EI}$ 선도에서 이 두 점 사이의 면적과 같다.

정답 및 해설 8.③ 9.② 10.②

11 그림과 같이 단순보에 2개의 집중하중이 작용하고 있을 때 휨모멘트선도는 아래와 같다. C점에 작용하는 집중하중 P_C와 D점에 작용하는 집중하중 P_D의 비($\dfrac{P_C}{P_D}$)는?

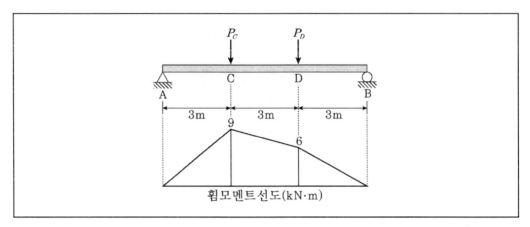

① 4

② 5

③ 6

④ 7

12 그림과 같이 부재에 하중이 작용할 때, B점에서의 휨모멘트 크기[kN·m]는? (단, 구조물의 자중 및 부재의 두께는 무시한다)

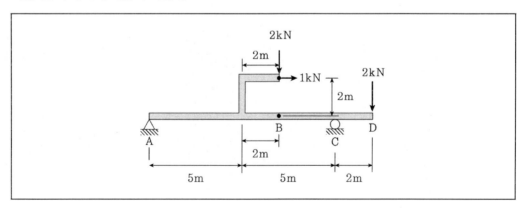

① 1

② 2

③ 3

④ 4

13 그림과 같이 2개의 부재로 연결된 트러스에서 B점에 30kN의 하중이 연직방향으로 작용하고 있을 때, AB 부재와 BC 부재에 발생하는 부재력의 크기 F_{AB}[kN]와 F_{BC}[kN]는?

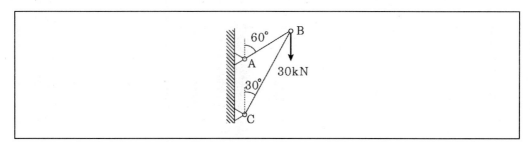

F_{AB}	F_{BC}
① 30	$30\sqrt{3}$
② 30	30
③ 60	$60\sqrt{3}$
④ 60	60

---

11 단순보에 작용하는 전단력과 휨모멘트의 관계를 묻는 기본적인 문제이다.

$M_C = 9 = R_A \times 3$이므로 $R_A = 3$[kN]

$M_D = 6 = R_A \times 6 - P_C \times 3$이므로 $P_C = 4$[kN]

$M_B = 0 = R_A \times 9 - P_C \times 6 - P_D \times 3$이므로 $P_D = 1$[kN]

$\dfrac{P_C}{P_D} = \dfrac{4}{1} = 4$

12 $\sum M_C = 0 : R_A \times 10 - 2 \times 3 + 1 \times 2 + 2 \times 2 = 0$이므로 $R_A = 0$[kN]

$\sum M_B = 0 : 1 \times 2 - M_B = 0$이므로 $M_B = 2$[kN · m]

13 라미의 정리로 풀 수도 있고 시력도를 이용하여 풀 수도 있는 단순한 문제이다.

또한 60°, 30°의 각도가 주어져 있어 직관적으로

$F_{AB} = 30$[kN](인장), $F_{BC} = -30\sqrt{3}$[kN](압축)임을 알 수 있다.

11.① 12.② 13.①

14 그림과 같은 내민보에 집중하중이 작용하고 있다. 한 변의 길이가 b인 정사각형 단면을 갖는다면 B점에 발생하는 최대 휨응력의 크기는 $a\dfrac{PL}{b^3}$ 이다. a의 값은? (단, 보의 자중은 무시한다)

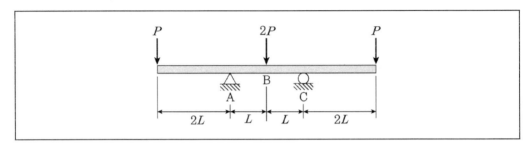

① 2

② 4

③ 6

④ 8

15 그림과 같이 우력모멘트를 받는 단순보의 A 지점 처짐각의 크기는 $a\dfrac{PL^2}{EI}$ 이다. a의 크기는? (단, 보의 휨강성 EI는 일정하고 보의 자중은 무시한다)

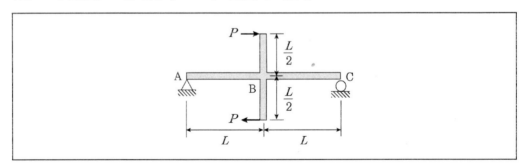

① $\dfrac{1}{2}$

② $\dfrac{1}{6}$

③ $\dfrac{1}{8}$

④ $\dfrac{1}{12}$

14

$$R_A = R_C = \frac{P + 2P + P}{2} = 2P$$

$$M_B = -P(2L + L) + R_A \times L = -P \times 3L + 2P \times L = -P \times L$$

$$\sigma_{B,\max} = \frac{M_B}{Z} = \frac{PL}{\frac{b^3}{6}} = \frac{6PL}{b^3} \text{이므로}$$

$a\dfrac{PL}{b^3}$ 에 의해 a의 값은 6이 된다.

15

$$\theta_A = \frac{M \times l}{24EI} = \frac{PL \times 2L}{24EI} = \frac{PL^2}{12EI} \text{이므로 } a = \frac{1}{12}$$

(l은 보 부재의 길이이므로 이 문제에서는 2L이 된다.)

[별해]

지간 중앙 B점을 중심으로 역대칭 변형구조물이다.

대칭축상인 B점을 힌지단으로 가정할 수 있으므로 모델링구조에서 구하는 것이 편리하다.

$$\theta_A = \frac{(PL/2)(L)}{6EI} = \frac{PL^2}{12EI}$$

정답 및 해설 14.③ 15.④

16 그림과 같이 하중을 받는 스프링과 힌지로 지지된 강체 구조물에서 A점의 변위[mm]는? (단, $M_B = 30\,\text{N} \cdot \text{m}$, $k_1 = k_2 = k_3 = 5\text{kN/m}$, $L_1 = 2\text{m}$, $L_2 = L_3 = 1\text{m}$, 구조물의 자중은 무시하며 미소변위이론을 사용한다)

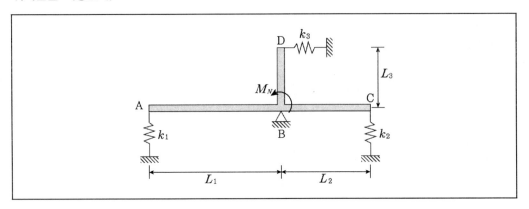

① 1.0

② 1.5

③ 2.0

④ 2.5

17 그림과 같은 직사각형 단면(폭 b, 높이 h)을 갖는 단순보가 있다. 이 보의 최대휨응력이 최대전단응력의 2배라면 보의 길이(L)와 단면 높이(h)의 비($\frac{L}{h}$)는? (단, 보의 자중은 무시한다)

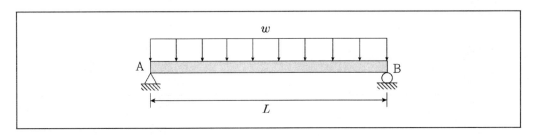

① $\frac{1}{4}$

② $\frac{1}{2}$

③ 2

④ 4

16 각 부재의 스프링계수가 모두 같은 조건이므로 우선 C지점에서 발생하는 반력을 기준으로 하여 다른 지점의 반력들을 구하면

$$R_D = R_C \times \frac{L_{BD}}{L_{BC}} \times \frac{k_3}{k_2} = R \times \frac{1}{1} \times \frac{5}{5} = R$$

$$R_A = R_C \times \frac{L_{AB}}{L_{BC}} \times \frac{k_1}{k_2} = R \times \frac{2}{1} \times \frac{5}{5} = 2R$$

B점에 대한 모멘트의 합이 0임을 이용하여 구하는 문제이다.

$$\sum M_B = 0 : R \times 1 + R \times 1 + 2R \times 2 - 30 = 0, \quad R = 5[\text{N}]$$

$$\delta_A = \frac{R_A}{k_1} = \frac{2R}{k_1} = \frac{2 \times 5}{5} = 2.0[\text{mm}]$$

17

$$\sigma_{\max} = \frac{M_{\max}}{Z} = \frac{\left(\dfrac{wL^2}{8}\right)}{\left(\dfrac{bh^2}{6}\right)} = \frac{3wL^2}{4bh^2}$$

$$\tau_{\max} = \frac{VQ}{Ib} = \frac{3V_{\max}}{2A} = \frac{3\left(\dfrac{wL}{2}\right)}{2 \times b \times h} = \frac{3wL}{4bh}$$

$$\frac{\sigma_{\max}}{\tau_{\max}} = \frac{\dfrac{3wL^2}{4bh^2}}{\dfrac{3wL}{4bh}} = \frac{L}{h} = 2$$

정답 및 해설 16.③ 17.③

18 그림과 같은 가새골조(Braced Frame)가 있다. 기둥 AB와 기둥 CD의 유효좌굴길이계수에 대한 설명으로 옳은 것은?

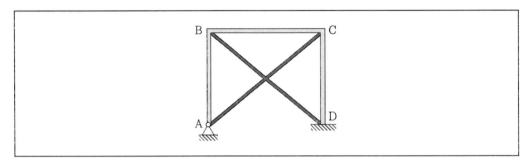

① 기둥 AB의 유효좌굴길이계수는 0.7보다 크고 1.0보다 작다.
② 기둥 AB의 유효좌굴길이계수는 2.0보다 크다.
③ 기둥 CD의 유효좌굴길이계수는 0.5보다 작다.
④ 기둥 CD의 유효좌굴길이계수는 1.0보다 크고 2.0보다 작다.

19 다음 설명에서 틀린 것만을 모두 고르면?

> ㉠ 1축 대칭 단면의 도심과 전단 중심은 항상 일치한다.
> ㉡ 미소변위이론을 사용할 때 $\sin\theta$는 θ로 가정된다.
> ㉢ 구조물의 평형방정식은 항상 변형 전의 형상을 사용하여 구한다.
> ㉣ 반력이 한 점에 모이는 구조물은 안정한 정정구조물이다.

① ㉠, ㉢   ② ㉡, ㉣
③ ㉠, ㉡, ㉣   ④ ㉠, ㉢, ㉣

20 그림 (a)와 같은 이중선형 응력변형률 곡선을 갖는 그림 (b)와 같은 길이 2m의 강봉이 있다. 하중 20kN이 작용할 때 강봉의 늘어난 길이[mm]는? (단, 강봉의 단면적은 200mm²이고, 자중은 무시하며, 그림 (a)에서 탄성계수 $E_1 = 100GPa$, $E_2 = 40GPa$이다)

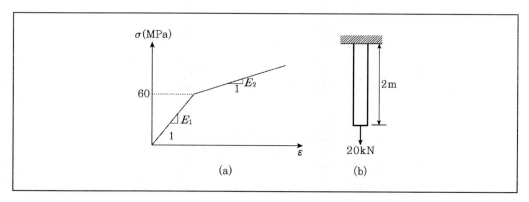

① 0.2
② 0.8
③ 1.6
④ 3.2

---

18 기둥 AB의 유효좌굴길이계수는 0.7보다 크고 1.0보다 작다.
기둥 CD의 유효좌굴길이계수는 0.5보다 크고 0.7보다 작다.

19 ㉠ 1축 대칭 단면의 도심과 전단 중심은 T형보나 ㄷ형강과 같은 형상인 경우처럼 서로 일치하지 않는 경우도 있다.
  ㉢ 평형방정식은 말 그대로 힘의 평형이 이루어진 상태에 적용되는 방정식이며 구조물에 힘이 가해져도 변형이 없는 강체라고 가정하여 해석하는 것이다. 만약 강체가 아닌 구조물이라면 힘이 가해져서 변형이 일어난 후 힘의 평형이 이루어진 상태의 형상을 사용하여 구하는 것이 맞다.
  ㉣ 반력이 한 점에 모이는 구조물은 불안정한 구조물이다.

20 $\sigma_0 = \dfrac{P}{A} = \dfrac{(20 \times 10^3)}{200} = 100[\text{MPa}]$

$\sigma_2 = \sigma_0 - \sigma_1 = 100 - 60 = 40[\text{MPa}]$

$\varepsilon_1 = \dfrac{\sigma_1}{E_1} = \dfrac{60}{100 \times 10^3} = 0.0006$, $\varepsilon_2 = \dfrac{\sigma_2}{E_2} = \dfrac{40}{40 \times 10^3} = 0.0010$

$\varepsilon_{tot} = \varepsilon_1 + \varepsilon_2 = 0.0016$이므로

늘어난 길이는 $\delta = \varepsilon_{tot} \times L = 0.0016 \times 2,000 = 3.2[\text{mm}]$

정답 및 해설 18.① 19.④ 20.④

1 그림과 같이 O점에 작용하는 힘의 합력의 크기[kN]는?

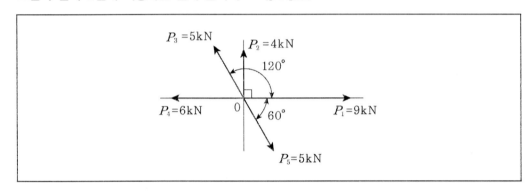

① 2

② 3

③ 4

④ 5

2 그림과 같은 단면에서 x축으로부터 도심 G까지의 거리 y_0는?

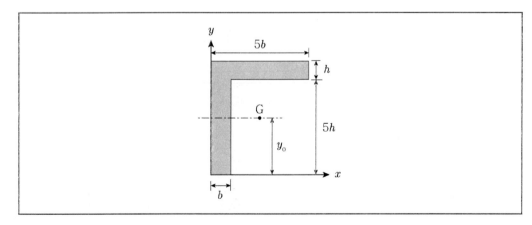

① 3.6h

② 3.8h

③ 4.0h

④ 4.2h

3 그림과 같이 빗금 친 도형의 $x-x$축에 대한 회전 반지름[cm]은?

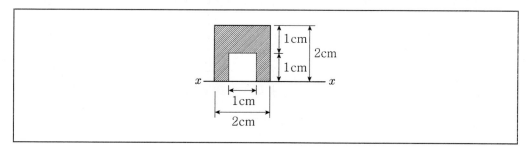

① $\dfrac{2\sqrt{3}}{3}$

② $\dfrac{\sqrt{13}}{3}$

③ $\dfrac{\sqrt{14}}{3}$

④ $\dfrac{\sqrt{15}}{3}$

---

1 각 힘을 x성분과 y성분으로 나누어 해석하면 손쉽게 답을 구할 수 있다.

우선 힘 P_3과 P_5는 서로 동일 작용선상에 있으며 방향은 반대이고 크기가 같으므로 합력은 0이 된다.

나머지 힘들의 합력을 구하면 x성분은 3, y성분은 4가 되며 피타고라스의 정리에 의해 합력의 크기는 5kN이 된다.

2
$$y_o = \frac{A_1 y_1 + A_2 y_2}{A_1 + A_2} = \frac{\dfrac{5h}{2} + \dfrac{11h}{2}}{2} = 4h$$

3
$$r_x = \sqrt{\frac{I_x}{A}} = \sqrt{\frac{\dfrac{15}{3}}{3}} = \sqrt{\frac{15}{9}} = \frac{\sqrt{15}}{3}$$
$$A = 2^2 - 1^2 = 3$$
$$I_x = \frac{2^4 - 1^4}{3} = \frac{15}{3}$$

정답 및 해설 1.④ 2.③ 3.④

4 그림과 같이 하중을 받는 내민보의 지점 B에서 수직반력의 크기가 0일 때, 하중 P_2의 크기 [kN]는? (단, 구조물의 자중은 무시한다)

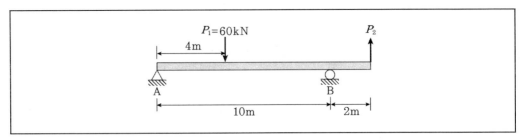

① 20

② 25

③ 30

④ 35

5 그림과 같이 하중을 받는 캔틸레버보에서 B점의 수직변위의 크기는 $C_1 \dfrac{PL^3}{EI}$ 이다. 상수 C_1은? (단, 휨강성 EI는 일정하며, 구조물의 자중은 무시한다)

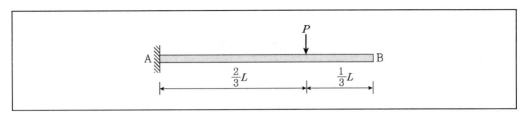

① $\dfrac{14}{81}$

② $\dfrac{16}{81}$

③ $\dfrac{14}{27}$

④ $\dfrac{16}{27}$

6 그림과 같이 하중을 받는 트러스 구조물에서 부재 CG의 부재력의 크기[kN]는? (단, 구조물의 자중은 무시한다)

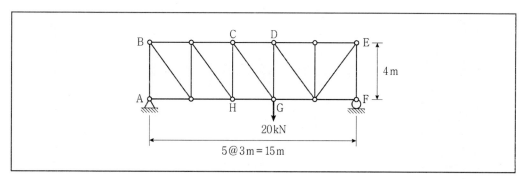

① 8

② 10

③ 12

④ 14

---

4 $\sum M_A = 0 : 60 \times 4 - P_2 \times 12 = 0$이어야 하므로 $P_2 = 20[\text{kN}]$

5 중첩의 원리를 적용하여 푼다.

하중 P의 작용점을 C라고 할 경우 AC 구간의 부재형상은 곡선을 이루게 되며 CB 구간의 부재형상은 직선을

이룬다. AC 구간에서 C점의 처짐은 $S_{AC} = \dfrac{P\left(\dfrac{2}{3}L\right)^3}{3EI} = \dfrac{8PL^3}{81EI}$ 이 되며 CB 구간에서 B의 처짐은

$$S_{BC} = \theta_C \cdot L_{BC} + \dfrac{P\left(\dfrac{2}{3}L\right)^3}{2EI} \times \dfrac{L}{3} = \dfrac{2PL^3}{27EI} = \dfrac{6PL^3}{81EI}$$

B의 총 처짐은 AC 구간에서의 C점의 처짐량과 CB 구간의 B점의 처짐량의 합이므로 $\dfrac{14PL^3}{81EI}$ 이다.

6 양지점의 반력을 우선 구한 후 구하고자 하는 부재력을 절단법으로 손쉽게 풀 수 있다.

A지점에서는 8kN, B지점에서는 12kN의 반력이 발생하며 CG부재를 절단한 후 힘의 평형원리를 적용하면 10kN의 인장력이 발생하게 됨을 알 수 있다.

정답 및 해설 4.① 5.① 6.②

7 그림과 같이 축방향 하중을 받는 합성 부재에서 C점의 수평변위의 크기[mm]는? (단, 부재에서 AC 구간과 BC 구간의 탄성계수는 각각 50GPa과 200GPa이고, 단면적은 500mm²으로 동일하며, 구조물의 좌굴 및 자중은 무시한다)

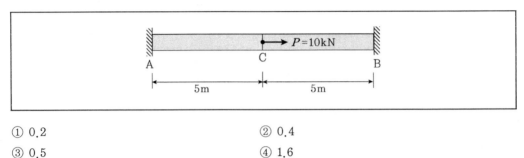

① 0.2

② 0.4

③ 0.5

④ 1.6

8 그림 (a)와 같이 양단 힌지로 지지된 길이 5m 기둥의 오일러 좌굴하중이 360kN일 때, 그림 (b)와 같이 일단 고정 타단 자유인 길이 3m 기둥의 오일러 좌굴하중[kN]은? (단, 두 기둥의 단면은 동일하고, 탄성계수는 같으며, 구조물의 자중은 무시한다)

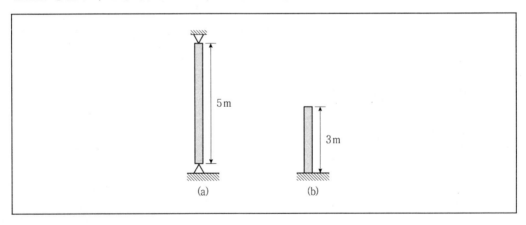

① 125

② 250

③ 500

④ 720

7
$$\delta = \frac{P}{2K} = \frac{P}{\dfrac{E_1 A}{L} + \dfrac{E_2 A}{L}} = \frac{PL}{(E_1 + E_2)A} = \frac{10 \times 5,000}{(50 + 200) \times 500} = 0.4$$

8
$$\frac{P_{cr(a)}}{P_{cr(b)}} = \frac{\dfrac{\pi^2 EI}{(K_a L_a)^2}}{\dfrac{\pi^2 EI}{(K_b L_b)^2}} = \frac{\dfrac{\pi^2 EI}{(1.0 \times 5)^2}}{\dfrac{\pi^2 EI}{(2.0 \times 3)^2}} = \frac{36}{25} \text{ 이므로 (b)의 좌굴하중은 250[kN]이 된다.}$$

좌굴하중의 기본식(오일러의 장주공식)

$$P_{cr} = \frac{\pi^2 EI}{(KL)^2} = \frac{n\pi^2 EI}{L^2}$$

EI : 기둥의 휨강성

L : 기둥의 길이

K : 기둥의 유효길이 계수

KL : (l_k로도 표시함) 기둥의 유효좌굴길이 (장주의 처짐곡선에서 변곡점과 변곡점 사이의 거리)

n : 좌굴계수(강도계수, 구속계수)

지지상태	양단 힌지	1단 고정, 1단 힌지	양단 고정	1단 고정, 1단 자유
좌굴길이, KL	$1.0L$	$0.7L$	$0.5L$	$2.0L$
좌굴강도	$n=1$	$n=2$	$n=4$	$n=0.25$

정답 및 해설 7.② 8.②

9 그림과 같이 양단이 고정된 수평부재에서 부재의 온도가 ΔT만큼 상승하여 40MPa의 축방향 압축응력이 발생하였다. 상승한 온도 $\Delta T[℃]$는? (단, 부재의 열팽창계수 $\alpha = 1.0 \times 10^{-5}/$℃, 탄성계수 $E = 200\,GPa$이며, 구조물의 좌굴 및 자중은 무시한다)

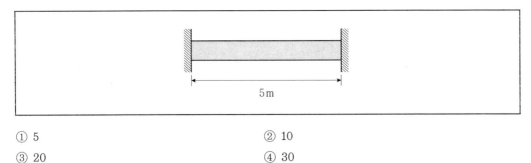

① 5

② 10

③ 20

④ 30

10 그림과 같이 하중을 받는 부정정 구조물의 지점 A에서 모멘트 반력의 크기[kN · m]는? (단, 휨강성 EI는 일정하고, 구조물의 자중 및 축방향 변형은 무시한다)

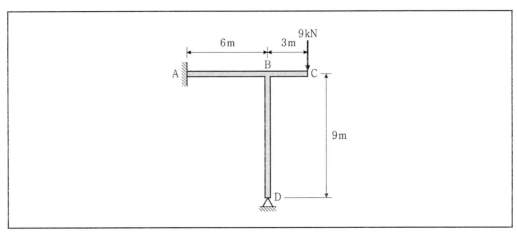

① 6

② 9

③ 12

④ 18

11 그림 (a), 그림 (b)와 같이 원형단면을 가지고 인장하중 P를 받는 부재의 인장변형률이 각각 ϵ_a와 ϵ_b일 때, 인장변형률 ϵ_a에 대한 인장변형률 ϵ_b의 비 ϵ_b/ϵ_a는? (단, 그림 (a) 부재와 그림 (b) 부재의 길이는 각각 L과 $2L$, 지름은 각각 d와 $2d$이고, 두 부재는 동일한 재료로 만들어졌으며, 구조물의 자중은 무시한다)

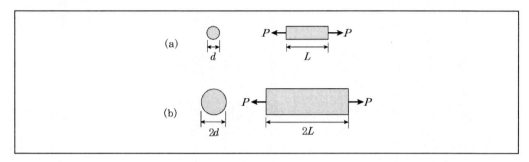

① 0.25

② 0.5

③ 0.75

④ 1.0

---

9 $\sigma = \alpha \triangle T \times E$이므로 $\triangle T = \dfrac{\sigma}{\alpha E} = \dfrac{40}{10^{-5} \times 200 \times 10^{3}} = 20℃$

10 모멘트 분배법에 관한 문제이다.

B절점에는 27[kN · m]의 모멘트가 발생하게 되며 이 모멘트를 각 부재의 강성에 따라 분배를 하면 된다.

AB 부재로 2/3만큼 모멘트가 분배되고, BD 부재로 1/3만큼 모멘트가 분배된다. AB 부재의 경우 분배된 모멘트의 1/2만큼이 A단으로 전달되므로 9[kN · m] 만큼의 모멘트가 전달된다.

11 직관적으로 맞출 수 있는 문제이다.

부재에 작용하는 힘이 동일하며 변형량이 아닌, 변형률을 구하는 것이며 변형률과 직경의 제곱은 서로 반비례 관계에 있다.

따라서 $\dfrac{\epsilon_b}{\epsilon_a} = \dfrac{d^2}{(2d)^2} = 0.25$가 된다.

정답 및 해설 9.③ 10.② 11.①

12 그림과 같은 전단력선도를 가지는 단순보 AB에서 최대 휨모멘트의 크기[kN · m]는? (단, 구조물의 자중은 무시한다)

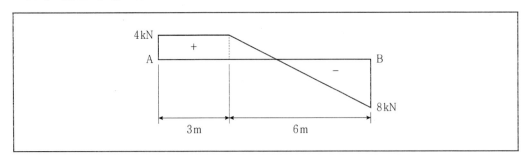

① 10
② 12
③ 14
④ 16

13 그림 (a)와 같이 하중을 받는 단순보의 휨모멘트선도가 그림 (b)와 같을 때, E점에 작용하는 하중 P의 크기[kN]는? (단, 구조물의 자중은 무시한다)

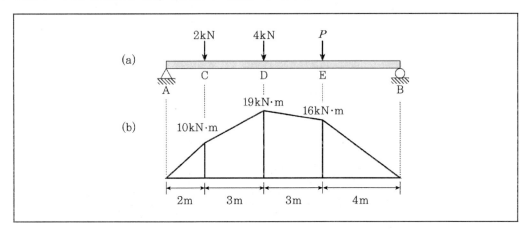

① 2
② 3
③ 4
④ 5

14 균질한 등방성 탄성체에서 탄성계수는 240GPa, 포아송비는 0.2일 때, 전단탄성계수[GPa]는?

① 100

② 200

③ 280

④ 320

---

12 전단력이 0인 부분에서 최대 휨모멘트가 발생하게 되며 전단력선도의 끝단으로부터 해당 지점까지의 면적이 휨모멘트의 크기가 된다.

문제에서 전단력이 0인점까지의 면적은 $4 \times 3 + 0.5 \times 4 \times 2 = 16$이 된다.

13 휨모멘트선도 때문에 어렵게 보이는 문제지만 매우 손쉽게 풀 수 있는 문제이다.

각 선들의 기울기를 살펴보는 것만으로도 암산으로 P의 값을 구할 수 있다.

가장 왼쪽선의 기울기가 5이며 이는 A점의 연직반력이 5[kN]임을 의미한다.

주어진 조건에서 전단력선도를 그리면 $5 \times 12 - 2 \times 10 - 4 \times 7 - P \times 4 = 0$이 성립되어야 한다. 따라서 $P = 3$이 된다.

14 $G = \dfrac{E}{2(1+v)} = \dfrac{240[\text{GPa}]}{2(1+0.2)} = 100[\text{GPa}]$

탄성계수 E, 전단탄성계수 G, 포아송비 ν, m : 포아송수(포아송비의 역수)라고 할 때

$G = \dfrac{E}{2(1+\nu)} = \dfrac{E}{2\left(1+\dfrac{1}{m}\right)} = \dfrac{mE}{2(m+1)}$ 관계가 성립한다.

정답 및 해설 12.④ 13.② 14.①

15 그림과 같이 폭 100mm, 높이가 200mm의 직사각형 단면을 갖는 단순보의 허용 휨응력이 6MPa이라면, 단순보에 작용시킬 수 있는 최대 집중하중 P의 크기[kN]는? (단, 휨강성 EI는 일정하고, 구조물의 자중은 무시한다)

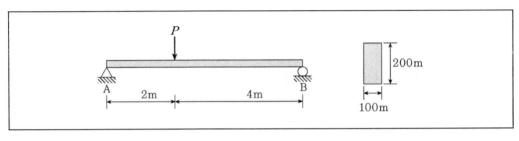

① 2.7

② 3.0

③ 4.5

④ 5.0

16 그림과 같이 하중을 받는 게르버보에 발생하는 최대 휨모멘트의 크기[kN · m]는? (단, 휨강성 EI는 일정하고, 구조물의 자중은 무시한다)

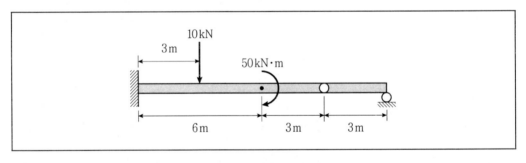

① 60

② 70

③ 80

④ 90

17 그림과 같이 하중을 받는 내민보에서 C점의 수직변위의 크기는 $C_1\dfrac{wL^4}{EI}$ 이다. 상수 C_1은?
(단, 휨강성 EI는 일정하고, 구조물의 자중은 무시한다)

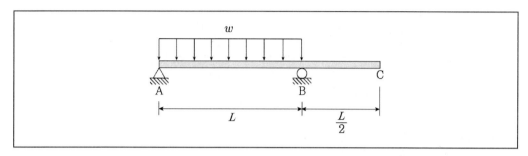

①　$\dfrac{1}{24}$

②　$\dfrac{1}{36}$

③　$\dfrac{1}{48}$

④　$\dfrac{1}{60}$

---

15 $\sigma_a \geq \sigma_{\max} = \dfrac{M_{\max}}{Z} = \dfrac{Pab}{L} \times \dfrac{6}{bh^2}$

$6 = \dfrac{P \times 2 \times 4}{6} \times \dfrac{6}{1 \times 2^2}$ 이어야 하므로 P는 3이 된다.

16 직관적으로 왼쪽 고정단에서 최대 휨모멘트가 발생됨을 알 수 있으며 고정단 A점에 대한 모멘트의 합이 0이 되어야 함을 이용하여 A점에 발생하는 휨모멘트를 구할 수 있다.

$\sum M_A = 0 : M_A + 10 \times 3 + 50 = 0$이어야 하므로

M_A의 크기는 80[kN · m]이 된다.

17 $\delta_C = \theta_B \times L_{BC} = \dfrac{wL^3}{24EI} \times \dfrac{L}{2} = \dfrac{wL^4}{48}$ 이므로 $C_1 = \dfrac{1}{48}$ 이 된다.

18 그림과 같은 평면응력 상태의 미소 요소에서 최대 주응력의 크기[MPa]는?

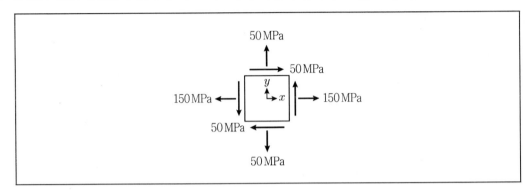

① 150

② $100 + 50\sqrt{2}$

③ 200

④ $200 + 50\sqrt{2}$

19 그림과 같이 하중을 받는 캔틸레버보의 지점 A에서 모멘트 반력의 크기가 0일 때, 하중 P의 크기[kN]는? (단, 구조물의 자중은 무시한다)

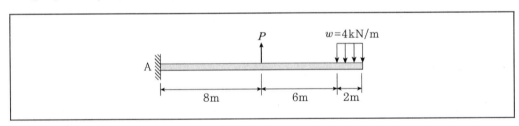

① 15

② 20

③ 25

④ 30

20 그림과 같이 C점에 내부힌지를 가지는 구조물의 지점 B에서 수직반력의 크기[kN]는? (단, 구조물의 자중은 무시한다)

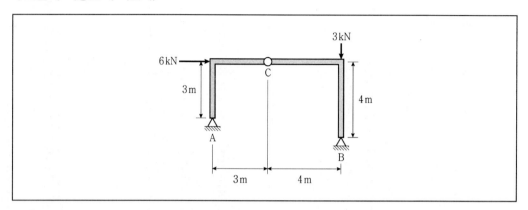

① 2

② 4

③ 6

④ 8

---

18 $\sigma_x = 150[\text{MPa}]$, $\sigma_y = 50[\text{MPa}]$, $\tau_{xy} = 50[\text{MPa}]$

$$\sigma_{\max} = \frac{\sigma_x + \sigma_y}{2} + \sqrt{\left(\frac{\sigma_x - \sigma_y}{2}\right)^2 + \tau_{xy}^2} = \frac{150 + 50}{2} + \sqrt{\left(\frac{150 - 50}{2}\right)^2 + 50^2} = 100 + 50\sqrt{2}$$

19 $\sum M_A = 0 : -P \times 8 + 4 \times 2 \times 15 = 0$이므로 $P = 15[\text{kN}]$

20 A점에 대하여 모멘트의 합이 0이어야 함과 C점에 대하여 모멘트의 합이 0이 되어야 함을 이용하여 B점의 수직 반력을 구할 수 있다.

$\sum M_A = 0 : 6 \times 3 + 3 \times 7 + H_B \times 1 - V_B \times 7 = 0$

$H_B - 7V_B = -39$

$\sum M_C = 0 : 3 \times 4 + H_B \times 4 - V_B \times 4 = 0$

$H_B - V_B = -3$

위의 연립방정식을 풀면 $V_B = 6[\text{kN}]$, $H_B = 3[\text{kN}]$

정답 및 해설 18.② 19.① 20.③

1 그림과 같은 라멘 구조물의 부정정 차수는?

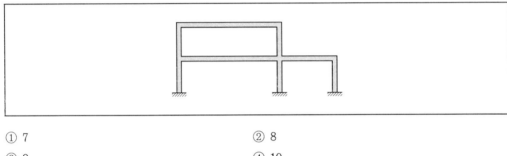

① 7 ② 8

③ 9 ④ 10

2 폭 200mm, 높이 600mm인 직사각형 단면을 가진 단순보의 지간이 2m이다. 허용 휨응력이 50MPa일 때, 지간 중앙에 작용시킬 수 있는 수직 집중하중 P의 최대 크기[kN]는? (단, 휨강성 EI는 일정하고, 구조물의 자중은 무시한다)

① 240 ② 480

③ 960 ④ 1,200

3 그림과 같은 두 켄틸레버보에서 자유단의 처짐이 같을 때, $\dfrac{P_1}{P_2}$는? (단, 두 보의 휨강성 EI는 일정하고 동일하며, 구조물의 자중은 무시한다)

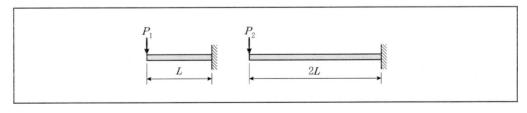

① 2 ② 4

③ 8 ④ 16

4 부정정 구조물이 정정 구조물에 비해 갖는 장점으로 옳지 않은 것은?

① 부정정 구조물은 설계모멘트가 작기 때문에 부재 단면이 작아져서 경제적이다.
② 부정정 구조물에서 부정정 반력이나 부정정 부재들은 구조물의 안전도를 향상시킨다.
③ 부정정 구조물은 처짐의 크기가 작다.
④ 부정정 구조물은 지반의 부등침하 또는 부재의 온도변화로 인한 추가 응력이 발생하지 않는다.

---

1 · 외적 : (미지)반력수 − 평형방정식수 = 9 − 3 = 6차
· 내적 : 폐합수 × 3차 − 구속력해제수 = 1 × 3 − 0 = 3차
· 총부정정차수 = 내적 + 외적 = 3 + 6 = 9차 부정정

2
$$\sigma_{\max} = \frac{M_{\max}}{Z} = \frac{\dfrac{PL}{4}}{\dfrac{bh^2}{6}} = \frac{3PL}{2bh^2} \text{ 이며 } \sigma_a \geq \sigma_{\max} = \frac{3PL}{2bh^2} \text{ 이므로 } P \leq \frac{2\sigma_a bh^2}{3L}$$

$$P_{\max} = \frac{2(50 \times 10^3) \times 0.2 \times 0.6^2}{3 \times 2} = 1,200[\text{kN}]$$

3
$$\delta_1 = \frac{P_1 L_1^3}{3EI} = \frac{P_1 L^3}{3EI}, \ \delta_2 = \frac{P_2 L_2^3}{3EI} = \frac{P_2 \cdot 2^3 L^3}{3EI}$$

두 부재의 처짐량이 같다고 하면 $\dfrac{P_1 \times L^3}{3EI} = \dfrac{P_2 \times 2^3 L^3}{3EI}$

이므로 $P_1 = 8P_2$가 된다.

4 부정정 구조물은 지반의 부등침하 또는 부재의 온도변화로 인한 추가 응력이 발생하게 되므로 이에 대한 대비책이 필요하다.

정답 및 해설 1.③ 2.④ 3.③ 4.④

5 그림과 같은 사다리꼴 단면에서 도심으로부터 y축까지의 수평거리[m]는?

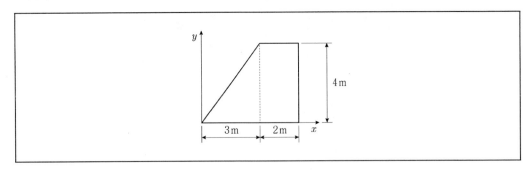

① $\dfrac{11}{7}$

② $\dfrac{22}{7}$

③ $\dfrac{11}{9}$

④ $\dfrac{22}{9}$

6 그림 (a)와 (b)에서 하중작용점의 축방향 길이 변화가 각각 δ_a와 δ_b일 때, $\dfrac{\delta_b}{\delta_a}$는? (단, 구조물의 자중은 무시하며, E는 탄성계수, A는 단면적이다)

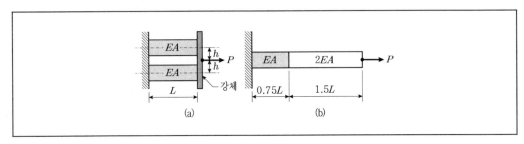

① 3

② 4

③ 5

④ 6

7 그림과 같이 수평 스프링 A에 무게가 16N과 10N인 두 개의 강체블록 B와 C가 연결되어 평형을 이루고 있다. 수평 스프링 A가 받는 힘의 크기[N]는? (단, 바닥과 강체블록 B 사이의 정지마찰계수는 0.3이고, 도르래와 줄의 질량과 마찰력은 무시한다)

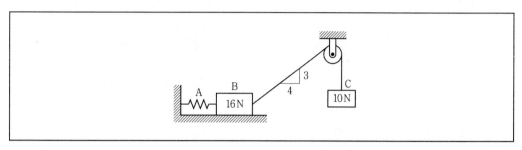

① 3

② 5

③ 8

④ 10

---

5 삼각형의 면적 $A_1 = 6$, 사각형의 면적 $A_2 = 8$

삼각형 도심과 y축과의 거리는 $3 \times \dfrac{2}{3} = 2$[m]

사각형 도심과 y축과의 거리는 $3 + \dfrac{2}{2} = 4$[m]

$$x_c = \frac{A_1 x_1 + A_2 x_2}{A_1 + A_2} = \frac{3 \times 2 + 4 \times 4}{3 + 4} = \frac{22}{7}\,[\text{m}]$$

6

(a)의 신장량 : 두 봉의 신장량이 같으므로 $\delta_a = \dfrac{\left(\dfrac{P}{2}\right)L}{EA} = \dfrac{PL}{2EA}$

(b)의 신장량 : $\delta_b = \dfrac{P(0.75L)}{(EA)} + \dfrac{P(1.5L)}{(2EA)} = \dfrac{1.5PL}{EA}$

$\therefore \dfrac{\delta_b}{\delta_a} = 3$

7 자유물체도를 그리면 손쉽게 풀 수이다.

$P_x = 10 \times \dfrac{4}{5} = 8[\text{kN}]$, $P_y = 10 \times \dfrac{3}{5} = 6[\text{kN}]$

$\sum V = 0 : R_B - 16 + 6 = 0$이므로 $R_B = 10[\text{kN}]$

$fR_B = 0.3 \times 10 = 3[\text{kN}]$

$\sum H = 0 : -H_A - 3 + 8 = 0$이므로 $H_A = 5[\text{kN}]$

정답 및 해설 5.② 6.① 7.②

8 원형 단면의 단순보에서 단면의 직경은 0.2m이고 탄성 처짐곡선의 곡률반지름이 $1,000\pi$ m일 때, 휨모멘트의 크기[kN · m]는? (단, 탄성계수 E = 200,000MPa이다)

① 5   ② 6

③ 7   ④ 8

9 그림과 같이 단순보의 양단에 모멘트 M이 작용할 때, A점의 처짐각의 크기는? (단, 휨강성 EI는 일정하며, 구조물의 자중은 무시한다)

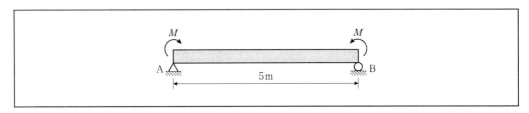

① $\dfrac{5M}{EI}$ ② $\dfrac{10M}{EI}$

③ $\dfrac{10M}{7EI}$ ④ $\dfrac{5M}{2EI}$

10 그림과 같이 500kN의 힘이 C점에 작용하고 있다. A점에서 물체의 회전이 발생하지 않도록 하는, B점에서의 최소 힘의 크기[kN]는? (단, 구조물의 자중은 무시한다)

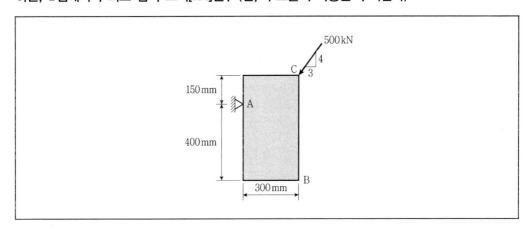

① 100   ② 150

③ 200   ④ 250

8 $\dfrac{1}{R}=\dfrac{M}{EI}$이므로 $M=\dfrac{EI}{R}$이며

$I=\dfrac{\pi d^4}{64}=\dfrac{\pi(0.2)^4}{64}=\dfrac{\pi(0.0001)}{4}$이므로

$M=\dfrac{(200,000\times10^3)\times\dfrac{\pi\times0.0001}{4}}{1,000\pi}=5[\text{kN}\cdot\text{m}]$

9 $\theta_A=\dfrac{ML}{2EI}=\dfrac{M\times5}{2EI}=\dfrac{5M}{2EI}$

산정공식을 암기하고 있어야 하는 전형적인 문제이므로 반드시 암기할 것을 권한다.

10 물체의 회전이 발생하지 않도록 하는 B점에서의 최소힘 방향은 A점과 B점을 연결하는 직선과 직각을 이룬다.

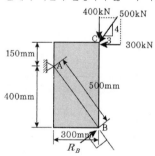

$\sum M_A=0:400(300)-300(150)-R_B(500)=0$이므로

$R_B=150[\text{kN}]$

11 평면 트러스 해석을 위한 기본 가정으로 옳지 않은 것은?

① 각 부재는 직선이다.

② 각 부재의 중심축은 절점에서 만난다.

③ 모든 하중은 절점에만 작용한다.

④ 각 부재의 절점은 회전에 구속되어 있다.

12 다음 그림은 단면적이 $0.2m^2$, 길이가 2m인 인장재의 하중－변위 곡선을 나타낸 것이다. 이 재료의 탄성계수 E[MPa]는?

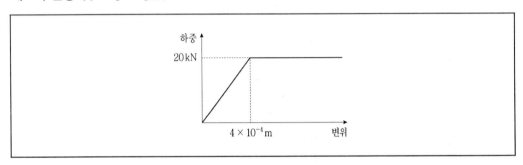

① 200

② 300

③ 400

④ 500

13 다음 설명 중 옳지 않은 것은?

① 벡터양은 크기와 방향을 갖는 물리량이다.

② 길이, 면적, 부피, 온도는 스칼라양이다.

③ 마찰력은 두 물체의 접촉면 사이에 발생하며 그 힘의 방향은 물체의 운동방향과 같다.

④ 마찰계수에는 움직이기 직전까지의 정지마찰계수와 움직일 때의 동마찰계수가 있다.

14 그림과 같이 직경 D = 20mm, 길이 L = 1.0m인 강봉이 축방향 인장력 P를 받을 때, 축방향 길이는 1.0mm 늘어나고 단면의 직경은 0.008mm 줄어들었다. 재료가 탄성 범위에 있을 때, 전단탄성계수 G[GPa]는? (단, 탄성계수 E = 280GPa이다)

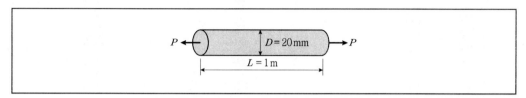

① 100

② 115

③ 200

④ 215

---

11 각 부재의 절점은 자유롭게 회전할 수 있는 힌지로 되어 있다.

12 $\delta = \dfrac{P \cdot L}{AE}$ 이므로 $4 \times 10^{-4}[\text{m}] = \dfrac{20[\text{kN}] \times 2[\text{m}]}{0.2\text{m}^2 \times E}$ 를 만족하는 재료의 탄성계수(E)는 500[MPa]가 된다.

13 마찰력은 두 물체의 접촉면 사이에 발생하며 그 힘의 방향은 물체의 운동방향과 반대이다.

14
$$v = -\frac{\varepsilon_y}{\varepsilon_x} = -\left(\frac{\triangle d}{d}\right)\frac{L}{\triangle L} = -\frac{0.008}{20} \times \frac{1,000}{1} = 0.4$$
$$G = \frac{E}{2(1+v)} = \frac{280}{2(1+0.4)} = 100[\text{GPa}]$$

정답 및 해설 11.④ 12.④ 13.③ 14.①

15 그림과 같은 게르버보에서 A~D점에 대한 수직반력의 영향선 중 옳은 것은?

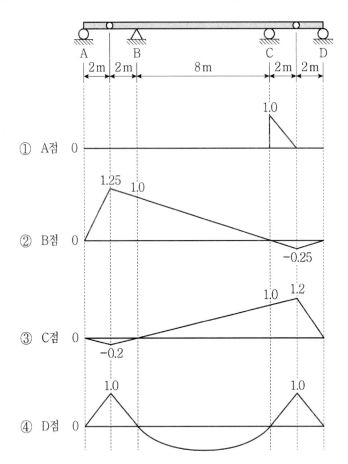

16 그림과 같이 B점에 수평력 P 가 작용할 때, C점의 휨모멘트는? (단, 구조물의 자중은 무시한다)

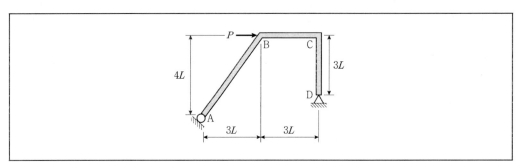

① $\dfrac{11}{7}PL$ ② $\dfrac{12}{7}PL$

③ $\dfrac{13}{7}PL$ ④ $\dfrac{15}{7}PL$

15

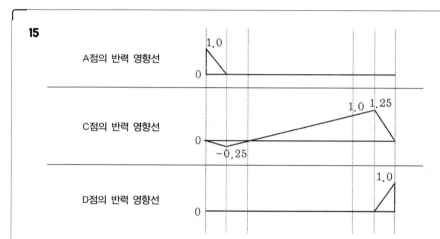

A점의 반력 영향선

C점의 반력 영향선

D점의 반력 영향선

16

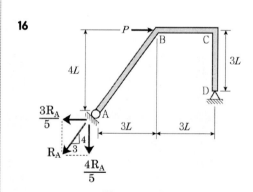

$$\sum M_D = 0 : -\frac{4R_A}{5} \times 6L + \frac{3R_A}{5} \times L + P \times 3L = 0$$

$-24R_A + 3R_A + 15P = 0$이므로 $R_A = \dfrac{15P}{21} = \dfrac{5P}{7}$

$$M_C = \frac{3P}{7} \times 4L - \frac{4P}{7} \times 6L = \frac{12 - 24}{7}PL = -\frac{12PL}{7}$$

17 그림과 같은 구조물의 절점 O점에서 모멘트 16kN · m가 작용할 때 D점의 모멘트 M_{DO}의 크기[kN · m]는? (단, 탄성계수 E는 일정하며, 구조물의 자중은 무시한다)

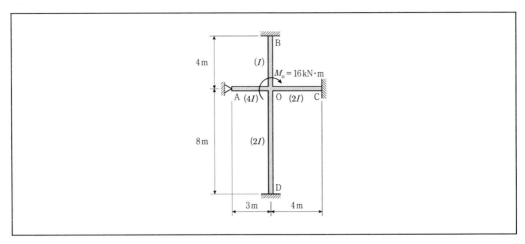

① 1.0
② 2.0
③ 4.0
④ 8.0

18 다음 그림은 내민보의 전단력도이다. A점의 휨모멘트의 크기[kN · m]는? (단, 구조물의 자중은 무시한다)

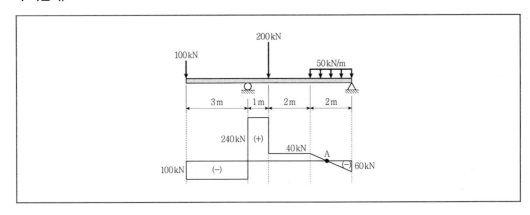

① 30
② 36
③ 42
④ 45

17 모멘트분배법에 관한 문제이다.

$$k_{OA} : k_{OB} : k_{OC} : k_{OD} = \frac{3E(4I)}{3} : \frac{4E(I)}{4} : \frac{4E(2I)}{4} : \frac{4E(2I)}{8} = 4 : 1 : 2 : 1$$

$$M_{DO} = \frac{M}{8} \times \frac{1}{2} = \frac{M}{16} = 1.0$$

18 좌측이나 우측 지점으로부터 특정 위치에 이르기까지의 전단력도의 면적값이 바로 그 특정위치에서의 휨모멘트가 된다. 우측지점으로부터 A점까지의 거리는

$$2 \times \frac{60}{40 + 60} = 1.2[\text{m}] \text{이며} \quad M_A = \frac{1}{2} \times 1.2 \times 60 = 36 \text{mm}$$

정답 및 해설   17.①   18.②

19 그림과 같은 트러스에서 무응력 부재의 총 개수는? (단, 구조물의 자중은 무시하며, 모든 부재의 축강성 EA는 일정하다)

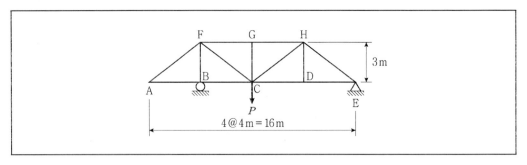

① 3개　　　　　　　　　　② 4개
③ 5개　　　　　　　　　　④ 6개

20 그림과 같은 평면응력 상태에서 σ_x = 40MPa, σ_y = −20MPa, τ_{xy} 30 = MPa일 때, 최대 주응력의 방향(θ)은?

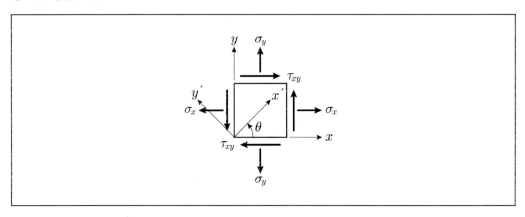

① 22.5°

② 30°

③ 42.5°

④ 60°

19

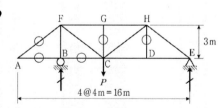

20 밑변 $\left|\dfrac{\sigma_x - \sigma_y}{2}\right| = \left|\dfrac{40-(-20)}{2}\right| = 30[\text{MPa}]$

높이 $|\tau_{xy}| = 30[\text{MPa}]$

$\tan 2\theta_P = \dfrac{\text{높이}}{\text{밑변}} = \dfrac{30}{30} = 1$ 이므로 $2\theta_p = 45°$ 이다.

따라서 $\theta_P = 22.5°$

정답 및 해설 19.③ 20.①

1 그림과 같이 $P_1 = 13\,\text{kN}$, $P_2 = 7\sqrt{2}\,\text{kN}$의 힘이 O점에 작용할 때, A점에 대한 모멘트의 크기 [kN·m]는?

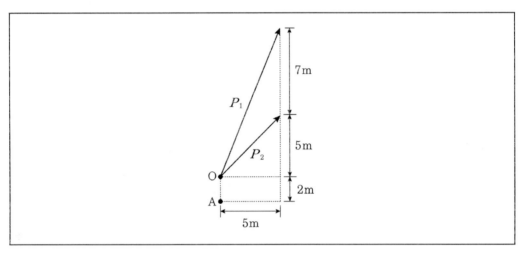

① 24   ② 26

③ 28   ④ 30

2 그림과 같은 게르버보에 대한 설명으로 옳지 않은 것은? (단, 구조물의 자중은 무시한다)

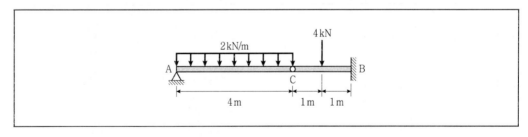

① A점에서 수직반력의 크기는 4kN이다.
② B점에서 수직반력의 크기는 8kN이다.
③ C점에서 전단력의 크기는 4kN이다.
④ B점에서 휨모멘트반력의 크기는 16kN·m이다.

3 그림과 같이 내부 힌지를 가지고 있는 게르버보에서 B점의 정성적인 휨모멘트의 영향선은?

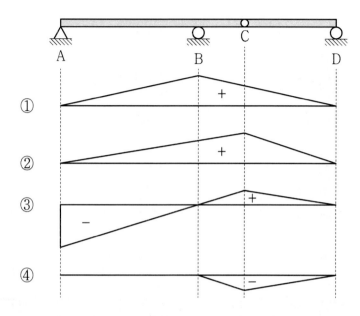

---

1 A점에 대한 두 힘의 모멘트의 크기는 두 힘의 수평성분과 수직성분을 구한 다음 수평성분의 합력과 수직성분의 합력에 A점과 떨어진 거리를 각각 곱한 값을 합한 값이 된다.

P_1의 수평성분은 5[kN], P_1의 수직성분은 12[kN]이 된다.

P_2의 수평성분은 7[kN], P_2의 수직성분은 7[kN]이 된다.

두 힘의 수직성분의 합력은 OA의 연장선상에 있으므로 수직성분에 의한 모멘트는 0이 된다.

두 힘의 수평성분의 합력은 12[kN]이며 A점으로부터 2m 떨어져 있으므로 수평성분의 합력에 의한 모멘트는 $(7+5)\times2 = 24[kN \cdot m]$이 된다.

따라서 A점에 대한 두 힘의 합력의 모멘트의 크기는 24[kN · m]이 된다.

2 게르버보의 C점은 힌지절점이며 이는 단순보의 회전지점으로 치환할 수 있다.

따라서 B점에서 휨모멘트반력의 크기는 12 kN · m이다.

3 직관적으로 B점에 하중이 가해지면 B점에서의 휨모멘트는 0이 되므로 ③과 ④ 중 하나가 정답이 된다. BD부재 사이에 힌지절점 C가 있으며 이 힌지절점에 하중이 가해지면 B지점에서는 위로 볼록한 형상이 만들어지므로 부(−)모멘트가 발생됨을 알 수 있다. 따라서 ④가 정답이 된다.

정답 및 해설 1.① 2.④ 3.④

4 그림과 같이 도형의 도심 C의 x축에 대한 탄성단면계수의 크기가 큰 것부터 바르게 나열한 것은?

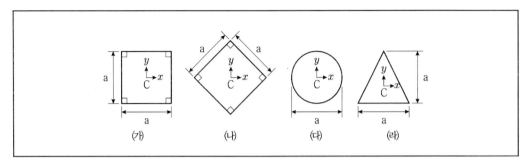

① (가) > (나) > (다) > (라)
② (나) > (가) > (다) > (라)
③ (가) > (나) > (라) > (다)
④ (나) > (가) > (라) > (다)

5 그림과 같이 압축력 P를 받는 길이가 L인 강체봉이 A점은 회전스프링(스프링 계수 k_θ)으로, B점은 병진스프링(스프링 계수 k)으로 각각 지지되어 있다. 좌굴하중 P_{cr}의 크기는? (단, 봉의 자중은 무시하고, 미소변형이론을 적용한다)

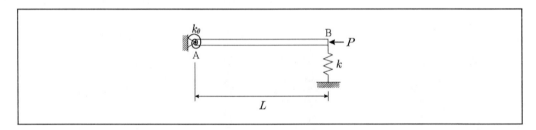

① $kL + \dfrac{k_\theta}{2L}$
② $kL + \dfrac{k_\theta}{L}$
③ $2kL + \dfrac{k_\theta}{L}$
④ $2kL + \dfrac{k_\theta}{2L}$

6 그림과 같이 길이가 L인 단순보에 삼각형 분포하중이 작용하고 있다. A점과 B점의 수직반력이 같다면, 삼각형 분포하중이 작용하는 거리 x는? (단, 구조물의 자중은 무시한다)

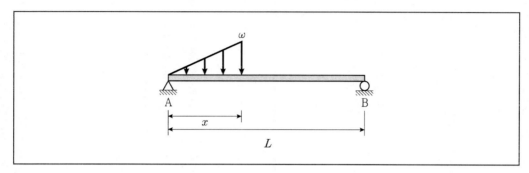

① $0.25L$

② $0.5L$

③ $0.75L$

④ $1.0L$

---

4 각 변, 또는 지름이 서로 동일한 경우 탄성단면계수의 크기는 정사각형 $\dfrac{a^3}{6}$ > 마름모 $\dfrac{a^3}{8.4}$ > 원 $\dfrac{\pi a^3}{32}$ > 정삼각형 $\dfrac{a^3}{24}$ 이 된다.

5 그림을 반시계방향으로 $90°$ 회전하면 축하중을 받는 기둥부재가 된다.

회전스프링의 좌굴하중은 $P_{cr} = \dfrac{ka^2}{L} = kL$

병진스프링의 좌굴하중은 $P_{cr2} = \dfrac{k_\theta}{L}$

따라서 두 스프링의 좌굴하중의 합을 구하면 $kL + \dfrac{k_\theta}{L}$ 이 된다.

6 $R_A + R_B = \dfrac{wL}{2}$ 이며 $\displaystyle\sum M_A = 0 : \dfrac{wx}{2} \times \dfrac{2x}{3} - \dfrac{wx}{4} \times L = 0$

이므로 $x = \dfrac{3L}{4} = 0.75L$이 된다.

정답 및 해설 4.① 5.② 6.③

7 그림과 같이 집중하중을 받는 케이블로 구성된 구조물에서 힌지지점 A에서 수평반력의 크기 [kN]는? (단, 구조물의 자중은 무시한다)

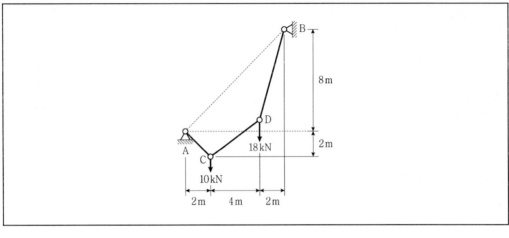

① 6

② 8

③ 10

④ 12

8 그림과 같은 구조물에서 스프링을 제외한 봉의 온도가 30°C만큼 전 단면에서 균일하게 상승할 때, 늘어난 봉의 길이[mm]는? (단, 봉의 열팽창계수 $\alpha = 10^{-5}/°C$, 탄성계수 $E = 200\text{GPa}$, 단면적 $A = 100\text{mm}^2$이고, 스프링 계수 $k = 2{,}000\text{N/mm}$이며, 구조물의 좌굴 및 자중은 무시한다)

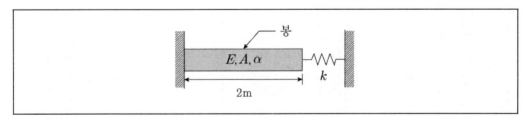

① 0.2

② 0.3

③ 0.4

④ 0.5

9 그림과 같이 평면에 변형률 로제트 게이지를 부착하여 3방향의 변형률 ϵ_A, ϵ_B, ϵ_C를 측정하였을 때, 최대전단변형률 γ_{max}의 크기[10^{-6}]는? (단, $\epsilon_A = 250 \times 10^{-6}$, $\epsilon_B = 130 \times 10^{-6}$, $\epsilon_C = 235 \times 10^{-6}$이다)

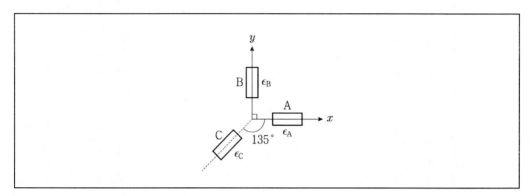

① 100

② 150

③ 200

④ 250

---

7 $H = \dfrac{M}{y_c} = \dfrac{24}{4} = 6[\text{kN}]$

8 온도에 의한 봉의 신장량과 반력에 의한 봉과 스프링의 수축량이 서로 같아야 한다는 조건으로부터 답을 찾을 수 있다.

온도에 의한 봉의 신장량 $\alpha \cdot \triangle T \cdot L$

반력에 의한 봉과 스프링의 수축량 $\dfrac{RL}{EA} + \dfrac{R}{k}$

$\alpha \cdot \triangle T \cdot L = \dfrac{RL}{EA} + \dfrac{R}{k}$이므로 $R = \dfrac{\alpha \times \triangle T \times L}{\dfrac{L}{EA} + \dfrac{1}{k}} = 1[\text{kN}]$

봉의 신장량 $\delta_b = \alpha \cdot \triangle T \cdot L - \dfrac{RL}{EA} = 0.5[\text{mm}]$

스프링의 수축량 $\delta_s = \dfrac{R}{k} = \dfrac{1[\text{kN}]}{2[\text{kN/mm}]} = 0.5[\text{mm}]$

9 $\varepsilon_x = \varepsilon_A = 250$, $\varepsilon_y = \varepsilon_B = 130$,

$\gamma_{xy} = 2\varepsilon_C - (\varepsilon_B + \varepsilon_A) = 2 \times 235 - (130 + 250) = 90$

$\dfrac{\gamma_{max}}{2} = \sqrt{\left(\dfrac{\varepsilon_x - \varepsilon_y}{2}\right)^2 + \left(\dfrac{\gamma_{xy}}{2}\right)^2} = \sqrt{60^2 + 45^2} = 75$

따라서 γ_{max}는 150이 된다.

정답 및 해설 7.① 8.④ 9.②

10 그림과 같은 부정정 구조물의 A점에 처짐각 θ_A = 0.025 rad이 발생하였다. 이때 A점에 작용하는 휨모멘트 M_A의 크기[N·mm]는? (단, 휨강성 EI = 40,000 N·mm²이며, 구조물의 자중은 무시한다)

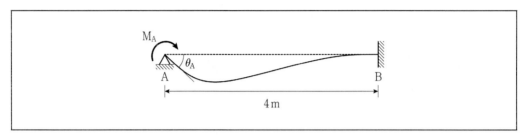

① 0.5
② 1.0
③ 5.0
④ 10.0

11 그림과 같이 길이 L인 캔틸레버보의 끝에 집중하중 P가 작용할 때 휨에 의한 변형에너지의 크기는 $C_1 \dfrac{P^2 L^3}{EI}$ 이다. 상수 C_1의 크기는? (단, 전단변형에 의한 에너지는 무시하고, 휨강성 EI는 일정하며, 구조물의 자중은 무시한다)

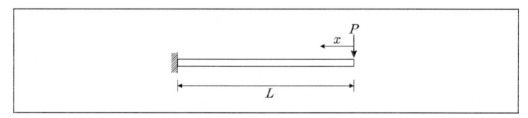

① $\dfrac{1}{3}$
② $\dfrac{1}{4}$
③ $\dfrac{1}{6}$
④ $\dfrac{1}{12}$

12 그림과 같이 내부 힌지가 있는 보에서 C점의 수직반력은? (단, 구조물의 자중은 무시한다)

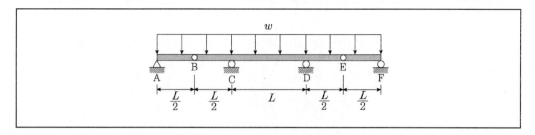

① $\dfrac{6}{5}wL$

② $\dfrac{5}{4}wL$

③ $\dfrac{4}{3}wL$

④ $\dfrac{3}{2}wL$

---

10 공식을 암기하고 풀어야 하는 문제이다.

$M_A = \dfrac{4EI\theta}{L}$ 이므로 주어진 조건을 대입하면

$M_A = \dfrac{4EI\theta}{L} = \dfrac{4 \times 40{,}000[\text{N} \cdot \text{mm}^2] \cdot 0.025[\text{rad}]}{4[\text{m}]} = 1.0[\text{N} \cdot \text{mm}]$

11 $U = W = \dfrac{1}{2} \cdot P \cdot \delta = \dfrac{1}{2} \times P \times \dfrac{PL^3}{3EI} = \dfrac{P^2 L^3}{6EI}$ 이므로 $C_1 = \dfrac{1}{6}$

12 AB 부재와 EF 부재는 단순보로 간주할 수 있으며 각 지점에는 $\dfrac{wL}{4}$ 만큼의 반력이 작용한다.

이는 중앙부에 $\dfrac{wL}{4} + w(2L) + \dfrac{wL}{4}$ 만큼의 하중이 가해지는 것으로 간주할 수 있으며

C점과 D점에서의 반력은 $\dfrac{5}{4}wL$이 된다.

정답 및 해설 10.② 11.③ 12.②

13 그림과 같은 단순보에 집중하중 P와 분포하중 $\omega = \dfrac{P}{L}$가 작용할 경우, A점의 처짐각은 $C_1 \dfrac{PL^2}{EI}$이다. 상수 C_1의 크기는? (단, 보의 휨강성 EI는 일정하고, 구조물의 자중은 무시한다)

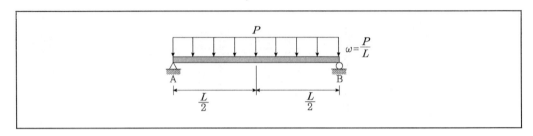

① $\dfrac{5}{48}$

② $\dfrac{7}{48}$

③ $\dfrac{7}{24}$

④ $\dfrac{11}{24}$

14 그림과 같은 보 (가), (나), (다)의 부정정 차수를 모두 합한 차수는?

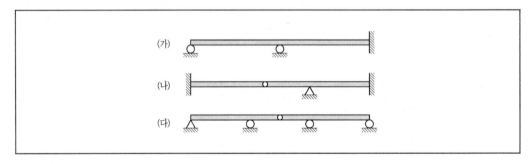

① 5차

② 6차

③ 7차

④ 8차

15 그림과 같은 평면응력요소에서 최대전단응력 $\tau_{\max}$ 과 최대주응력 $\sigma_{\max}$ 의 크기[MPa]는?

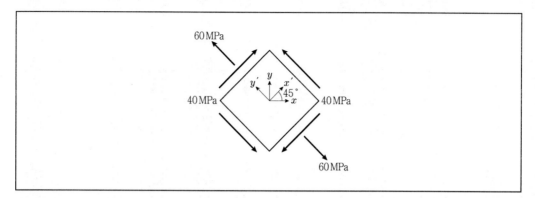

	$\tau_{\max}$	$\sigma_{\max}$
①	10	40
②	10	60
③	50	80
④	50	110

---

13 중첩의 원리를 적용하면 된다.

집중하중에 의한 A점의 처짐각은 $\dfrac{PL^2}{16EI}$

등분포하중에 의한 A점의 처짐각은 $\dfrac{wL^3}{24EI}=\dfrac{PL^2}{24EI}$

집중하중과 등분포하중에 의한 A점의 처짐각은 $\dfrac{5PL^3}{48EI}$

14

	(가)	(나)	(다)
외적 부정정 차수	$5-3=2$	$8-3=5$	$5-3=2$
내적 부정정 차수	0	-1	-1
총 부정정 차수	2	4	1

15

최대전단응력 $\tau_{\max}=\sqrt{\left(\dfrac{\sigma_1-\sigma_2}{2}\right)^2+\tau_{xy}}=\sqrt{30^2+40^2}=50$

최대주응력 $\sigma_{\max}=\dfrac{\sigma_1+\sigma_2}{2}\pm\sqrt{\left(\dfrac{\sigma_1-\sigma_2}{2}\right)^2+\tau_{xy}^2}=\dfrac{60+0}{2}\pm\sqrt{\left(\dfrac{60-0}{2}\right)^2+40^2}=30\pm50=80$

정답 및 해설 13.① 14.③ 15.③

16 그림과 같은 보에서 A점의 휨모멘트반력 M_A의 크기[kN · m]는? (단, 휨강성 EI는 일정하고, 구조물의 자중은 무시한다)

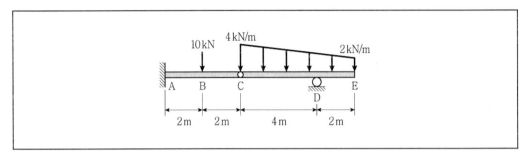

① 20
② 44
③ 52
④ 60

17 그림과 같이 평면 역계에서 자중 W = 550kN인 물체에 도르래를 이용하여 힘 P = 250kN이 작용한다. 물체가 평형상태를 유지하기 위한 물체와 바닥 사이의 최소정지마찰계수의 크기는? (단, 도르래와 케이블 사이의 마찰력은 무시한다)

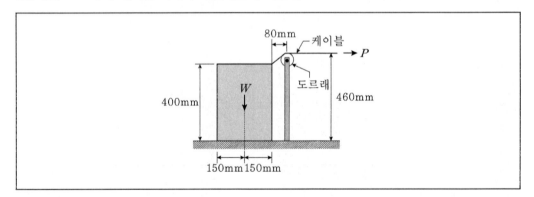

① $\dfrac{3}{10}$
② $\dfrac{4}{11}$
③ $\dfrac{1}{2}$
④ $\dfrac{7}{11}$

18 그림과 같은 트러스 구조물에서 부재 AB의 부재력 크기[kN]는? (단, 구조물의 자중은 무시한다)

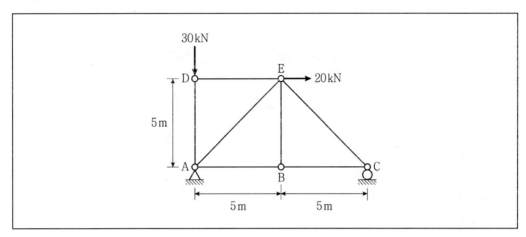

① 10

② $10\sqrt{2}$

③ 50

④ $50\sqrt{2}$

---

16 힌지절점은 단순보의 지점으로 간주하여 해석할 수 있다.

단순보부재 CE에서 $\sum M_D = 0 : R_C \times 4 - 6 \times 2 - 12 \times 1 = 0$이므로

$R_C = 6$[kN]가 되며 캔틸레버보 AC에서 C점에 가해지는 힘의 크기는 6[kN]인 힘이 작용하게 된다.

B에 작용하는 하중 10[kN]에 의한 휨모멘트는 20[kN · m]이며, C점에 작용하는 힘 6[kN]에 의한 휨모멘트는 24[kN · m]이므로 44[kN · m]이 된다.

17 도르레에 걸린 케이블이 수평면과 이루는 경사를 먼저 파악해야 한다.

$$P_x = 250 \times \frac{3}{5} = 150, \ P_y = 250 \times \frac{4}{5} = 200$$

마찰력은 수직항력과 마찰계수의 곱이다.

따라서 마찰력은 $F = \mu R$로 나타낼 수 있다. (μ는 마찰계수이며, $R = 550 - 150 = 400$[kN]이다.)

물체의 수평방향으로 가해지는 힘이 200[kN]이며 이 힘이 마찰력보다 커야만 물체가 움직이기 시작하므로

$F = \mu R = 400\mu \leq 200$[kN]임에 따라 $\mu \geq \frac{1}{2}$이어야 한다.

18 C점의 수직반력을 구하면

$$\sum M_A = 0 : 20 \times 5 - R_C \times 10 = 0$$이므로 $R_C = 10$[kN]

A점에 작용하는 힘들이 서로 평형을 이루어야 하므로

$$\sum M_E = 0 : F_{AB} \times 5 - 10 \times 5 = 0$$이므로 $F_{AB} = +10$[kN](인장)

19 그림과 같은 내민보에서 휨모멘트가 0이 되는 위치까지의 수평거리 x로 옳은 것은? (단, 구조물의 자중은 무시한다)

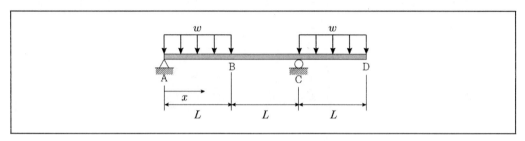

① $0.7L$

② $1.0L$

③ $1.2L$

④ $1.5L$

20 그림과 같이 등분포하중이 작용하는 선형탄성재료의 캔틸레버보에서 처짐공식을 사용하여 구한 C점의 처짐은 $C_1\dfrac{wL^4}{EI}$이다. 상수 C_1의 크기는? (단, 등분포하중 w가 캔틸레버보 길이 L의 전 구간에 작용할 때, 자유단에서 처짐각 $\theta = \dfrac{wL^3}{6EI}$, 처짐 $\delta = \dfrac{wL^4}{8EI}$이고, 휨강성 EI는 일정하며, 구조물의 자중은 무시한다)

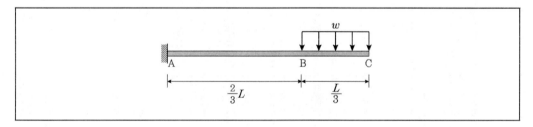

① $\dfrac{4}{81}$

② $\dfrac{41}{384}$

③ $\dfrac{49}{648}$

④ $\dfrac{163}{1,944}$

19

$$\sum M_C = 0 : R_A \times 2L - wL\left(\frac{3L}{2}\right) + wL\left(\frac{L}{2}\right) = 0 \text{이므로} \ R_A = \frac{wL}{2}$$

$$M_x = \frac{wL}{2}x - wx \times \frac{x}{2} = \frac{wLx}{2} - \frac{wx^2}{2} = 0 \text{을 만족하는} \ x = 1.0L$$

20

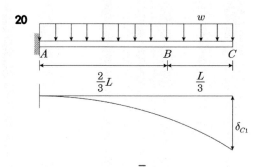

$$\delta_{C1} = \frac{wL^4}{8EI}$$

$-$

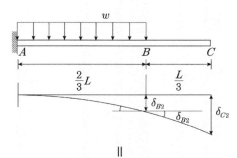

$$\delta_{C2} = \delta_{B2} \cdot L_{BC}$$
$$= \frac{w\left(\frac{2L}{3}\right)^4}{8EI} + \frac{w\left(\frac{2L}{3}\right)^3}{6EI} \cdot \frac{L}{3}$$
$$= \frac{10wL^4}{243EI}$$

$\parallel$

$$\delta_C = \delta_{C1} - \delta_{C2}$$
$$= \frac{wL^4}{8EI} - \frac{10wL^4}{243EI} = \frac{163wL^4}{1,944EI}$$

정답 및 해설 19.② 20.④

당신의 꿈은 뭔가요?

MY BUCKET LIST !

꿈은 목표를 향해 가는 길에 필요한 휴식과 같아요.

여기에 당신의 소중한 위시리스트를 적어보세요. 하나하나 적다보면 어느새 기분도

좋아지고 다시 달리는 힘을 얻게 될 거예요.

- [ ] _____
- [ ] _____
- [ ] _____
- [ ] _____
- [ ] _____
- [ ] _____
- [ ] _____
- [ ] _____
- [ ] _____
- [ ] _____
- [ ] _____
- [ ] _____
- [ ] _____
- [ ] _____
- [ ] _____
- [ ] _____
- [ ] _____
- [ ] _____
- [ ] _____
- [ ] _____
- [ ] _____
- [ ] _____
- [ ] _____
- [ ] _____
- [ ] _____

- [ ] _____
- [ ] _____
- [ ] _____
- [ ] _____
- [ ] _____
- [ ] _____
- [ ] _____
- [ ] _____
- [ ] _____
- [ ] _____
- [ ] _____
- [ ] _____
- [ ] _____
- [ ] _____
- [ ] _____
- [ ] _____
- [ ] _____
- [ ] _____
- [ ] _____
- [ ] _____
- [ ] _____
- [ ] _____
- [ ] _____
- [ ] _____
- [ ] _____

창의적인 사람이 되기 위해서

정보가 넘치는 요즘, 모두들 창의적인 사람을 찾죠.
정보의 더미에서 평범한 것을 비범하게 만드는 마법의 손이 필요합니다.
어떻게 해야 마법의 손과 같은 '창의성'을 가질 수 있을까요. 여러분께만 알려 드릴게요!

01. 생각나는 모든 것을 적어 보세요.

아이디어는 단번에 솟아나는 것이 아니죠. 원하는 것이나, 새로 알게 된 레시피나, 뭐든 좋아요.
떠오르는 생각을 모두 적어 보세요.

02. '잘하고 싶어!'가 아니라 '잘하고 있다!'라고 생각하세요.

누구나 자신을 다그치곤 합니다. 잘해야 해. 잘하고 싶어.
그럴 때는 고개를 세 번 젓고 나서 외치세요. '나, 잘하고 있다!'

03. 새로운 것을 시도해 보세요.

신선한 아이디어는 새로운 곳에서 떠오르죠. 처음 가는 장소, 다양한 장르에 음악, 나와 다른 분야의 사람.
익숙하지 않은 신선한 것들을 찾아서 탐험해 보세요.

04. 남들에게 보여 주세요.

독특한 아이디어라도 혼자 가지고 있다면 키워 내기 어렵죠.
최대한 많은 사람들과 함께 정보를 나누며 아이디어를 발전시키세요.

05. 잠시만 쉬세요.

생각을 계속 하다보면 한쪽으로 치우치기 쉬워요. 25분 생각했다면 5분은 쉬어 주세요.
휴식도 창의성을 키워 주는 중요한 요소랍니다.